# Python 程序设计案例课堂

刘春茂　裴雨龙　展娜娜　编著

清华大学出版社
北　京

## 内 容 简 介

本书以零基础讲解为宗旨，用实例引导读者深入学习，采取"基础知识→核心技术→高级应用→项目开发实战"的讲解模式，深入浅出地讲解 Python 的各项技术及实战技能。

本书第 1 篇基础知识主要讲解揭开 Python 神秘面纱、基础语法、列表、元组、字典、字符串操作、流程控制和函数等；第 2 篇核心技术主要讲解对象与类、程序调试和异常处理、模块与类库、迭代器、操作文件的方法、图形用户界面和流行的 Python 开发工具等；第 3 篇高级应用主要讲解 Python 的高级技术、数据库的应用技术、网络编程的应用、脚本程序设计和网页资料的处理方法等；第 4 篇项目开发实战主要讲解开发学生信息管理系统、开发网络聊天室系统和开发网络数据分析系统。本书赠送了 9 大超值的王牌资源，包括本书实例源代码、教学幻灯片、本书精品教学视频、16 大经典 Python 项目源码、Python 错误代码表速查手册、Python 2.X 和 Python 3.x 版本的区别速查手册、Python 标准库速查手册、Python 开发常见问题解决方案、Python 工程师面试常见面试题等。

本书适合任何想学习 Python 编程语言的人员，无论您是否从事计算机相关行业，是否接触过 Python 语言，通过学习均可快速掌握 Python 在项目开发中的知识和技巧。

---

本书封面贴有清华大学出版社防伪标签，无标签者不得销售。
版权所有，侵权必究。侵权举报电话：010-62782989　13701121933

**图书在版编目(CIP)数据**

Python 程序设计案例课堂/刘春茂，裴雨龙等编著. —北京：清华大学出版社，2017

ISBN 978-7-302-48392-2

Ⅰ. ①P… Ⅱ. ①刘… ②裴… Ⅲ. ①软件工具—程序设计 Ⅳ. ①TP311.561

中国版本图书馆 CIP 数据核字(2017)第 218788 号

责任编辑：张彦青
装帧设计：杨玉兰
责任校对：周剑云
责任印制：杨　艳

出版发行：清华大学出版社
  网　　址：http://www.tup.com.cn, http://www.wqbook.com
  地　　址：北京清华大学学研大厦 A 座　　邮　编：100084
  社 总 机：010-62770175　　　　　　　　邮　购：010-62786544
  投稿与读者服务：010-62776969，c-service@tup.tsinghua.edu.cn
  质量反馈：010-62772015，zhiliang@tup.tsinghua.edu.cn

印 刷 者：北京富博印刷有限公司
装 订 者：北京市密云县京文制本装订厂
经　　销：全国新华书店
开　　本：190mm×260mm　　　印　张：27.5　　　字　数：664 千字
版　　次：2017 年 10 月第 1 版　　　　　　　印　次：2017 年 10 月第 1 次印刷
印　　数：1～3000
定　　价：69.00 元

---

产品编号：076547-01

# 前　　言

"软件开发案例课堂"系列图书是专门为软件开发和数据库初学者量身定做的一套学习用书，整套书涵盖软件开发、数据库设计等方面，且具有以下特点。

## 前沿科技

无论是软件开发还是数据库设计，我们都精选较为前沿或者用户群最大的领域推进，帮助大家认识和了解最新动态。

## 权威的作者团队

组织国家重点实验室和资深应用专家联手编著该套图书，融合丰富的教学经验与优秀的管理理念。

## 学习型案例设计

以技术的实际应用过程为主线，全程采用图解和同步多媒体相结合的教学方式，生动、直观、全面地剖析使用过程中的各种应用技能，降低难度，提升学习效率。

### 为什么要写这样一本书

Python 具有丰富和强大的库。它常被称为"胶水语言"，能够把用其他语言制作的各种模块(尤其是 C/C++)很轻松地联结在一起。从网络社区的火热讨论来看，Python 已成为最受欢迎的编程语言之一。对不同规模的企业来说，Python 程序员的薪资呈企业规模越大薪资越高的趋势。目前学习和关注 Python 的人越来越多，而很多 Python 的初学者都苦于找不到一本通俗易懂、容易入门和案例实用的参考书。通过本书的案例实训，大学生可以很快地上手流行的工具，提高职业化能力，从而帮助解决公司与学生的双重需求问题。

### 本书特色

- 零基础、入门级的讲解。

无论你是否从事计算机相关行业，是否接触过 Python 编程语言，都能从本书中找到最佳起点。

- 超多、实用、专业的范例和项目。

本书在编排上紧密结合深入学习 Python 编程技术的先后顺序，从 Python 的基本语法开始，带领大家逐步深入地学习各种应用技巧，侧重实战技能，使用简单易懂的实际案例进行分析和操作指导，让读者读起来简明轻松，操作起来有章可循。

- 随时检测自己的学习成果。

每章首页中，均提供了学习目标，以指导读者重点学习及学后检查。

大部分章节最后的"跟我练练手"板块，均根据本章内容精选而成，读者可以随时检测自己的学习成果和实战能力，做到融会贯通。

- 细致入微、贴心提示。

本书在讲解过程中，在各章中使用了"注意"和"提示"等小贴士，使读者在学习过程中更清楚地了解相关操作、理解相关概念，并轻松掌握各种操作技巧。

- 专业创作团队和技术支持。

本书由千谷高新教育中心编著并提供技术支持。

你在学习过程中遇到任何问题，都可加入 QQ 群(案例课堂 VIP)——451102631 进行提问，专家人员会在线答疑。

**超值赠送资源**

- 全程同步教学录像。

涵盖本书所有知识点，详细讲解每个实例及项目的过程及技术关键点，能更轻松地掌握书中所有的 Python 编程语言知识，而且扩展的讲解部分使你得到比书中更多的收获。

- 超多容量王牌资源大放送。

赠送大量王牌资源，包括本书实例源代码、教学幻灯片、本书精品教学视频、16 大经典 Python 项目源码、Python 错误代码表速查手册、Python 2.x 和 Python 3.x 版本的区别速查手册、Python 标准库速查手册、Python 开发常见问题解决方案、Python 工程师面试常见面试题等。除了可以通过 QQ 群(案例课堂 VIP)——451102631 获取赠送资源，读者还可以进入 http://www.apecoding.com/下载赠送资源。

## 读者对象

- 没有任何 Python 编程基础的初学者。
- 有一定的 Python 编程基础，想精通 Python 开发的人员。
- 有一定的 Python 基础，没有项目经验的人员。
- 正在进行毕业设计的学生。
- 大专院校及培训学校的老师和学生。

## 创作团队

本书由刘春茂和展娜娜编著，参加编写的人员还有蒲娟、刘玉萍、李琪、周佳、付红、李园、郭广新、侯永岗、王攀登、刘海松、孙若淞、王月娇、包慧利、陈伟光、胡同夫、王伟、梁云梁和周浩浩。在编写过程中，我们竭尽所能地将最好的讲解呈现给读者，但也难免有疏漏和不妥之处，敬请不吝指正。若你在学习中遇到困难或疑问，或有何建议，可写信至信箱 357975357@qq.com。

编　者

# 目 录

## 第1篇 基础知识

### 第1章 揭开 Python 神秘面纱 ... 3
- 1.1 什么是 Python ... 4
- 1.2 Python 的优点和特性 ... 4
  - 1.2.1 Python 的优点 ... 4
  - 1.2.2 Python 的特点 ... 5
- 1.3 搭建 Python 3 的编程环境 ... 6
- 1.4 运行 Python 的 3 种方式 ... 8
- 1.5 享受安装成果——编写第一个 Python 程序 ... 9
- 1.6 Python 是怎样运行的 ... 11
- 1.7 大神解惑 ... 12
- 1.8 跟我练练手 ... 12

### 第2章 初识庐山真面目——基础语法 ... 13
- 2.1 标识符和保留字 ... 14
- 2.2 变量 ... 14
- 2.3 程序结构 ... 15
- 2.4 数据类型 ... 17
  - 2.4.1 Number(数字) ... 17
  - 2.4.2 String(字符串) ... 19
  - 2.4.3 Sets(集合) ... 20
  - 2.4.4 List(列表) ... 20
  - 2.4.5 Tuple(元组) ... 21
  - 2.4.6 Dictionary(字典) ... 22
- 2.5 运算符和优先级 ... 22
  - 2.5.1 算术运算符 ... 22
  - 2.5.2 比较运算符 ... 23
  - 2.5.3 赋值运算符 ... 25
  - 2.5.4 逻辑运算符 ... 26
  - 2.5.5 位运算符 ... 27
  - 2.5.6 身份运算符 ... 28
  - 2.5.7 成员运算符 ... 29
  - 2.5.8 运算符的优先级 ... 29
- 2.6 大神解惑 ... 31
- 2.7 跟我练练手 ... 33

### 第3章 不可不知的数据结构——列表、元组和字典 ... 35
- 3.1 列表的基本操作 ... 36
  - 3.1.1 列表对象的特性 ... 36
  - 3.1.2 列表包容 ... 37
  - 3.1.3 列表的操作符 ... 38
  - 3.1.4 列表的函数和方法 ... 38
- 3.2 元组的基本操作 ... 41
  - 3.2.1 元组对象的特性 ... 41
  - 3.2.2 元组的内置函数 ... 42
- 3.3 字典的基本操作 ... 43
  - 3.3.1 字典对象的特性 ... 43
  - 3.3.2 字典的内置函数和方法 ... 45
- 3.4 大神解惑 ... 47
- 3.5 跟我练练手 ... 47

### 第4章 一连串的字符——字符串操作 ... 49
- 4.1 访问字符串中的值 ... 50
- 4.2 字符串的更新 ... 50
- 4.3 转义字符 ... 51
- 4.4 字符串运算符 ... 52
- 4.5 字符串格式化 ... 53
- 4.6 字符串使用的方法 ... 54
- 4.7 大神解惑 ... 58
- 4.8 跟我练练手 ... 59

### 第5章 程序的执行方向——流程控制和函数 ... 61
- 5.1 基本处理流程 ... 62

5.2 赋值语句 .................................................. 63
5.3 条件判断语句 .......................................... 63
　　5.3.1 if 语句 ............................................ 63
　　5.3.2 if 嵌套 ............................................ 64
5.4 循环控制语句 .......................................... 65
　　5.4.1 while 语句 ...................................... 65
　　5.4.2 for 语句 .......................................... 67
　　5.4.3 continue 语句和 break 语句 ......... 68
　　5.4.4 pass 语句 ........................................ 69
　　5.4.5 妙用 range() 函数和 len() 函数 ..... 70
5.5 内置函数 .................................................. 71
5.6 用户自定义函数 ...................................... 73
　　5.6.1 定义函数 ........................................ 74
　　5.6.2 函数的参数传递 ............................ 75
　　5.6.3 return 语句 ..................................... 77
　　5.6.4 变量作用域 .................................... 78
　　5.6.5 函数的内置属性和命名空间 ........ 79
5.7 输入和输出函数 ...................................... 80
5.8 大神解惑 .................................................. 81
5.9 跟我练练手 .............................................. 82

# 第 II 篇　核 心 技 术

## 第 6 章　主流软件开发方法——
　　　　对象与类 ................................................ 85

6.1 理解面向对象程序设计 .......................... 86
　　6.1.1 什么是对象 .................................... 86
　　6.1.2 面向对象的特征 ............................ 87
　　6.1.3 什么是类 ........................................ 87
6.2 类的定义 .................................................. 88
6.3 类的构造方法和内置属性 ...................... 88
6.4 类实例 ...................................................... 90
　　6.4.1 创建类实例 .................................... 90
　　6.4.2 类实例的内置属性 ........................ 92
6.5 类的内置方法 .......................................... 93
6.6 重载运算符 .............................................. 99
6.7 类的继承 ................................................ 100
6.8 类的多态 ................................................ 103
6.9 类的封装 ................................................ 104
6.10 元类 ...................................................... 106
6.11 垃圾回收 .............................................. 107
6.12 大神解惑 .............................................. 108
6.13 跟我练练手 .......................................... 109

## 第 7 章　错误终结者——程序调试和
　　　　异常处理 .............................................. 111

7.1 新手常见错误和异常 ............................ 112
7.2 异常是什么 ............................................ 114
7.3 内置异常 ................................................ 115
7.4 使用 try…except 语句处理异常 ........... 121
7.5 异常类的实例和清除异常 .................... 124
　　7.5.1 异常类的实例 .............................. 124
　　7.5.2 清除异常 ...................................... 125
7.6 内置异常的协助模块 ............................ 126
　　7.6.1 sys 模块 ........................................ 126
　　7.6.2 traceback 对象 ............................. 126
7.7 抛出异常 ................................................ 126
　　7.7.1 raise 语句 ..................................... 127
　　7.7.2 结束解释器的运行 ...................... 127
　　7.7.3 离开嵌套循环 .............................. 128
7.8 用户定义异常类 .................................... 129
7.9 程序调试 ................................................ 130
　　7.9.1 使用 assert 语句 .......................... 130
　　7.9.2 使用 __debug__ 内置变量 .......... 131
7.10 错误代码 .............................................. 132
7.11 大神解惑 .............................................. 133
7.12 跟我练练手 .......................................... 134

## 第 8 章　Python 内部的秘密——
　　　　模块与类库 .......................................... 135

8.1 认识模块和类库 .................................... 136
　　8.1.1 模块是什么 .................................. 136
　　8.1.2 类库是什么 .................................. 137
8.2 模块和类库的基本操作 ........................ 138
8.3 自定义模块 ............................................ 141

| | | |
|---|---|---|
| 8.4 | 运行期服务模块 | 142 |
| 8.5 | 字符串处理模块 | 152 |
| 8.6 | 附属服务 | 153 |
| 8.7 | 一般操作系统服务 | 157 |
| 8.8 | 其他模块组 | 165 |
| 8.9 | 大神解惑 | 167 |
| 8.10 | 跟我练练手 | 168 |

## 第 9 章 Python 的强大功能——迭代器和操作文件 ............ 169

| | | |
|---|---|---|
| 9.1 | 迭代器 | 170 |
| 9.2 | 生成器 | 170 |
| 9.3 | 打开文件 | 171 |
| 9.4 | 读取文件 | 172 |
| | 9.4.1 读取文件 read()方法 | 172 |
| | 9.4.2 逐行读取 readline()方法 | 173 |
| | 9.4.3 返回文件各行内容的列表 readlines()方法 | 173 |
| | 9.4.4 返回文件的当前位置 tell()方法 | 174 |
| | 9.4.5 截断文件 truncate()方法 | 174 |
| | 9.4.6 设置文件当前位置 seek()方法 | 175 |
| 9.5 | 写入文件 | 176 |
| | 9.5.1 将字符串写入文件 | 176 |
| | 9.5.2 写入多行 writelines() | 177 |
| | 9.5.3 修改文件内容 | 177 |
| | 9.5.4 附加到文件 | 178 |
| 9.6 | 关闭和刷新文件 | 178 |
| | 9.6.1 关闭文件 | 178 |
| | 9.6.2 刷新文件 | 179 |
| 9.7 | 大神解惑 | 179 |
| 9.8 | 跟我练练手 | 180 |

## 第 10 章 图形用户界面 ............ 181

| | | |
|---|---|---|
| 10.1 | 常用的 Python GUI | 182 |
| 10.2 | 使用 tkinter 创建 GUI 程序 | 182 |
| 10.3 | 认识 tkinter 的控件 | 184 |
| 10.4 | 几何位置的设置 | 189 |

| | | |
|---|---|---|
| | 10.4.1 pack()方法 | 189 |
| | 10.4.2 grid()方法 | 192 |
| | 10.4.3 place()方法 | 193 |
| 10.5 | tkinter 的事件 | 194 |
| | 10.5.1 事件的属性 | 195 |
| | 10.5.2 事件绑定方法 | 195 |
| | 10.5.3 鼠标事件 | 196 |
| | 10.5.4 键盘事件 | 198 |
| | 10.5.5 系统协议 | 199 |
| 10.6 | Button 控件 | 200 |
| 10.7 | Canvas 控件 | 202 |
| 10.8 | Checkbutton 控件 | 206 |
| 10.9 | Entry 控件 | 207 |
| 10.10 | Label 控件 | 209 |
| 10.11 | Listbox 控件 | 211 |
| 10.12 | Menu 控件 | 212 |
| 10.13 | Message 控件 | 217 |
| 10.14 | Radiobutton 控件 | 217 |
| 10.15 | Scale 控件 | 219 |
| 10.16 | Scrollbar 控件 | 221 |
| 10.17 | Text 控件 | 222 |
| 10.18 | Toplevel 控件 | 224 |
| 10.19 | 对话框 | 225 |
| | 10.19.1 messagebox 模块 | 225 |
| | 10.19.2 filedialog 模块 | 227 |
| | 10.19.3 colorchooser 模块 | 228 |
| 10.20 | 大神解惑 | 230 |
| 10.21 | 跟我练练手 | 231 |

## 第 11 章 流行的 Python 开发工具 ............ 233

| | | |
|---|---|---|
| 11.1 | 程序代码编辑工具 | 234 |
| 11.2 | IDLE 的调试器 | 240 |
| 11.3 | 编译 Python 文件 | 243 |
| 11.4 | Python 的调试器——pdb 模块 | 244 |
| 11.5 | 反编译二进制码 | 247 |
| 11.6 | Python 性能分析器 | 247 |
| | 11.6.1 加载 profile 模块 | 247 |
| | 11.6.2 pstats 模块 | 249 |

11.6.3 校正性能分析 ............... 249
11.7 传输 Python 应用程序 ............... 250
11.8 大神解惑 ............... 250
11.9 跟我练练手 ............... 251

# 第 III 篇 高 级 应 用

## 第 12 章 Python 的高级技术 ............... 255

12.1 图像的处理 ............... 256
  12.1.1 下载与安装 pillow ............... 256
  12.1.2 加载图像文件 ............... 257
  12.1.3 图像文件的属性 ............... 259
  12.1.4 复制与粘贴图像 ............... 261
  12.1.5 图像的几何转换 ............... 262
  12.1.6 存储图像文件 ............... 264
12.2 语音的处理 ............... 264
  12.2.1 winsound 模块 ............... 264
  12.2.2 sndhdr 模块 ............... 266
  12.2.3 wave 模块 ............... 267
  12.2.4 aifc 模块 ............... 270
12.3 科学计算——numpy 模块 ............... 270
  12.3.1 下载和安装 numpy 模块 ............... 270
  12.3.2 array 对象 ............... 271
  12.3.3 ufunc 对象 ............... 273
12.4 正则表达式 ............... 273
12.5 线程 ............... 277
12.6 大神解惑 ............... 280
12.7 跟我练练手 ............... 281

## 第 13 章 数据库的应用 ............... 283

13.1 平面数据库 ............... 284
13.2 内置数据库——SQLite ............... 285
13.3 操作 MySQL 数据库 ............... 287
  13.3.1 安装 PyMySQL ............... 287
  13.3.2 连接 MySQL 数据库 ............... 288
  13.3.3 创建数据表 ............... 289
  13.3.4 插入数据 ............... 289
  13.3.5 查询数据 ............... 290
  13.3.6 更新数据 ............... 291
  13.3.7 删除数据 ............... 291
13.4 大神解惑 ............... 292
13.5 跟我练练手 ............... 293

## 第 14 章 网络编程的应用 ............... 295

14.1 网络概要 ............... 296
14.2 socket 模块 ............... 298
  14.2.1 认识 socket 模块 ............... 298
  14.2.2 创建 socket 连接 ............... 299
14.3 HTTP 库 ............... 300
  14.3.1 socketserver 模块 ............... 301
  14.3.2 server 模块 ............... 302
  14.3.3 client 模块 ............... 304
14.4 urllib 库 ............... 305
  14.4.1 request 模块 ............... 305
  14.4.2 parse 模块 ............... 307
14.5 ftplib 模块 ............... 308
14.6 电子邮件服务协议 ............... 310
  14.6.1 smtplib 模块 ............... 310
  14.6.2 poplib 模块 ............... 312
  14.6.3 imaplib 模块 ............... 313
14.7 新闻群组 ............... 314
14.8 远程连接计算机 ............... 315
14.9 大神解惑 ............... 316
14.10 跟我练练手 ............... 317

## 第 15 章 CGI 程序设计 ............... 319

15.1 CGI 简介 ............... 320
15.2 cgi 模块 ............... 320
  15.2.1 输入和输出 ............... 320
  15.2.2 cgi 模块的函数 ............... 322
15.3 创建和执行脚本 ............... 322
  15.3.1 传输信息给 Python 脚本 ............... 323
  15.3.2 表单域的处理 ............... 323
  15.3.3 Session ............... 332
  15.3.4 创建输出到浏览器 ............... 332

15.4 使用 cookie 对象 ..................... 332
    15.4.1 了解 cookie ........................ 332
    15.4.2 读取 cookie 信息 ................ 333
15.5 使用模板 ................................. 334
15.6 上传和下载文件 ...................... 337
15.7 脚本的调试 ............................. 339
15.8 大神解惑 ................................. 341
15.9 跟我练练手 ............................. 342

## 第 16 章 处理网页数据 ............... 343

16.1 XML 编程基础 ........................ 344
    16.1.1 XPath 简介 ......................... 344
    16.1.2 XSLT 简介 .......................... 344

16.2 XML 语法基础 ........................ 345
    16.2.1 XML 的基本应用 ................ 345
    16.2.2 XML 文档组成和声明 ........ 347
    16.2.3 XML 元素介绍 .................... 348
16.3 Python 解析 XML .................... 350
    16.3.1 使用 SAX 解析 XML ......... 351
    16.3.2 使用 DOM 解析 XML ........ 353
16.4 XDR 数据交换格式 ................. 354
16.5 JSON 数据解析 ........................ 358
16.6 Python 解析 HTML .................. 359
16.7 大神解惑 ................................. 365
16.8 跟我练练手 ............................. 365

# 第 IV 篇 项目开发实战

## 第 17 章 开发学生信息管理系统 ........ 369

17.1 准备工作 ................................. 370
    17.1.1 配置 Python 开发环境 ....... 370
    17.1.2 选择合适的开发工具 ........ 370
17.2 需求分析 ................................. 370
17.3 结构设计 ................................. 371
17.4 具体功能实现 .......................... 373
    17.4.1 主界面程序 main.py ........... 373
    17.4.2 student.py 模块 ................... 374
    17.4.3 utils.py 模块 ....................... 375
    17.4.4 addstudent.py 模块 ............. 376
    17.4.5 deletestudent.py 模块 ......... 377
    17.4.6 changestudent.py 模块 ....... 378
    17.4.7 rankstudent.py 模块 ............ 379
17.5 项目测试 ................................. 379
    17.5.1 添加学生信息 .................... 379
    17.5.2 对学生成绩进行排序 ........ 381
    17.5.3 修改学生成绩 .................... 381
    17.5.4 删除学生信息 .................... 382
    17.5.5 退出系统 ............................ 383
17.6 项目总结与扩展 ...................... 384

## 第 18 章 开发虚拟聊天室系统 ........... 385

18.1 必备知识点 ............................. 386
18.2 需求分析 ................................. 388
18.3 结构设计 ................................. 389
18.4 配置 Python 环境 ..................... 390
18.5 具体功能实现 .......................... 390
    18.5.1 服务器端 chatserver.py ...... 391
    18.5.2 客户端 chatclient.py ........... 393
18.6 项目测试过程 .......................... 394
    18.6.1 测试客户端和服务器端间的
           通信 .................................... 394
    18.6.2 测试双人聊天 .................... 397
    18.6.3 测试多人聊天 .................... 399
18.7 项目总结 ................................. 401

## 第 19 章 开发网络数据分析系统 ........ 403

19.1 必备知识点 ............................. 404
19.2 需求分析 ................................. 405
19.3 结构设计 ................................. 406
19.4 配置开发环境 .......................... 407
    19.4.1 配置 Python 环境 ............... 407

19.4.2 安装第三方库 .......................... 407
19.4.3 加载 GML 数据集 ................... 411
19.5 具体功能实现 ........................................ 411
    19.5.1 graphgenerator.py 模块 ............ 411
    19.5.2 communitydetection.py 模块 .... 412
    19.5.3 graphmeasures.py 模块 ............. 413

19.5.4 plotdegree.py 模块 .................. 415
19.6 项目测试 ................................................ 416
    19.6.1 社区发现 .................................. 417
    19.6.2 分析节点的重要性 ................... 419
    19.6.3 综合统计分析 .......................... 424

# 第1篇

# 基础知识

- 第1章 揭开 Python 神秘面纱
- 第2章 初识庐山真面目——基础语法
- 第3章 不可不知的数据结构——列表、元组和字典
- 第4章 一连串的字符——字符串操作
- 第5章 程序的执行方向—— 流程控制和函数

# 第 1 章
# 揭开 Python 神秘面纱

Python 是一种面向对象的解释型计算机程序设计语言。由于它的语法简洁清晰,具有丰富和强大的库,同时具有支持高移植等优势,目前越来越流行。"千里之行,始于足下。"掌握一门编程语言的最好方法就是亲自体验。本章将从零开始带领你一步步走进 Python 编程世界,指导你编写出第一个 Python 程序。

**本章要点(已掌握的,在方框中打钩)**

- ☐ 了解 Python 的基本概念。
- ☐ 熟悉 Python 的优点和特性。
- ☐ 掌握 Python 的下载与安装方法。
- ☐ 掌握运行 Python 的 3 种方法。
- ☐ 掌握编辑和运行一个 Python 脚本文件的方法。
- ☐ 熟悉 Python 的运行过程。

## 1.1　什么是 Python

Python 是一种面向对象的解释型计算机程序设计语言，由荷兰人 Guido van Rossum 于 1989 年发明，第一个公开发行版发行于 1991 年。Python 是纯粹的自由软件，语法简洁清晰，特色之一是强制用空白符作为语句缩进。Python 具有丰富和强大的库。它常被称为"胶水语言"，能够把用其他语言制作的各种模块很轻松地联结在一起。

通常情况下，程序员使用 Python 快速生成程序的原型，然后对其中有特别要求的部分，用更合适的语言改写，比如 3D 游戏中的图形渲染模块，性能要求特别高，就可以用 C/C++重写，然后封装为 Python 可以调用的扩展类库。当然，在调用这些扩展库时，程序员需要考虑跨平台的问题。

Python 不仅有完整的面向对象特性，而且可以在多种操作系统下运行，如 Microsoft Windows、Linux、Mac OS 等。Python 的程序代码简洁，而且提供大量的程序模块，这些程序模块可以帮助用户快速创建网络程序。与其他语言相比，Python 往往只需要数行程序代码，就可以做到其他语言需要数十行程序代码的工作。

Python 的解释器是使用 C 语言所写成的，程序模块大部分也是使用 C 语言写成。Python 的程序代码是完全公开的，无论是作为商业用途还是个人使用，用户都可以任意地复制、修改或是传播这些程序代码。

由于 Python 是一种解释执行的计算机语言，所以它的应用程序运行起来会比编译式的计算机语言慢一些。

## 1.2　Python 的优点和特性

### 1.2.1　Python 的优点

与 C++、Java、Perl 等语言比较起来，Python 的优点如下。

**1. 易读性**

Python 的语法简洁易读，无论是初学者还是已经有数年经验的专家，都可以快速地学会 Python，并且创建高效率的 Python 应用程序。

**2. 高支持性**

Python 的程序代码是公开的，全世界有无数的人在搜索 Python 的漏洞并且修改它。而且源源不断的新增功能，让 Python 成为更有效的计算机语言。

**3. 快速创建程序代码**

Python 提供内置的解释器，用户可以直接在解释器内编写、测试与运行程序代码而不需要额外的编辑器，也不需要经过编译的步骤。用户也不需要完整的程序模块进行测试，只需要在解释器内编写测试的部分就可以。Python 解释器非常有弹性，它允许用户嵌入 C++程序代码来作为扩展模块。

#### 4. 重复使用性

Python 将大部分函数以模块(module)和类库(package)的形式来存储。大量的模块以标准 Python 函数库的形式与 Python 解释器一起传输。用户可以将程序分割成数个模块，然后在不同的程序中使用。

#### 5. 高移植性

除了可以在多种操作系统中运行之外，不同种类的操作系统使用的程序接口也是一样的。用户可以在 Mac OS 上编写 Python 程序代码，在 Linux 上测试，然后加载到 Windows NT 上运行。当然这只是对大部分 Python 模块而言的，还有少部分 Python 模块是针对特殊的操作系统而设计的。

### 1.2.2 Python 的特点

Python 的特性如下。

#### 1. 异常(Exception)的处理

Python 提供异常的处理可让用户正确地捕获程序代码所发生的错误。

#### 2. 内置的数据结构

类似于 Java 中集合类的功能。Python 的数据结构包括元组、列表、字典等。同时 Python 还内置了操作这些数据结构的方法。

#### 3. 丰富的第三方库

许多协作厂商、软件工作人员为 Python 编写了大量的第三方库，这些第三方库都是标准 Python 函数库的一部分。Python 有许多关于 HTTP、FTP、SMTP、Telnet、POP 等网络的第三方库，用户可以利用这些第三方库快速地创建网络程序。

#### 4. 数据的处理

Python 允许用户在不同的作业环境中编写 CGI 程序代码。Python 还有许多内置的类(class)与正则表达式(regular expression)等方法，可以解析 XML、HTML、SGML 及其他文本文件。

#### 5. 自动内存管理

Python 将不再需要的对象自动收集变成垃圾，并且自动处理这些垃圾。

#### 6. 嵌入与扩展

Python 的程序代码可以嵌入到许多计算机语言中，包括脚本语言。用户随时可以在这些计算机语言中调用 Python 写成的模块。除此之外，Python 还允许用户在 Python 解释器内加入低级的模块，这些低级的模块可以用 C 或 C++编写。用户也可以将用 C++写成的模块加入

Python 的类中。

### 7. 面向对象

Python 有很好的面向对象特性。
（1） 运算符重载：相同的运算符可以有多种含义。
（2） 动态数据类型：用户不必为变量设置数据类型，Python 会根据情况自动设置。用户甚至可以在程序中动态改变变量的数据类型。
（3） 命名空间：每一个结构(模块、类等)都有它自己的命名空间。

### 8. GUI 应用程序

用户可以使用 Python 设计 GUI 应用程序，并且可以同时应用在多种操作系统(如 Windows MFC、Mac OS、Motif 及 UNIX's X Window System 等)中。Python 安装程序内包括了 Tkinter——Tk GUI API 的标准面向对象接口。

### 9. 数据库

Python 有连接到各种商业数据库系统的接口，而且此接口可以同时使用在不同的数据库系统上。

### 10. 集成的开发环境

Python 有集成的开发环境(Integrated Development Environment，IDLE)，可以让用户编辑与调试程序代码。

## 1.3 搭建 Python 3 的编程环境

目前 Python 的最新版本是 3.5，本书将使用该最新版本。下面将介绍 Windows 下 Python 的安装和运行方法。

在浏览器地址栏中输入网址 http://www.python.org/downloads/，按 Enter 键确认，进入 Python 下载页面，选择 Download Python 3.5.2 下载链接，如图 1-1 所示。

图 1-1  Python 下载页面

这里有两个建议版本 3.5.2 和 2.7.12。对初学者来说，建议直接使用 3.5.2 版本，因为 Python 3 系列版本已经不再向 Python 2 系列版本兼容。

下载完毕后，即可安装 Python 3.5.2 安装包。具体操作步骤如下。

**step 01** 运行 Python-3.5.2.exe，弹出如图 1-2 所示的安装界面。Python 提供了两种安装方式，即 Install Now(立即安装)和 Customize installation(自定义安装)。这里选择 Customize installation 选项，并勾选 Add Python 3.5 to PATH 复选框。

这里需要勾选 Add Python 3.5 to PATH 复选框，这样即可将 Python 添加到环境变量中，后面才能直接在 Windows 的命令提示符下运行 Python 3.5 解释器。

**step 02** 进入 Optional Features(可选功能)界面，这里采用默认方式，单击 Next(下一步)按钮，如图 1-3 所示。

图 1-2　Python 安装界面

图 1-3　Optional Features(可选功能)界面

**step 03** 进入 Advanced Options(高级选项)界面，勾选 Install for all users(针对所有用户)复选框，此时细心的读者会发现安装目录发生了变化，单击 Install(安装)按钮，如图 1-4 所示。

**step 04** Python 开始自动安装，并显示安装的进度，如图 1-5 所示。

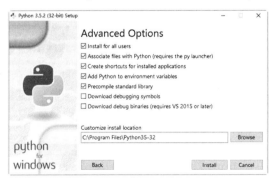
图 1-4　Advanced Options(高级选项)界面

图 1-5　Python 的安装进度

**step 05** 安装成功后，进入 Setup was successful(安装成功)界面，单击 Close(关闭)按钮即可完成 Python 的安装，如图 1-6 所示。

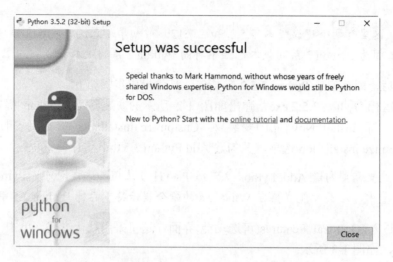

图 1-6　Setup was successful(安装成功)界面

## 1.4　运行 Python 的 3 种方式

Python 安装完成后，即可运行 Python。常见方法有以下 3 种。

### 1. 使用 IDLE

IDLE(Python GUI)是在 Windows 内运行的 Python 3.5 解释器(包括调试功能)。单击开始按钮，在弹出的菜单中选择【所有程序】→IDLE(Python 3.5 32-bit)命令，如图 1-7 所示。用户也可以在搜索框中直接输入 IDLE 快速查找。

启动 Python 3.5.2 Shell 窗口，用户在该窗口中可以直接输入 Python 命令，然后按 Enter 键运行，例如这里输入"print("我要开始学习 Python 语言啦")"，运行结果如图 1-8 所示。

图 1-7　启动 IDLE

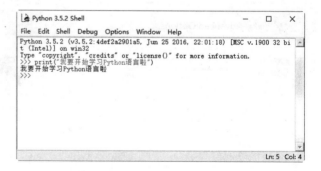

图 1-8　Python 3.5.2 Shell 窗口

### 2. 使用 Windows 命令提示符

在搜索框中输入 cmd，选择【命令提示符】选项，如图 1-9 所示。

进入【命令提示符】窗口，输入 python 并按 Enter 键确认，然后输入"print("我要开始学习 Python 语言啦")" 并按 Enter 键确认，运行结果如图 1-10 所示。

图 1-9　选择【命令提示符】选项

图 1-10　【命令提示符】窗口

> 注意：如果在【命令提示符】窗口中输入 python 后报错，说明用户在安装 Python 时没有勾选 Add Python 3.5 to PATH 复选框。

### 3. 使用 Python 自带命令行

Python 自带命令行是在 MS-DOS 模式下运行的 Python 3.5 解释器。单击开始按钮，在弹出的菜单中选择【所有程序】→ Python 3.5 (32-bit) 命令，如图 1-11 所示。用户也可以在搜索框中直接输入 Python 快速查找。

启动 Python 3.5.2(32-bit)窗口，用户在该窗口中可以直接输入"print("我要开始学习 Python 语言啦")"，然后按 Enter 键运行，结果如图 1-12 所示。

图 1-11　选择 Python 3.5 (32-bit)命令

图 1-12　Python 3.5.2(32-bit)窗口

## 1.5　享受安装成果——编写第一个 Python 程序

1.4 节讲述的运行 Python 命令的方法比较简单灵活，但是对于大段的代码，就需要写到一个文件中，然后运行脚本文件。具体操作步骤如下。

step 01　启动 IDLE，在 Python 3.5.2 Shell 窗口中选择 File→ New File 菜单命令，如图 1-13 所示。

step 02　在打开的文件窗口中即可输入多行代码，如图 1-14 所示。

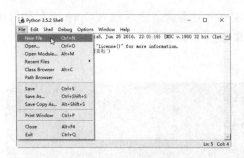
图 1-13 选对 New File 菜单命令

图 1-14 文件窗口

**step 03** 代码输入完成后，需要保存代码文件，选择 File→Save 菜单命令，如图 1-15 所示。

**step 04** 打开【另存为】对话框，选择保存的路径，然后在【文件名】文本框中输入文件名称为"测试.py"，单击【保存】按钮，如图 1-16 所示。

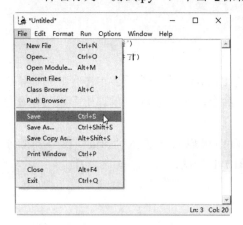

图 1-15 选择 Save 菜单命令　　　　　　图 1-16 【另存为】对话框

**step 05** 启动 Windows 的【命令提示符】窗口，输入"python D:\python\测试.py"，按 Enter 键确认，运行结果如图 1-17 所示。

图 1-17 【命令提示符】窗口

注意：这里的"D:\python\测试.py"为文件保存路径，python 与该路径之间需要有空格。

另外，对于大型开发项目，需要使用集成开发环境，此处暂时先不介绍，在后面的章节中会专门介绍集成开发环境。

## 1.6　Python 是怎样运行的

Python 是一种解释执行的语言，所以它运行时首先需要一个解释器，然后就是需要程序运行时支持的库，该库包含一些已经编写好的组件、算法、数据结构等。

那么 Python 是怎么运行的呢？整个运行过程大致分为以下 3 个步骤。

首先由开发人员编写程序代码，也就是编码阶段。

其次，解释器将程序代码编译为字节码，字节码是以后缀为.pyc 文件的形式存在，默认放置在 Python 安装目录的_pycache_文件夹下，主要作用是提高程序的运行速度，如图 1-18 所示。

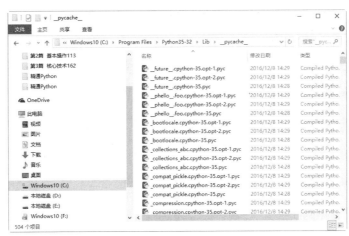

图 1-18　_pycache_文件夹

提示：一段代码，会被编译成字节码放在_pycache_文件夹的缓存里面。下次再运行该代码时，解释器首先判断该代码是否改变过，如果没有改变过，解释器会从编译好的字节码缓存中调取后运行，这样就可以加快程序的运行速度。

最后，解释器将编译好的字节码载入一个 Python 虚拟机 (Python Virtual Machine)中运行。Python 的整个运行过程如图 1-19 所示。

图 1-19　Python 程序运行过程

## 1.7 大神解惑

**小白**：如何查看当前 Python 的版本？

**大神**：在前面讲述运行 Python 的 3 种方式时，细心的读者会发现，每个运行方式刚启动的窗口中都显示了 Python 的版本。例如 Python 提供的命令行运行窗口中，可以看到当前 Python 的版本为 3.5.2，如图 1-20 所示。

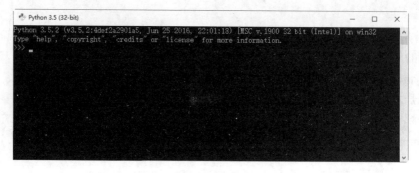

图 1-20　查看当前 Python 的版本

另外还可以使用以下命令来查看：

```
python -V
```

**小白**：安装 Python 时，忘了勾选 Add Python 3.5 to PATH 复选框怎么办？

**大神**：首先用户需要复制 Python 的安装目录，例如本章中 Python 的安装目录 C:\Program Files\Python35-32，然后将该目录添加到系统环境变量 Path 中即可。

**小白**：如何选择 Python 的版本？

**大神**：目前，用户使用比较多的版本为 Python 2 和 Python 3。由于 Python 3 对 Python 2 进行了大量修改，所以有些用 Python 2 编写的代码无法在 Python 3 环境中运行。因此，建议读者尽量配置 Python 3 的环境。

## 1.8 跟我练练手

练习 1：简述 Python 的优点和特性。
练习 2：下载并安装最新版本的 Python。
练习 3：使用 3 种方法运行 Python。
练习 4：编写一个 Python 程序文件，输出一首诗歌，然后运行该文件。

# 第 2 章
# 初识庐山真面目——基础语法

　　Python 的语言特性是简洁明了，当运行一个功能时，Python 通常只使用一种固定的方式。Python 虽然不像其他计算机语言有丰富的语法格式，却可以完成其他计算机语言所能完成的功能，而且更容易。本章主要讲述 Python 的一些基本语法。

本章要点(已掌握的，在方框中打钩)

- ☐ 了解标识符和保留字。
- ☐ 掌握定义变量的方法。
- ☐ 掌握 Python 的程序结构。
- ☐ 掌握 Python 的数据类型。
- ☐ 掌握 Python 的运算符和优先级。

## 2.1 标识符和保留字

标识符用来识别变量、函数、类、模块以及对象的名称。Python 的标识符可以包含英文字母(A～Z，a～z)、数字(0～9)及下划线符号(_)，但是它有以下几个方面的限制。

(1) 标识符的第 1 个字符必须是字母表中字母或下划线符号，并且变量的名称之间不能有空格。

(2) Python 的标识符有大小写之分，因此 Data 与 data 是不同的标识符。

(3) 在 Python 3 中，非 ASCII 标识符也被允许使用。

(4) 保留字不可以当作标识符。

保留字也叫关键字，不能把它们用作任何标识符名称。读者可以使用以下命令查看 Python 的保留字：

```
>>> import keyword
>>> keyword.kwlist
```

运行结果如下：

```
['False', 'None', 'True', 'and', 'as', 'assert', 'break', 'class',
'continue', 'def', 'del', 'elif', 'else', 'except', 'finally', 'for',
'from', 'global', 'if', 'import', 'in', 'is', 'lambda', 'nonlocal', 'not',
'or', 'pass', 'raise', 'return', 'try', 'while', 'with', 'yield']
```

运行结果中显示了目前 Python 已经定义好的关键字，用户在定义标识符时要特别注意，不能和关键字重复。

## 2.2 变　　量

在 Python 解释器内可以直接声明变量的名称，不必声明变量的类型，Python 会自动判别变量的类型。

例如，声明一个变量 x，并且赋值为 1：

```
>>>x =1
>>>x
1
```

例如，声明一个变量 y，并且赋值为 100：

```
>>>y=100
>>>print(y)
100
```

读者可以在解释器内直接做数值计算。例如下面的加法运算：

```
>>>1 + 2
3
```

当用户在解释器内输入一个变量后，Python 会记住这个变量的值。例如下面的运算：

```
>>> x=2
>>>y=x + 3
>>>y
5
```

Python 中的变量不需要声明。每个变量在使用前都必须赋值，变量赋值以后该变量才会被创建。

如果创建变量时没有赋值，会提示错误。例如，下面语句在没有给变量 m 赋值的情况下，就开始调用该变量：

```
>>> m
Traceback (most recent call last):
  File "<pyshell#0>", line 1, in <module>
    m
NameError: name 'm' is not defined
```

此时错误信息会显示变量 m 没有被定义。

在 Python 中，变量就是变量，它没有类型，这里所说的"类型"是变量所指的内存中对象的类型。等号用来给变量赋值。等号运算符(=)左边是一个变量名，等号运算符右边是存储在变量中的值。

Python 允许用户同时为多个变量赋值。例如，下面同时为变量 a、b 和 c 赋值为 1：

```
>>>a=b=c=1
>>>print(a,b,c)
1 1 1
```

在上述案例中，创建一个整型对象，值为 1，三个变量被分配到相同的内存空间上。

用户还可以同时为多个对象指定不同的变量值。例如，下面语句同时为变量 a、b 和 c 赋不同的变量值：

```
>>>a, b, c=1, 2, "山雨欲来风满楼"
>>>print(a,b,c)
1 2 山雨欲来风满楼
```

在该案例中，两个整型对象 1 和 2 分别分配给变量 a 和 b，字符串对象"山雨欲来风满楼"分配给变量 c。

## 2.3 程序结构

在 Python 语言中，常见的程序结构如下。

### 1. 换行

如果是 UNIX 操作系统，换行字符为 ASCII LF(linefeed)字符。如果是 DOS/Windows 操作系统，换行字符为 ASCII CR LF(return + linefeed)字符。如果是 Mac OS 操作系统，换行字符为 ASCII CR(return)字符。

例如，在 Windows 操作系统中换行：

```
>>>print ("Hello!\nHow are you")
Hello!
How are you
```

### 2. 程序代码超过一行

如果程序代码超过一行，可以在每一行的结尾加上反斜杠(\)，就可以继续下一行，这与C/C++的语法相同。例如：

```
>>>if 1900 < year < 2100 and 1 <=month <=12\
    and 1 <= day <= 31 and 0 <= hour < 24 \
    and 0 <= minute < 60 and 0 <= second < 60:    #多个判断条件
```

 每个行末的反斜杠(\)之后，不加注释文字。

如果是以小括号()、中括号[]或是大括号{}包含起来的语句，不必使用反斜杠(\)就可以直接分成数行。例如：

```
month_names = ['Januari', 'Februari', 'Maart',
               'April',   'Mei',      'Juni',
               'Juli',    'Augustus', 'September',
               'Oktober', 'November', 'December']
```

### 3. 将数行表达式写成一行

如果要将数行表达式写成一行，只需在每一行的结尾加上分号(;)即可。例如：

```
>>>x = 10; y = 20; z = 30
>>> x
10
>>> y
20
>>> z
30
```

### 4. 注释

Python 中的注释有单行注释和多行注释。Python 中单行注释以#开头，例如：

```
# 这是一个注释
print("Hello, World!")
```

多行注释用 3 个单引号(''')或者 3 个双引号(""")将注释括起来。

(1) 3 个单引号。

```
'''
这是多行注释，用3个单引号
这是多行注释，用3个单引号
这是多行注释，用3个单引号
'''
print("这是Python语言的注释")
```

(2) 3个双引号。

```
"""
这是多行注释，用 3 个双引号
这是多行注释，用 3 个双引号
这是多行注释，用 3 个双引号
"""
print("这是 Python 语言的注释")
```

## 2.4 数 据 类 型

Python 3 中有 6 个标准的数据类型，即 Number(数字)、String(字符串)、Sets(集合)、List(列表)、Tuple(元组)和 Dictionary(字典)。下面分别介绍这 6 种数据类型的使用方法。

### 2.4.1 Number(数字)

Python 3 支持 int(整数)、float(浮点数)、bool(布尔值)、complex(复数)四种数字类型。

注意

在 Python 2 中是没有 bool(布尔值)的，它用数字 0 表示 False，用 1 表示 True。在 Python 3 中，把 True 和 False 定义成了关键字，但它们的值还是 1 和 0，而且可以和数字相加。

#### 1. int(整数)

下列是整数的案例：

```
>>> a = 2147483647
>>> a
2147483647
```

可以使用十六进制数值来表示整数，十六进制整数的表示法是在数字之前加上 0x，例如 0x80000000、0x100000000L。如下例所示：

```
>>>a=0x7FFFFFFF
>>> a
2147483647
```

#### 2. float(浮点数)

浮点数的表示法可以使用小数点形式，也可以使用指数形式。指数符号可以使用字母 e 或是 E，指数前可以使用+/-符号，也可以在指数数值前加上数值 0；在整数前也可以加上数值 0。下面举例说明：

```
3.14      10.      .001      1e100      3.14E-10      1e010      08.1
```

使用 float()内置函数，可以将整数数据类型转换成浮点数数据类型。例如：

```
>>> float(5)
5.0
```

### 3. bool(布尔值)

Python 的布尔值包括 True 和 False，它只和整数中的 1 和 0 有着对应的关系。例如：

```
>>> True==1
True
>>> True==2
False
>>> False==0
True
>>> False==-1
False
```

这里是利用==号判断左右两边是否绝对相等。

### 4. complex(复数)

复数的表示法是使用双精度浮点数来表示实数与虚数的部分，复数的符号可以使用字母 j 或是 J。例如，下面是复数表示：

```
1.5 + 0.5j        1J        2 + 1e100j        3.14e-10j
```

可以使用 real 与 imag 属性分别取出复数的实数与虚数部分。例如：

```
>>>a=1.5+0.5j
>>>a.real
1.5
>>> a.imag
0.5
>>> a
(1.5+0.5j)
```

可以使用 complex(real,imag)函数，将 real 与 imag 两个数值转换成复数。real 参数是复数的实数部分，imag 参数是复数的虚数部分。例如：

```
>>> complex(1.5,0.5)
(1.5+0.5j)
```

数值之间可以通过运算符进行运算操作。例如：

```
>>> 5 + 4        # 加法
9
>>> 4.3 - 2      # 减法
2.3
>>> 3 * 7        # 乘法
21
>>> 2/4          # 除法，得到一个浮点数
0.5
>>> 2//4         # 除法，得到一个整数
0
>>> 17 % 3       # 取余
2
>>> 2 ** 5       # 乘方
32
```

在数字运算时，需要注意以下问题。

(1) 数值的除法(/)总是返回一个浮点数，要获取整数使用//操作符。
(2) 在整数和浮点数混合计算时，Python 会把整数转换成为浮点数。

用户可以将数值使用在函数内。例如：

```
>>> round(12.32, 1)
12.3
```

可以对数值进行比较。例如：

```
>>>x = 2
>>>0 < x < 5
True
```

但是不可以对复数进行比较。例如：

```
>>> 0.5 + 1.5j < 2j
Traceback (most recent call last):
  File "<pyshell#48>", line 1, in <module>
    0.5 + 1.5j < 2j
TypeError: unorderable types: complex() < complex()
```

用户可以将数值做位移动(shifting)或是屏蔽(masking)。例如：

```
>>>16 << 2
64
>>>30 & 0x1B
26
>>>2 | 5
7
>>>3 ^ 5
6
>>>~2
-3
```

内置的 type()函数可以用来查询变量所指的对象类型。例如：

```
>>>a, b, c, d = 20, 5.5, True, 4+3j
>>> print(type(a), type(b), type(c), type(d))
<class 'int'> <class 'float'> <class 'bool'> <class 'complex'>
```

该案例就显示了 4 个变量所对应的 4 种数据类型。

## 2.4.2　String(字符串)

字符串属于序列类型(sequence type)。Python 将字符串视为一连串的字符组合，例如字符串"Parrot"，在 Python 内部则是视为"P" "a" "r" "r" "o" "t" 6 个字符的组合。第 1 个字符的索引值永远是 0，因此存取字符串"Parrot"的第 1 个字符"P"时使用"Parrot"[0]，如下例所示：

```
>>> "Parrot"[0]
'P'
>>> "Parrot"[1]
'a'
```

在创建一个字符串时，可以将数个字符以单引号、双引号或是三引号包含起来。例如：

```
>>>a = 'Parrot'
>>> a
'Parrot'
>>>a = "Parrot"
>>>a
'Parrot'
>>>a = '''Parrot'''
>>>a
'Parrot'
```

注意　　字符串开头与结尾的引号要一致。

下面的案例将字符串开头的引号使用双引号，结尾的引号使用单引号：

```
>>> a = "Parrot'
Traceback ( File "<interactive input>", line 1
    a = "Parrot'
              ^
SyntaxError: invalid token
```

可见，当字符串开头与结尾的引号不一致时，Python 会显示一个 invalid token 的错误提示信息。

## 2.4.3　Sets(集合)

Sets(集合)是一个无序不重复元素的集。它的主要功能是删除重复元素和进行关系测试。创建集合时用大括号({})。例如：

```
>>>student = {'王平','杨华','王平','李玉','刘天怡'}
>>> print(student)                    # 删除重复的
{'王平','杨华','李玉','刘天怡'}
>>> '李玉' in student                 # 检测成员
True
>>> '杨平' in student
False
```

注意　　如果要创建一个空集合，必须用 set()。例如：

```
>>>student = set()
```

## 2.4.4　List(列表)

List(列表)是 Python 中使用最频繁的数据类型。列表可以实现大多数集合类的数据结构。列表中元素的类型可以不相同，它支持数字、字符串甚至可以包含列表(所谓嵌套)。列表是写在方括号([])之间、用逗号分隔开的元素列表。

要创建一个列表对象，使用中括号[]来包含其元素。例如：

```
>>> s = [1,2,3,4]
```

列表对象 s 共有 4 个元素，可以使用 s[0]返回第 1 个元素，s[1]返回第 2 个元素，以此类推。如果索引值超出范围，Python 会抛出一个 IndexError 异常。例如：

```
>>>s = [1,2,3,4]
>>>s[0]
1
>>>s[1]
2
>>>s[2]
3
>>>s[3]
4
>>>s[4]
Traceback (most recent call last):
  File "<pyshell#3>", line 1, in <module>
    s[4]
IndexError: list index out of range
```

Python 为访问最后一个列表元素提供了一种特殊语法。通过将索引指定为-1，可以让 Python 返回倒数第一个列表元素。例如：

```
>>>s = [1,2,3,4]
>>> s[-1]
4
```

在不知道列表长度情况下，上述方法很实用。依次类推，索引-2 表示倒数第二个列表元素。

### 2.4.5 Tuple(元组)

Tuple(元组)对象属于序数对象，它是一群有序对象的集合，并且可以使用数字来做索引。元组对象与列表对象非常类似，其差别在于元组对象不可以新增、修改与删除。要创建一个元组对象，使用小括号()来包含其元素。其语法为：

```
variable = (element1, element2, ...)
```

也可以省略小括号()，直接将元素列出。

下面的例子创建一个元组对象，此元组对象有 3 个元素：1，2，3。

```
>>>t=(1,2,3)
>>> t
(1, 2, 3)
>>>t = 1,2,3
>>>t
(1, 2, 3)
```

与列表的索引一样，元组索引也从 0 开始。例如：

```
>>>t=(1,2,3)
>>>t[0]
1
```

## 2.4.6 Dictionary(字典)

Dictionary(字典)是 Python 内非常有用的数据类型。字典使用大括号{}将元素列出。元素由键值(key)与数值(value)所组成，中间以冒号(:)隔开。键值必须是字符串、数字或是元组，这些对象是不可变动的。数值则可以是任何数据类型。字典的元素排列并没有一定的顺序，可以使用键值来取得该元素。

创建字典的语法格式如下：

字典变量={关键字1:值1,关键字2:值2,…}

 注意　在同一个字典之内，关键字必须是互不相同的。

例如：

```
>>>cla={'一班':'李平','二班':'黄玉' }
>>> cla ['一班']
'李平'
>>>cla ['二班']
'黄玉'
>>>cla
{'二班':'黄玉','一班':'李平'}
```

## 2.5　运算符和优先级

在 Python 语言中，支持的运算符包括算术运算符、比较运算符、赋值运算符、逻辑运算符、位运算符、身份运算符和成员运算符。

### 2.5.1　算术运算符

Python 语言中常见的算术运算符如表 2-1 所示。

表 2-1　算术运算符

| 运算符 | 含　义 | 举　例 |
| --- | --- | --- |
| + 加 | 两个对象相加 | 1+2=3 |
| - 减 | 得到负数或是一个数减去另一个数 | 3-2=1 |
| * 乘 | 两个数相乘或是返回一个被重复若干次的字符串 | 2*3=6 |
| / 除 | 两个数相除，得到浮点数 | 4/2=2.0 |
| % 取模 | 返回除法的余数 | 21%10=1 |
| ** 幂 | x**y 表示返回 x 的 y 次幂 | $10**21=10^{21}$ |
| // 取整除 | 返回相除后结果的整数部分 | 7/3=2 |

【案例 2-1】　使用算术运算符(代码 2.1.py)。

x = 4

```
y = 5
z = 10
#加法运算
a = x + y
print ("a 的值为: ", a)
#减法运算
a =x - y
print ("a 的值为: ", a)
#乘法运算
a = x * y
print ("a 的值为: ", a)
#除法运算
a = x / y
print ("a 的值为: ", a)
#取模运算
a= x % y
print ("a 的值为: ", a)
#修改变量 x、y、z
x = 10
y = 12
z = x**y
print ("z 的值为: ", z)
#整除运算
X = 15
y = 3
z = x//y
print ("z 的值为: ", z)
```

保存并运行程序，结果如下：

```
A 的值为: 9
a 的值为: -1
a 的值为: 20
a 的值为: 0.8
a 的值为: 4
z 的值为: 1000000000000
z 的值为: 5
```

在本案例中，首先定义变量 x、y、z 并赋值，然后进行算术运算，接着修改变量的值，再次进行整除运算。

## 2.5.2 比较运算符

Python 语言支持的比较运算符如表 2-2 所示。

表 2-2 比较运算符

| 运算符 | 含义 | 举例 |
| --- | --- | --- |
| == 等于 | 比较两个对象是否相等 | (1==2) 返回 False |
| != 不等于 | 比较两个对象是否不相等 | (1!=2) 返回 True |
| > 大于 | x>y 返回 x 是否大于 y | 2>3 返回 False |

续表

| 运算符 | 含 义 | 举 例 |
|---|---|---|
| < 小于 | x<y 返回 x 是否小于 y | 2<3 返回 True |
| >= 大于等于 | x>=y 返回 x 是否大于等于 y | 3>=1 返回 True |
| <= 小于等于 | x<=y 返回 x 是否小于等于 y | 3<=1 返回 False |

【案例 2-2】 使用比较运算符(代码 2.2.py)。

```python
x = 15
y = 6
# 判断变量 x 和 y 是否相等
if ( x == y ):
   print ("x 等于 y")
else:
   print ("x 不等于 y")
# 判断变量 x 和 y 是否不相等
if ( x != y ):
   print ("x 不等于 y")
else:
   print ("x 等于 y")
# 判断变量 x 是否小于 y
if ( x < y ):
   print ("x 小于 y")
else:
   print ("x 大于等于 y")
# 判断变量 x 是否大于 y
if ( x > y ):
   print (" x 大于 y")
else:
   print (" x 小于等于 y")
# 修改变量 x 和 y 的值
x = 6
y = 18
# 判断变量 x 是否小于等于 y
if ( x <= y ):
   print (" x 小于等于 y")
else:
   print (" x 大于  y")
# 判断变量 x 是否大于等于 y
if ( y >= x):
   print (" y 大于等于 x")
else:
   print (" y 小于 x")
```

保存并运行程序，结果如下：

```
x 不等于 y
x 不等于 y
x 大于等于 y
x 大于 y
x 小于等于 y
y 大于等于 x
```

在本案例中，首先定义变量 x、y 并赋值，然后使用 if 判断语句，并结合比较运算符判断两个变量的大小关系。

## 2.5.3 赋值运算符

赋值运算符表示将右边变量的值赋给左边变量，常见的赋值运算符的含义如表 2-3 所示。

表 2-3　赋值运算符

| 运算符 | 含　义 | 举　例 |
|---|---|---|
| = | 简单的赋值运算符 | c = a + b，将 a + b 的运算结果赋值为 c |
| += | 加法赋值运算符 | c += a 等效于 c = c + a |
| -= | 减法赋值运算符 | c -= a 等效于 c = c - a |
| *= | 乘法赋值运算符 | c *= a 等效于 c = c * a |
| /= | 除法赋值运算符 | c /= a 等效于 c = c / a |
| %= | 取模赋值运算符 | c %= a 等效于 c = c % a |
| **= | 幂赋值运算符 | c **= a 等效于 c = c ** a |
| //= | 取整除赋值运算符 | c //= a 等效于 c = c // a |

【案例 2-3】　使用赋值运算符(代码 2.3.py)。

```
x = 24
y = 8
z = 6
#简单的赋值运算
z = x + y
print ("z 的值为: ", z)
#加法赋值运算
z += x
print ("z 的值为: ", z)
#乘法赋值运算
z *= x
print ("z 的值为: ", z)
#除法赋值运算
z /= x
print ("z 的值为: ", z)
#取模赋值运算
z = 12
z %= x
print ("z 的值为: ", z)
#幂赋值运算
x=3
z **= x
print ("z 的值为: ", z)
#取整除赋值运算
z //= x
print ("z 的值为: ", z)
```

保存并运行程序，结果如下：

```
z 的值为：32
z 的值为：56
z 的值为：1344
z 的值为：56.0
z 的值为：12
z 的值为：1728
z 的值为：576
```

在本案例中，首先定义变量 x、y 和 z 并简单赋值，然后使用各种赋值方式对变量进行赋值操作。

## 2.5.4 逻辑运算符

Python 支持的逻辑运算符如表 2-4 所示。

表 2-4 逻辑运算符

| 运算符 | 含 义 | 举 例 |
| --- | --- | --- |
| and 布尔"与" | x and y 表示如果 x 为 false，它返回 false，否则它返回 y 的计算值 | (10 and 15)返回 15 |
| or 布尔"或" | x or y 表示如果 x 是 true，它返回 true，否则它返回 y 的计算值 | (10 or 15)返回 15 |
| not 布尔"非" | not x 表示如果 x 为 true，返回 false。如果 x 为 false，它返回 true | not (10 and 15)返回 false |

【案例 2-4】 使用逻辑运算符(代码 2.4.py)。

```
a = 10
b = 15
#布尔"与"运算
if ( a and b ):
   print ("变量 a 和 b 都为 true")
else:
   print ("变量 a 和 b 有一个不为 true")
#布尔"或"运算
if ( a or b ):
   print ("变量 a 和 b 都为 true,或其中一个变量为 true")
else:
   print ("变量 a 和 b 都不为 true")
# 修改变量 a 的值
a = 0
if ( a and b ):
   print ("变量 a 和 b 都为 true")
else:
   print ("变量 a 和 b 有一个不为 true")
if ( a or b ):
   print ("变量 a 和 b 都为 true,或其中一个变量为 true")
else:
   print ("变量 a 和 b 都不为 true")
```

```
# 布尔"非"运算
if not( a and b ):
   print ("变量 a 和 b 都为 false,或其中一个变量为 false")
else:
   print ("变量 a 和 b 都为 true")
```

保存并运行程序,结果如下:

```
变量 a 和 b 都为 true
变量 a 和 b 都为 true,或其中一个变量为 true
变量 a 和 b 有一个不为 true
变量 a 和 b 都为 true,或其中一个变量为 true
变量 a 和 b 都为 false,或其中一个变量为 false
```

在本案例中,首先定义变量 a 和 b 并简单赋值,然后对变量进行各种逻辑运算操作。

## 2.5.5 位运算符

在 Python 中,按位运算是把数字转换为二进制来进行计算。Python 支持的位运算符如表 2-5 所示。

表 2-5 位运算符

| 运算符 | 含 义 | 举 例 |
| --- | --- | --- |
| & 按位与 | 参与运算的两个值,如果两个相应位都为 1,则该位的结果为 1,否则为 0 | (12&6)=4,二进制为:0000 0100 |
| \| 按位或 | 只要对应的两个二进位有一个为 1 时,结果位就为 1 | (12\|6)=14,二进制为:0000 1110 |
| ^ 按位异或 | 当两个对应的二进位相异时,结果为 1,否则为 0 | (12^6)=10,二进制为:0000 1010 |
| ~ 按位取反 | 对数据的每个二进制位取反,即把 1 变为 0,把 0 变为 1 | (~6)=-7,二进制为:1000 0111 |
| <<左移动 | 运算数的各二进位全部左移若干位,由"<<"右边的数指定移动的位数,高位丢弃,低位补 0 | (12<<2)=48,二进制为:0011 0000 |
| >>右移动 | 把">>"左边的运算数的各二进位全部右移若干位,">>"右边的数指定移动的位数 | (12>>2)=3,二进制为:0000 0011 |

【案例 2-5】 使用位运算符(代码 2.5.py)。

```
a = 12                # 12 =0000 1100
b = 6                 # 6= 0000 0110
c = 0
#按位与运算
c = a & b             # 4 = 0000 0100
print ("c 的值为:", c)
#按位或运算
c = a | b             # 14 = 0000 1110
print ("c 的值为:", c)
```

```
#按位异或运算
c = a ^ b              # 10 = 0000 1010
print ("c 的值为: ", c)
#按位取反运算
c = ~a                 # -13 = 1000 1101
print ("c 的值为: ", c)
#左移动运算
c = a << 2             # 48 = 0011 0000
print ("c 的值为: ", c)
#右移动运算
c = a >> 2             # 3 = 0000 0011
print ("c 的值为: ", c)
```

保存并运行程序，结果如下：

```
c 的值为: 4
c 的值为: 14
c 的值为: 10
c 的值为: -13
c 的值为: 48
c 的值为: 3
```

在本案例中，首先定义变量 a、b 和 c 并简单赋值，然后对变量进行各种位运算操作。读者特别需要注意按位取反运算的操作结果。

## 2.5.6 身份运算符

Python 支持的身份运算符为 is 和 not is。其中 is 是判断两个标识符是不是引用自同一个对象；is not 是判断两个标识符是不是引用自不同对象。

【案例 2-6】 使用身份运算符(代码 2.7.py)。

```
a ='张笑笑'
b = '刘萍'
#使用 is 身份运算符
if ( a is b):
   print ("a 和 b 有相同的标识")
else:
   print ("a 和 b 没有相同的标识")
#使用 is not 身份运算符
if ( a is not b ):
   print ("a 和 b 没有相同的标识")
else:
   print ("a 和 b 有相同的标识")
# 修改变量 a 的值
a = '刘萍'
if ( a is b):
   print ("修改后的 a 和 b 有相同的标识")
else:
   print ("修改后的 a 和 b 仍然没有相同的标识")
```

保存并运行程序，结果如下：

a 和 b 没有相同的标识
a 和 b 没有相同的标识
修改后的 a 和 b 有相同的标识

在本案例中，首先定义变量 a 和 b 并简单赋值，然后判断 a 和 b 是否具有相同的标识，接着修改变量 a 的值，修改后的 a 和 b 有相同的标识。

### 2.5.7 成员运算符

Python 还支持成员运算符，测试实例中包含了一系列成员，包括字符串、列表或元组。成员运算符包括 in 和 not in，x in y 表示如果 x 在 y 序列中返回 true；x not in y 表示如果 x 不在 y 序列中返回 true。

【**案例 2-7**】 使用成员运算符(代码 2.6.py)。

```
a ='张笑笑'
b = '刘萍'
students = ['王平', '张小平', '李晓莉', '张雁峰', '韩恩丽' ];
# 使用 in 成员运算符
if ( a in students ):
   print ("变量 a 在给定的列表 students 中")
else:
   print ("变量 a 不在给定的列表 students 中")
# 使用 not in 成员运算符
if ( b not in students ):
   print ("变量 b 不在给定的列表 students 中")
else:
   print ("变量 b 在给定的列表 students 中")
# 修改变量 a 的值
a = '张小平'
if ( a in students ):
   print ("变量 a 在给定的列表 students 中")
else:
   print ("变量 a 不在给定的列表 students 中")
```

保存并运行程序，结果如下：

变量 a 不在给定的列表 students 中
变量 b 不在给定的列表 students 中
变量 a 在给定的列表 students 中

在本案例中，首先定义变量 a 和 b 并简单赋值，然后定义了一个列表变量 students，接着开始判断变量 a 和 b 是否属于列表 students 的成员，修改变量 a 的值后，变量 a 属于列表 students 的成员。

### 2.5.8 运算符的优先级

Python 运算符以处理的先后排列如下。

(1) ()，[]，{}。

(2) 'object'。

(3) object[i]，object[1:r]，object.attribute，function()。

(4) (.)符号用来存取对象的属性与方法。下列案例调用对象 t 的 append()方法，在对象 t 的结尾加上一个字符"t"：

```
>>> t = ["P","a","r","r","o"]
>>> t.append("t")
>>> t
['P', 'a', 'r', 'r', 'o', 't']
```

(5) +x，-x，～x。

(6) x**y：x 的 y 次方。

(7) x * y，x / y，x % y：x 乘 y，x 除以 y，x 除以 y 的余数。

(8) x + y，x – y：x 加上 y，x 减 y。

(9) x << y，x >> y：x 左移 y 位，x 右移 y 位。例如：

```
>>> x = 4
>>> x << 2
16
```

(10) x & y：按位与运算符。

(11) x ^ y：按位异或运算符。

(12) x | y：按位或运算符。

(13) <，<=，>，>=，==，!=，<>，is，is not，in，not in。in 与 not in 运算符应用在列表(list)上。is 运算符检查两个变量是否属于相同的对象。is not 运算符则是检查两个变量是否不属于相同的对象。!=与<>运算符是相同功能的运算符，都是测试两个变量是否不相等。Python 建议使用!=运算符，而不要使用<>运算符。

(14) not。

(15) and。

(16) or，lambda args:expression。

使用运算符时须注意下列事项。

(1) 将除法应用在整数时，其结果会是一个浮点数。例如 8/4 会等于 2.0，而不是 2。余数运算会将 x / y 所得的余数返回来，例如 7%4 =3。

(2) 如果将两个浮点数相除取余数，其返回值也会是一个浮点数，其计算方式是 x – int(x / y) * y。例如：

```
>>>7.0 % 4.0
3.0
```

(3) 比较运算符可以连在一起处理，例如 a < b < c < d，Python 会将这个式子解释成 a < b and b < c and c < d。像 x < y > z 也是有效的表达式。

(4) 如果运算符(operator)两端的运算数(operand)数据类型不相同，Python 会将其中一个运算数的数据类型，转换成跟另一个运算数一样的数据类型。转换方式为：若有一个运算数是复数，另一个运算数也会被转换成复数；若有一个运算数是浮点数，另一个运算数也会被转换成浮点数。

(5) Python 有一个特殊的运算符：lambda。利用 lambda 运算符能够以表达式的方式创建一个匿名函数。lambda 运算符的语法如下：

```
lambda args : expression
```

args 是以逗号(,)隔开的参数列表(list)，而 expression 则是对这些参数进行运算的表达式。例如：

```
>>>a=lambda x,y:x + y
>>>print (a(3,4))
7
```

x 与 y 是 a()函数的参数，a()函数的表达式是 x+y。lambda 运算符后只允许有一个表达式。要达到相同的功能，也可以使用函数来定义 a，如下所示：

```
>>> def a(x,y):        #定义一个函数
 return x + y          #返回参数的和
>>> print (a(3,4))
7
```

【案例 2-8】 比较运算符的优先级(代码 2.8.py)。

```
a = 10
b = 6
c = 4
d = 2
e = 0
e = (a + b) * c / d        #(16 *4 ) / 2
print ("(a + b) * c / d 运算结果为: ", e)
e = ((a + b) * c) / d      # (16 *4) /2
print ("((a + b) * c) / d 运算结果为: ", e)
e = (a + b) * (c / d);     # (16) * (4/2)
print ("(a + b) * (c / d) 运算结果为: ", e)
e = a + (b * c) / d;       # 10 + (24/2)
print ("a + (b * c) / d 运算结果为: ", e)
```

保存并运行程序，结果如下：

```
(a + b) * c / d 运算结果为: 32.0
((a + b) * c) / d 运算结果为: 32.0
(a + b) * (c / d) 运算结果为: 32.0
a + (b * c) / d 运算结果为: 22.0
```

在本案例中，首先定义变量 a、b、c、d、e 并简单赋值，然后通过各种类型的运算符混合计算，用户可以分辨出这些运算符的优先级。

## 2.6 大神解惑

**小白**：两个变量如何相互赋值?
**大神**：两个变量相互赋值、方法如下：

```
>>> a,b = b,a
>>> a = 5
>>> b
5
```

**小白**：当字符串长度大于一行时如何输入？

**大神**：当字符串长度超过一行时，必须使用 3 个双引号将字符串包含起来才可以，因为单引号与双引号不可以跨行。例如：

```
>>>a="""Content-type: text/html
... <h1>Hello Python</h1>
... <a href="http://www.python.org">Go to Python</a>"""
>>> a
'Content-type: text/html\n<h1>Hello Python</h1>\n<a href="http://www.python.org">Go to Python</a>'
```

**小白**：数据类型可以相互转换吗？

**大神**：有时候，用户需要对数据内置的类型进行转换，此时只需要将数据类型作为函数名即可。以下几个内置的函数可以执行数据类型之间的转换。这些函数返回一个新的对象，表示转换的值。

1) 转换为整数类型

语法格式如下：

```
int(x)
```

将 x 转换为一个整数。例如：

```
>>>int(3.5)
3
```

2) 转换为浮点数类型

语法格式如下：

```
float(x)
```

将 x 转换为一个浮点数。例如：

```
>>>float(3)
3.0
```

3) 转换为字符串类型

语法格式如下：

```
str(x)
```

将 x 转换为一个字符串。例如：

```
>>>str(567)
'567'
```

## 2.7 跟我练练手

练习 1：定义一个符合规则的标识符。
练习 2：定义一个字符串变量。
练习 3：定义一个多行的程序。
练习 4：定义一个包含数字、字符串、列表、元组、集合和字典的程序。

# 第 3 章
## 不可不知的数据结构——列表、元组和字典

　　Python 有许多特殊的数据结构，最常用的就是列表、元组、集合和字典。列表与元组属于序数(sequence)类型，是数个有序对象的组合。字典则是属于映像(mapping)类型，是由一个对象集合来作为另一个对象集合的键值索引。本章将讲述列表、元组和字典的基本操作。

本章要点(已掌握的，在方框中打钩)

- ❑ 熟悉列表对象的特性。
- ❑ 掌握列表包容的方法。
- ❑ 掌握列表的函数和方法。
- ❑ 熟悉元组对象的特性。
- ❑ 掌握元组内置函数的使用方法。
- ❑ 熟悉字典对象的特性。
- ❑ 掌握字典的函数和方法。

## 3.1 列表的基本操作

列表(list)对象属于序数对象，它是一群有序对象的集合，并且可以使用数字来做索引。列表对象可以做新增、修改和删除的操作。

### 3.1.1 列表对象的特性

列表由一系列按特定顺序排列的元素组成。在 Python 中，用方括号[]来表示列表，用逗号来分割其中的元素。

例如：

```
>>>s=["溪云初起日沉阁，","山雨欲来风满楼。"]
>>>print(s)
['溪云初起日沉阁，', '山雨欲来风满楼。']
```

从结果可以看出，Python 不仅输出列表的内容，还包括方括号。

列表的常见特性如下。

(1) 列表对象中的元素，可以是不同的类型。

例如：

```
>>>s=[1,"Hello",2.1,2+3j]
```

(2) 列表对象中的元素，可以是另一个列表。

例如：

```
>>>s = [1,"Hello",2.1,["A","B","C"]]
```

(3) 列表对象中使用与字符串对象相同的运算符。

例如：

```
>>>s = [1,"Hello",2.1,["A","B","C"]]
>>>s[3]
['A', 'B', 'C']
```

(4) 要读取列表对象中的另一个列表，使用另一个中括号[]来做索引。

例如：

```
>>> s = [1,"Hello",2.1,["A","B","C"]]
>>>s[3][1]
'B'
```

(5) 可以使用列表对象的 index(c)方法(c 是元素的内容)来返回该元素的索引值。

例如：

```
>>>s = [1,"Hello",2.1,["A","B","C"]]
>>> s.index("Hello")
1
>>> s.index(1)
0
```

(6) 可以修改列表对象的元素。

例如：

```
>>> s = [1,"Hello",2.1,["A","B","C"]]
>>> s[1] = "Welcome"
>>> s
[1, 'Welcome', 2.1, ['A', 'B', 'C']]
```

(7) 可以在列表对象中插入新元素。

例如：

```
>>> s = [1,"Hello",2.1,["A","B","C"]]
>>> s[4:] = [123,"ok"]    #4:表示从左侧数第 5 个位置开始添加新元素
>>> s
[1, 'Hello', 2.1, ['A', 'B', 'C'], 123, 'ok']
```

(8) 也可以使用列表对象的 insert()方法来插入新元素。

例如：

```
>>> s = [1,"Hello",2.1,["A","B","C"]]
>>> s.insert(1,"A")
>>> s
[1, 'A', 'Hello', 2.1, ['A', 'B', 'C']]
```

(9) 可以使用 del 语句来删除列表对象中的元素。

例如：

```
>>> s = [1,"Hello",2.1,["A","B","C"]]
>>> del s[1]
>>> s
[1,2.1, ['A', 'B', 'C']]
>>> del s[-1]   #-1 表示从右侧数第一个元素
>>> s
[1,2.1]
```

(10) 读者可以像使用其他变量一样使用列表中的各个值。

例如：

```
>>>s=["蓝色","绿色","红色","黄色","紫色"]
>>>ss="我最喜欢的颜色是"+s[0].title()
>>> print(ss)
我最喜欢的颜色是蓝色
```

## 3.1.2 列表包容

从 Python 2.0 开始，可以使用列表包容(list comprehension)的功能。所谓列表包容，是使用列表内的元素来创建新的列表。其语法如下：

```
[ expression for expression1 in sequence1
      [for expression2 in sequence2
```

```
[... for expressionN in sequenceN]
[if condition] ]
```

sequence 代表序数对象，如字符串、元组、列表等。列表包容后，新列表的元素数目是所有序数对象的元素数目相乘的结果。

下列案例将 letters 字符串对象与 lst 列表对象做列表包容，从而创建一个新的列表对象。

```
>>> letters = "py"
>>> lst = [1,2,3,4]
>>> [ (x,y) for x in letters for y in lst]
[('p', 1), ('p', 2), ('p', 3), ('p', 4), ('y', 1), ('y', 2), ('y', 3), ('y', 4)]
```

在本案例中，letters 字符串对象有 2 个元素，lst 列表对象有 4 个元素，列表包容产生的新列表有 8 个元素。

### 3.1.3 列表的操作符

列表的常用操作符包括+和*。其中列表对+和*的应用与字符串相似，+号用于组合列表，*号用于重复列表。

+号运算的示例如下：

```
>>>[1,2,3]+ [4,5,6]
[1, 2, 3, 4, 5, 6]
```

*号运算的示例如下：

```
>>>[1,2,3]* 3
[1, 2, 3, 1, 2, 3, 1, 2, 3]
```

### 3.1.4 列表的函数和方法

列表对象有许多内置函数和方法，下面学习这些函数和方法的使用技巧。

#### 1. 列表的函数

列表内置的函数包括 len()、max()、min()和 list()。

(1) len()函数返回列表的长度。例如：

```
>>>list1 =[1, 2, 3]
>>>print (len(list1))
3
```

(2) max()函数返回列表元素中的最大值。例如：

```
>>> list1=[1, 2, 3, 4]
>>> print (max(list1))
4
>>> list2=['a', 'c', 'd', 'p']
>>> print (max(list2))
p
```

只有当列表中的元素数据类型一致时,才能使用 max()函数,否则会出错。
例如:

```
>>> list1=[1, 2, 3, 4, 'a']
>>> print (max(list1))
Traceback (most recent call last):
  File "<pyshell#48>", line 1, in <module>
    print (max(list1))
TypeError: unorderable types: str() > int()
```

(3) min()函数返回列表元素中的最小值。例如:

```
>>> list1=[1, 2, 3, 4]
>>> print (min(list1))
1
>>> list2=['a', 'c', 'd', 'p']
>>> print (min(list2))
a
```

(4) list()函数用于将元组转换为列表。元组与列表非常类似,区别在于元组的元素值不能修改。元组是放在括号中,列表是放于方括号中。例如:

```
>>>books = (59,'清华大学出版社', 'Python', '教材')
>>>list1 = list(books)
>>>print ("图书信息为: ", list1)
图书信息为: [59, '清华大学出版社', 'Python', '教材']
```

### 2. 列表的方法

在 Python 解释器内输入 dir([]),就可以显示这些内置方法。

```
>>> dir([])
['__add__', '__class__', '__contains__', '__delattr__', '__delitem__',
'__dir__', '__doc__', '__eq__', '__format__', '__ge__', '__getattribute__',
'__getitem__', '__gt__', '__hash__', '__iadd__', '__imul__', '__init__',
'__iter__', '__le__', '__len__', '__lt__', '__mul__', '__ne__', '__new__',
'__reduce__', '__reduce_ex__', '__repr__', '__reversed__', '__rmul__',
'__setattr__', '__setitem__', '__sizeof__', '__str__', '__subclasshook__',
'append', 'clear', 'copy', 'count', 'extend', 'index', 'insert', 'pop',
'remove', 'reverse', 'sort']
```

下面将挑选最常用的方法进行介绍。

1) append(object)

append()方法在列表对象的结尾,加上新对象 object。例如:

```
>>>lst = [1,2,3]
>>>lst.append(5)
>>> lst
[1, 2, 3, 5]
>>> lst.append([4,5,6])
>>> lst
[1, 2, 3, 5, [4, 5, 6]]
```

2) clear()

该函数用于清空列表，类似于 del a[:]。例如：

```
>>>lst =[1,2,2,3,2,4]
>>>lst.clear()    #清空列表
>>>lst
[]
```

3) copy()

该函数用于复制列表。例如：

```
>>>list1 = ['张小平', '王磊', '胡华']
>>>list2 = list1.copy()
>>>print (list2)
['张小平', '王磊', '胡华']
```

4) count(value)

count()方法针对列表对象中的元素值为 value 者，计算其数目。例如：

```
>>> lst = [1, 2, 2, 3, 2, 4]
>>> lst.count(2)
3
```

5) extend(list)

extend()方法将参数 list 列表对象中的元素加到此列表中，成为此列表的新元素。例如：

```
>>>lst = [1, 2, 3, 4]
>>> lst.extend([5,6,7,8])
>>> lst
[1, 2, 3, 4, 5, 6, 7, 8]
```

6) index(value)

index()方法将列表对象中元素值为 value 者，返回其索引值。例如：

```
>>> lst = [1, 2, 3, 4]
>>> lst.index(2)
1
```

7) insert(index, object)

insert()方法将在列表对象中索引值为 index 的元素之前插入新元素 object。例如：

```
>>> lst = [1, 2, 3, 4]
>>> lst.insert(1,"Hello")
>>> lst
[1, 'Hello', 2, 3, 4]
```

8) pop([index])

pop()方法将列表对象中索引值为 index 的元素删除。如果没有指定 index 的值，就将最后一个元素删除。例如：

```
>>> lst = [1, 2, 3, 5, [4, 5, 6]]
>>> lst.pop()
[4, 5, 6]
>>> lst
```

```
[1, 2, 3, 5]
>>> lst.pop(1)
2
>>> lst
[1, 3, 5]
```

9) remove(value)

remove()方法将列表对象中的元素值为 value 者删除。例如：

```
>>> lst = [1, 2, 3, 4]
>>> lst.remove(2)
>>> lst
[1, 3, 4]
```

10) reverse()

reverse()方法将列表对象中的元素颠倒排列。例如：

```
>>> lst = [1, 2, 3, 4]
>>> lst.reverse()
>>> lst
[4, 3, 2, 1]
```

11) sort()

sort()方法将列表对象中的元素，依照大小顺序排列。例如：

```
>>> lst = [1, 4, 3, 2]
>>> lst.sort()
>>> lst
[1, 2, 3, 4]
```

## 3.2 元组的基本操作

与列表相比，元组对象不能修改，同时元组使用小括号(而列表使用方括号)。元组创建很简单，只需要在括号中添加元素并使用逗号隔开即可。

### 3.2.1 元组对象的特性

如果创建的元组对象只有一个元素，就必须在元素之后加上逗号(,)，否则 Python 会认为此元素是要设置给变量的值：

```
>>>t = (1)
>>>t
1
>>>t = (1,)
>>>t
(1,)
```

用户不可以修改元组对象内的元素值，否则会提示错误。例如：

```
>>>tup1 = (1, 2.3)
#以下修改元组元素操作是非法的。
>>> tup1[0] = 5
```

```
Traceback (most recent call last):
  File "<pyshell#88>", line 1, in <module>
    tup1[0] = 5
TypeError: 'tuple' object does not support item assignment
```

从上述代码中可以看出，当用户修改元组对象内的元素值时，会提示一个 TypeError 类型的错误提示。

可以使用下列方法来更新元组对象内的元素值：

```
>>>t = (1,2,3)
>>>t = t[0],t[2]
>>> t
(1, 3)
```

元组对象支持使用索引值的方式来返回元素值：

```
>>> t = (1,2,3)
>>> t[0]
1
>>> t[1]
2
>>> t[2]
3
```

元组对象虽然不能修改，但是可以组合。例如：

```
>>>tup1 = (1,2)
>>>tup2 = ('号码', '位置')
# 组合成一个新的元组
>>>tup3 = tup1 + tup2
>>>print (tup3)
(1, 2, '号码', '位置')
```

元组中的元素值是不允许删除的，但可以使用 del 语句来删除整个元组。例如：

```
>>>tup = (1,2,3,4)
>>>print (tup)
(1, 2, 3, 4)
>>>del tup
>>>print (tup)
Traceback (most recent call last):
  File "<pyshell#97>", line 1, in <module>
    tup
NameError: name 'tup' is not defined
```

从结果可知，元组已经被删除，再次访问该元组时会提示错误信息。

## 3.2.2　元组的内置函数

元组的内置函数包括 len()、max()、min()、tuple()等。

(1) len()函数返回元组的长度。例如：

```
>>>tup1 = (1,2,3)
```

```
>>>print (len(tup1))
3
```

(2) max()函数返回元组元素中的最大值。例如:

```
>>> tup1=(1, 2, 3, 4)
>>> print (max(tup 1))
4
>>> tup 2=('a', 'c', 'd', 'p')
>>> print (max(tup 2))
p
```

> 注意：元组中的元素数据类型必须一致，才能使用max()函数，否则会出错。

(3) min()函数返回元组元素中的最小值。例如:

```
>>> tup1=(1, 2, 3, 4)
>>> print (min(tup1))
1
>>>tup2=('a', 'c', 'd', 'p')
>>> print (min(tup2))
a
```

(4) tuple()函数用于将列表转换为元组。例如:

```
>>>books =[59, '清华大学出版社', 'Python', '教材']
>>>tup1 = tuple(books)
>>>print ("图书信息为: ", tup1)
图书信息为: (59, '清华大学出版社', 'Python', '教材')
```

(5) sum()函数返回元组中所有元素的和。例如:

```
>>> tup1=(1, 2, 3, 4)
>>> print (sum(tup1))
10
```

## 3.3 字典的基本操作

字典是另一种可变容器模型，且可存储任意类型的对象。下面介绍字典的基本操作。

### 3.3.1 字典对象的特性

字典的对象使用大括号{}，将元素列出。字典的元素排列并没有一定的顺序，因为可以使用键值来取得该元素。

下列案例创建了一个字典对象:

```
>>>dic = {"name":"John", "sex":"male", "phone":"12345678"}
>>>dic
{'sex': 'male', 'name': 'John', 'phone': '12345678'}
```

可以使用键值来返回字典中的元素：

```
>>> dic = {"name":"John", "sex":"male", "phone":"12345678"}
>>> dic["name"]
'John'
>>> dic["sex"]
'male'
>>> dic["phone"]
'12345678'
```

如果输入的键值在字典中不存在，Python 会产生一个 KeyError 错误：

```
>>> dic = {"name":"John", "sex":"male", "phone":"12345678"}
>>> dic["email"]
Traceback (most recent call last):
  File "<pyshell#4>", line 1, in <module>
    dic["email "]
KeyError: email
```

字典值可以没有限制地取任何 Python 对象，既可以是标准的对象，也可以是用户定义的，但键值不行。设置键值时需要注意以下两点。

(1) 不允许同一个键出现两次。如果同一个键被赋值两次，会记住后一个值。例如：

```
>>> dic= {'Name': 'John', 'Age': 25, 'Name':'千谷'}
>>> print (dic['Name'])
'千谷'
```

(2) 键必须不可变，所以可以用数字、字符串或元组充当，而用列表就不行。例如：

```
>>>dic= {['Name']: 'John', 'Age': 25}
Traceback (most recent call last):
  File "<pyshell#26>", line 1, in <module>
    dic= {['Name']: 'John ', 'Age': 25}
TypeError: unhashable type: 'list'
```

可以使用 del 语句来删除字典中的元素：

```
>>>dic = {"name":"John", "sex":"male", "phone":"12345678"}
>>> del dic["phone"]
>>> dic
{'sex': 'male', 'name': 'John'}
```

字典中的元素值是可以修改的：

```
>>>dic = {"name":"John", "sex":"male", "phone":"12345678"}
>>>dic["name"] = "Machael"
>>> dic
{'sex': 'male', 'name': 'Machael', 'phone': '12345678'}
```

可以使用 Python 的 len()内置函数来返回字典中的元素数目：

```
>>>dic = {"name":"John", "sex":"male", "phone":"12345678"}
>>>len(dic)
3
```

## 3.3.2 字典的内置函数和方法

下面主要讲述字典的内置函数和方法的使用技巧。

### 1. 字典的内置函数

字典的内置函数包括 len()、str()和 type()。

(1) len(dict)：计算字典元素个数，即键的总数。例如：

```
>>> dic = {'Name': 'John', 'Age': 21, 'Class': 2}
>>> len(dic)
3
```

(2) str(dict)：输出字典以可打印的字符串表示。例如：

```
>>>dic = {'Name': 'John', 'Age': 21, 'Class': 2}
>>>str(dic)
"{'Age': 21, 'Class': 2, 'Name': 'John'}"
```

(3) type(variable)：返回输入的变量类型，如果变量是字典就返回字典类型。例如：

```
>>>dic = {'Name': 'John', 'Age': 21, 'Class': 2}
>>>type(dic)
<class 'dict'>
```

### 2. 字典的内置方法

字典对象有许多内置方法，在 Python 解释器内输入 dir({})，就可以显示这些内置方法的名称。例如：

```
>>>dir({})
['__class__', '__contains__', '__delattr__', '__delitem__', '__dir__',
'__doc__', '__eq__', '__format__', '__ge__', '__getattribute__', '__getitem__',
'__gt__', '__hash__', '__init__', '__iter__', '__le__', '__len__', '__lt__',
'__ne__', '__new__', '__reduce__', '__reduce_ex__', '__repr__', '__setattr__',
'__setitem__', '__sizeof__', '__str__', '__subclasshook__', 'clear', 'copy',
'fromkeys', 'get', 'items', 'keys', 'pop', 'popitem', 'setdefault',
'update', 'values']
```

下面挑选最常用的方法进行讲解。

1) clear()

该方法用于清除字典中的所有元素。例如：

```
>>>dic = {"name":"John", "sex":"male", "phone":"12345678"}
>>>dic.clear()
>>>dic
{}
```

2) copy()

该方法用于复制字典。例如：

```
>>>dic = {"name":"John", "sex":"male", "phone":"12345678"}
>>>newdic = dic.copy()
```

```
>>>newdic
{'sex': 'male', 'name': 'John', 'phone': '12345678'}
```

3) get(k [, d])

该方法中 k 是字典的键值，d 是键值的默认值。如果 k 存在，就返回其值，否则返回 d。

例如：

```
>>> dic = {"name":"John", "sex":"male", "phone":"12345678"}
>>> dic.get("name")
'John'
>>>dic.get("email","None")
'None'
```

4) items()

该方法使用字典中的元素创建一个以(key,value)为一组的元组对象。例如：

```
>>> dic = {"name":"John", "sex":"male", "phone":"12345678"}
>>> dic.items()
dict_items([('sex', 'male'), ('name', 'John'), ('phone', '12345678')])
```

5) keys()

该方法使用字典中的键值创建一个列表对象。例如：

```
>>> dic = {"name":"John", "sex":"male", "phone":"12345678"}
>>> dic.keys()
dict_keys(['sex', 'name', 'phone'])
```

6) popitem()

该方法用于删除字典中的第一个元素。例如：

```
>>> dic = {"name":"John", "sex":"male", "phone":"12345678"}
>>> dic.popitem()
('sex', 'male')
>>> dic
{'name': 'John', 'phone': '12345678'}
>>> dic.popitem()
('name', 'John')
>>> dic
{'phone': '12345678'}
```

7) setdefault(k [, d])

该方法中 k 是字典的键值，d 是键值的默认值。如果 k 存在，就返回其值，否则返回 d。

例如：

```
>>> dic = {"name":"John", "sex":"male", "phone":"12345678"}
>>> dic.setdefault("name")
'John'
>>> dic
{'sex': 'male', 'name': 'John', 'phone': '12345678'}
>>> dic.setdefault("email","aaa@ccc.com")
'aaa@ccc.com'
>>> dic
{'sex': 'male', 'name': 'John', 'email': 'aaa@ccc.com', 'phone': '12345678'}
```

8) update(E)

该方法中 E 是字典对象，由字典对象 E 来更新此字典。例如：

```
>>> dic = {"name":"John", "sex":"male", "phone":"12345678"}
>>> dic.update({"mail":"aaa@ccc.com"})
>>> dic
{'sex': 'male', 'name': 'John', 'mail': 'aaa@ccc.com', 'phone': '12345678'}
```

9) values()

该方法使用字典中键值的数值来创建一个列表对象。例如：

```
>>> dic = {"name":"John", "sex":"male", "phone":"12345678"}
>>> dic.values()
dict_values(['male', 'John', '12345678'])
```

## 3.4 大神解惑

**小白**：如何创建一个占有 5 个元素空间而又不包括任何内容的列表呢？

**大神**：空列表可以简单地通过中括号表示([])，如果想创建占有 5 个元素空间而又不包括内容的列表，可以使用*号来实现，例如[0]*5，这样就生成了一个包含 5 个 0 的列表。然而，有时候可能需要一个值来代表空值，表示没有放置任何元素。这个时候需要使用 None。None 是一个 Python 的内置值。如下：

```
>>>s=[None]*5
>>>s
[None, None, None, None, None]
```

**小白**：如何判断一个元素是否在列表中？

**大神**：in 运算符用于判断元素是否存在于列表中。例如：

```
>>>1 in [1, 2, 3]
True
```

## 3.5 跟我练练手

练习 1：定义一个列表，然后验证列表对象的特性。

练习 2：使用列表包容去创建一个新列表。

练习 3：学习使用列表的函数和方法。

练习 4：定义一个元组，并使用它的函数。

练习 5：定义一个字典，并使用它的函数和方法。

# 第4章
## 一连串的字符——字符串操作

字符串是 Python 中最常用的数据类型。本章将详细介绍字符串的操作方法,包括字符串的访问方法、字符串的更新方法、如何在字符串中使用转义字符、字符串中运算符是如何操作的、字符串的格式化操作、字符串的内置方法如何使用等。

**本章要点(已掌握的,在方框中打钩)**

- ☐ 熟悉访问字符串中对象的方法。
- ☐ 掌握更新字符串的方法。
- ☐ 掌握转义字符的使用方法。
- ☐ 熟悉字符串中运算符的使用方法。
- ☐ 掌握格式化字符串的方法。
- ☐ 掌握字符串的内置方法的使用技巧。

## 4.1 访问字符串中的值

Python 不支持单字符类型，单字符在 Python 中也是作为一个字符串使用。Python 访问子字符串，可以使用方括号来截取字符串。

与列表的索引一样，字符串索引从 0 开始。例如：

```
>>>s="Parrot"
>>>s[1]
'a'
```

如果索引值为负数，则表示由字符串的结尾往前数。字符串的最后一个字符其索引值是-1，字符串的倒数第二个字符其索引值是-2，以此类推。例如：

```
>>>s="Parrot"
>>>s[-2]
'o'
```

另外，还可以使用冒号(:)来分割指定范围的字符。下列案例分割字符串的第 1 和第 2 个字符，中括号([])内的第 1 个数字是要分割字符串的开始索引值，第 2 个数字则是要分割字符串的结尾索引值。例如：

```
>>>s= "Parrot"
>>>a =s[1:3]
>>> a
'ar'
```

省略结尾索引值时，分割字符串由开始索引值到最后一个字符。例如：

```
>>>s= "Parrot"
>>>a =s[1:]
>>>a
'arrot'
```

省略开始索引值时，分割字符串由第一个字符到结尾索引值。例如：

```
>>>s= "Parrot"
>>>a =s[:3]
>>>a
'Par'
```

省略开始索引值与结尾索引值时，分割字符串由第一个字符到最后一个字符。例如：

```
>>> "Parrot"[:]
'Parrot'
```

## 4.2 字符串的更新

字符串被设置后，就不可以直接修改。下列案例将"Parrot"的第 2 个字符"a"直接改成字符"o"，执行时出现错误。

```
>>>a= "Parrot"
>>>a[1] = "o"
Traceback (most recent call last):
  File "<pyshell#75>", line 1, in <module>
    a[1]='o'
TypeError: 'str' object does not support item assignment
```

如果一定要修改字符串，可以使用下列方法：

```
>>> x = "Parrot"
>>>x= x[:1] + "o" + x[2:]
>>> x
'Porrot'
```

从结果可知，字符串中的第二个字符 a 被修改为了字符 o。

## 4.3 转义字符

有时候需要在字符串内设置单引号、双引号或是换行符号等，这时需要使用转义字符。Python 的转义字符是由一个反斜杠(\)与一个字符组成，如表 4-1 所示。

表 4-1　Python 的转义字符

| 转义字符 | 含 义 |
| --- | --- |
| \(在行尾时) | 续行符 |
| \\ | 反斜杠 |
| \' | 单引号(') |
| \" | 双引号(") |
| \a | 响铃 |
| \b | 退格(Backspace) |
| \e | 转义 |
| \n | 换行 |
| \v | 纵向制表符 |
| \r | 回车 |
| \t | 横向制表符 |
| \f | 换页 |
| \000 | 空 |
| \ooo | ooo 是八进制 ASCII 码 |
| \xyy | 十六进制数，yy 代表的字符 |

下列案例在字符串内使用换行字符(\n)：

```
>>> a="离离原上草\n一岁一枯荣"
>>> print (a)
离离原上草
一岁一枯荣
```

下列案例在字符串内使用双引号(")：

```
>>>a="The character is \"a\""
>>>print (a)
The character is "a"
```

下列案例显示十六进制数值是 45 的 ASCII 码：

```
>>>a="\x45"
>>>a
'E'
```

下列案例显示八进制数值是 105 的 ASCII 码：

```
>>>a= "\105"
>>> a
'E'
```

如果需要在字符串内加上反斜杠字符，就必须在字符串的引号前面加上"r"或是"R"字符。下列案例的字符串包含反斜杠字符：

```
>>> print (r"\n")
\n
>>> print (R"\f,\n,\x")
\f,\n,\x
```

## 4.4 字符串运算符

下面介绍常见字符串运算符的使用方法。

(1) 使用加号(+)可以将两个字符串连接，成为一个新的字符串。例如：

```
>>> "Hello " + "Python"
'Hello Python'
```

(2) 使用乘号(*)可以将一个字符串的内容复制数次，成为一个新的字符串。例如：

```
>>> "Hello" * 3
'HelloHelloHello'
```

(3) 使用大于(>)、等于(==)、小于(<)逻辑运算符，比较两个字符串的大小。例如：

```
>>> "parrot" < "Parrot"
False
>>> "parrot" > "Parrot"
True
>>> "Parrot" == "Parrot"
True
```

(4) 使用 in 或 not in 关键字，可以测试某个字符是否存在于字符串内。例如：

```
>>> "t" in "Parrot"
True
>>> "b" in "Parrot"
False
```

```
>>> "t" not in "Parrot"
False
>>> "b" not in "Parrot"
True
```

**【案例 4-1】** 各种字符串运算(代码 4.1.py)。

```
a = "泉眼无声惜细流,"
b = "树阴照水爱晴柔。"
print("a + b 输出结果: ", a + b)
print("a * 2 输出结果: ", a * 2)
print("a[1] 输出结果: ", a[1])
print("a[1:4] 输出结果: ", a[1:4])
#使用 in 关键字
if( "泉眼" in a) :
    print("泉眼在变量 a 中")
else :
    print("泉眼不在变量 a 中")
#使用 not in 关键字
if( "小池" not in a) :
    print("小池不在变量 a 中")
else :
    print("小池在变量 a 中")
```

保存并运行程序，结果如下：

```
a + b 输出结果：泉眼无声惜细流,树阴照水爱晴柔。
a * 2 输出结果：泉眼无声惜细流,泉眼无声惜细流,
a[1] 输出结果：眼
a[1:4] 输出结果：眼无声
泉眼在变量 a 中
小池不在变量 a 中
```

在本案例中，首先定义字符串 a 和 b 并简单赋值，然后对字符串 a 和 b 进行各种运算操作。

## 4.5 字符串格式化

Python 支持格式化字符串的输出。字符串格式化使用字符串操作符百分号(%)来实现。在百分号的左侧放置一个字符串(格式化字符串)，而右侧则放置希望被格式的值。可以使用一个值，如一个字符串或者数字，也可以使用多个值的元组或字典。

案例如下：

```
>>>a = "你好，%s，你的房间号是%d。"
>>>b = ('张先生',102)
>>>c= a % b
>>>print(c)
你好，张先生，你的房间号是 102。
```

上述%s 和%d 为字符串格式化符号。Python 中的字符串格式化符号含义如表 4-2 所示。

表 4-2  Python 的字符串格式化符号

| 字符串格式化符号 | 含 义 |
| --- | --- |
| %c | 格式化字符及其 ASCII 码 |
| %s | 格式化字符串 |
| %d | 格式化整数 |
| %u | 格式化无符号整型 |
| %o | 格式化无符号八进制数 |
| %x | 格式化无符号十六进制数 |
| %f | 格式化浮点数字,可指定小数点后的精度 |
| %e | 用科学计数法格式化浮点数 |
| %p | 用十六进制数格式化变量的地址 |

如果要在格式化字符串中包含百分号,那么必须使用%%,这样 Python 就不会将百分号误认为是格式化符号了。

这里须特别指出,如果要格式化浮点数,可以提供所需要的精度,即一个句点加上需要保留的小数点位数。因为格式化字符总是以类型的字符结束,所以精度应该放在类型字符前面。案例如下:

```
>>>a = "今天的营业额是%.1f 元。"
>>>b =2500.26
>>>c= a % b
>>>print(c)
今天的营业额是 2500.3 元。
```

另外,用户还可以设置浮点数的宽度。这里的宽度是指转换后的值所保留的最小字符个数。案例如下:

```
>>>a = "今天的营业额是%6f 元。"
>>>b =2500.26
>>>c= a % b
>>>print(c)
今天的营业额是 2500.3 元。
```

## 4.6  字符串使用的方法

在 Python 中,字符串使用的方法很多,主要是因为字符串中 string 模块中继承了很多方法。下面挑选比较常用的方法进行讲解。

1. capitalize()

该方法用于将字符串的第一个字母变成大写,其他字母变成小写。语法格式如下:

```
str.capitalize()
```

案例如下：

```
>>>str = "love is a lamp"
>>>print ("首字母变成大写后的效果 : ", str.capitalize())
首字母变成大写后的效果 : Love is a lamp
```

## 2. count()

该方法用于统计字符串里某个字符出现的次数。可选参数为在字符串搜索的开始与结束位置。语法格式如下：

```
str.count(sub, start=0,end=len(string))
```

其中 sub 为搜索的子字符串；start 为字符串开始搜索的位置，默认为第一个字符，第一个字符索引值为 0；end 为字符串中结束搜索的位置，默认为字符串的最后一个位置。

案例如下：

```
>>>str="www.python.com"
>>>s='o'
>>>print ("字符o出现的次数为: ", str.count(s))
字符o出现的次数为:  2
>>>s='com'
>>>print ("com出现的次数为:", str.count(s,0,10))
com出现的次数为: 0
>>>print ("com出现的次数为:", str.count(s,0,14))
com出现的次数为: 4
```

## 3. find()

该方法用于检测字符串中是否包含子字符串，如果包含子字符串则返回开始的索引值，否则返回-1。语法格式如下：

```
str.find(str, beg=0, end=len(string))
```

其中 str 为指定检索的字符串；beg 为开始索引，默认为 0；end 为结束索引，默认为字符串的长度。案例如下：

```
>>>str1 = "人生自古谁无死"
>>>str2 = "古"
>>>print (str1.find(str2))
3
>>>print (str1.find(str2,3))
3
>>>print (str1.find(str2,7))
-1
```

## 4. index()

该方法用于检测字符串中是否包含子字符串。如果包含子字符串则返回开始的索引值，否则会报一个异常。语法格式如下：

```
str.index(str, beg=0, end=len(string))
```

其中 str 为指定检索的字符串；beg 为开始索引，默认为 0；end 为结束索引，默认为字符串的长度。案例如下：

```
>>>str1 = "人生自古谁无死"
>>>str2 = "古"
>>>print (str1.index(str2))
3
>>>print (str1.index(str2,3))
3
>>>print (str1.index(str2,7))
raceback (most recent call last):
  File "<pyshell#59>", line 1, in <module>
    print (str1.index(str2,7))
ValueError: substring not found
```

可见，该方法与 find()方法一样，只不过如果 str 不在 string 中会报一个异常。

### 5. isalnum()

该方法用于检测字符串是否由字母和数字组成。语法格式如下：

```
str.isalnum()
```

如果字符串中至少有一个字符并且所有字符都是字母或数字则返回 True,否则返回 False。案例如下：

```
>>>str1 = "Nothingjusthappens"    #字符串没有空格
>>>print (str1.isalnum())
True
>>>str1="Nothing just happens"    #这里添加了空格
>>>print (str1.isalnum())
False
```

### 6. join()

该方法将序列中的元素用指定的字符连接生成一个新的字符串。语法格式如下：

```
str.join(sequence)
```

其中 sequence 为要连接的元素序列。案例如下：

```
>>>s1 ="*"
>>>s2 =""
#字符串序列
>>>se1=("山", "中", "相", "送", "罢")
>>>se2=("日", "暮", "掩", "柴", "扉")
>>> print (s1.join( se1 ))
山*中*相*送*罢
>>> print (s2.join( se2 ))
日暮掩柴扉
```

被连接的元素必须是字符串，如果是其他数据类型，运行时会报错。

### 7. isalpha()

该方法用于检测字符串是否只由字母或汉字组成。如果字符串至少有一个字符并且所有字符都是字母或汉字则返回 True,否则返回 False。

语法格式如下：

```
str.isalpha()
```

案例如下：

```
>>>s1 = "hello 张三丰"
>>>print (s1.isalpha())
True
>>>s1 = "今天的营业额是1300元"
>>>print (s1.isalpha())
False
```

### 8. isdigit()

该方法用于检测字符串是否只由数字组成。如果字符串中只包含数字则返回 True,否则返回 False。

语法格式如下：

```
str.isdigit()
```

案例如下：

```
>>>s1 = "123456789"
>>>print (s1.isdigit())
True
>>>s1 = "今天的营业额是1300元"
>>>print (s1.isdigit())
False
```

### 9. lower()

该方法用于将字符串中的字母转化为小写。案例如下：

```
>>> s1 = "HeLLO"
>>> s1.lower()
'hello'
```

### 10. max()

该方法用于返回字符串中的最大值。案例如下：

```
>>> s1 = "hello"
>>> max(s1)
'o'
```

注意　如果出现同样字母的大小写，则小写字母整体大于大写字母。

例如：

```
>>>s1 = "abcABC"
>>> max(s1)
'c'
```

### 11. min()

该方法用于返回字符串中的最小值。案例如下:

```
>>> s1 = "hello"
>>> min(s1)
'e'
```

### 12. replace()

该方法用于把字符串中的旧字符串替换成新字符串。语法格式如下:

```
str.replace(old, new[, max])
```

其中 old 为将被替换的子字符串;new 为新字符串,用于替换 old 子字符串;max 为可选参数,表示替换不超过 max 次。案例如下:

```
>>>s1="欢迎张先生入住华丰大酒店"
>>>print (s1.replace("张先生", "王小姐"))
欢迎王小姐入住华丰大酒店
>>>s1="苹果苹果苹果"
>>>print(s1.replace("苹果","香蕉",2))
香蕉香蕉苹果
```

### 13. swapcase()

该方法用于对字符串的大小写字母进行转换。案例如下:

```
>>>s1 = "hello Tom"
>>>print (s1.swapcase())
HELLO tOM
```

### 14. title()

该方法用于返回"标题化"的字符串,就是说所有单词都是以大写开始,其余字母均为小写。案例如下:

```
>>>s1 = "hello tom how arE yoU"
>>>print (s1.title())
Hello Tom How Are You
```

## 4.7 大神解惑

小白:如何获取字符串的字符数目?

大神:使用 len 关键字,可以得到字符串内的字符数目。例如:

```
>>> len("Parrot")
6
```

小白:字符串是如何存储的?

大神:在 Python 2 中,普通字符串是以 8 位 ASCII 码进行存储的,而 Unicode 字符串则存储为 16 位 unicode 字符串,这样能够表示更多的字符集。使用的语法是在字符串前面加上前缀 u。在 Python 3 中，所有的字符串都是 Unicode 字符串。

**小白**：如何将数字转换为字符串？

**大神**：将数字类型转换成字符串类型的方法是使用内置的 str()函数，例如：

```
>>> str(123)
'123'
```

## 4.8　跟我练练手

练习 1：定义一个字符串，然后访问字符串中的对象。
练习 2：更新一个字符串。
练习 3：在字符串中使用转义字符。
练习 4：使用各字符串格式化符号输出字符串。
练习 5：定义一个字符串，并使用它的方法。

# 第 5 章
## 程序的执行方向
## ——流程控制和函数

Python 编程中对程序流程的控制主要是通过条件判断语句、循环控制语句及 continue、break 来完成的,其中条件判断语句按预先设定的条件执行程序,包括 if 语句;而循环控制语句则可以重复完成任务,包括 while 语句和 for 语句。另外,Python 提供了许多内置函数,如前面章节中多次使用的 print 函数。函数能提高应用的模块性和代码的重复利用率。本章将重点学习 Python 中控制语句和函数的使用方法及技巧。

本章要点(已掌握的,在方框中打钩)

- ☐ 熟悉基本处理流程。
- ☑ 掌握赋值语句的使用方法。
- ☐ 掌握条件判断语句的使用方法。
- ☑ 掌握循环控制语句的使用方法。
- ☐ 掌握内置函数的使用方法。
- ☑ 掌握用户自定义函数的使用方法。
- ☐ 掌握输入和输出函数的使用方法。

## 5.1 基本处理流程

对数据结构的处理流程，称为基本处理流程。在 Python 中，基本的处理流程包含 3 种结构，即顺序结构、选择结构和循环结构。

(1) 顺序结构是 Python 脚本程序中最基本的结构，它按照语句出现的先后顺序依次执行，如图 5-1 所示。

(2) 选择结构按照给定的逻辑条件来决定执行顺序，有单向选择、双向选择和多向选择之分，但程序在执行过程中都只执行其中一条分支。单向选择结构和双向选择结构如图 5-2 所示。

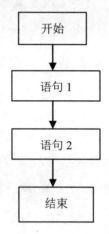

图 5-1　顺序结构

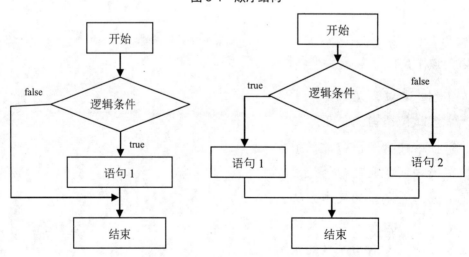

图 5-2　单向选择结构和双向选择结构

(3) 循环结构即根据代码的逻辑条件来判断是否重复执行某一段程序，若逻辑条件为 true，则进入循环重复执行，否则结束循环。循环结构可分为条件循环和计数循环，如图 5-3 所示。

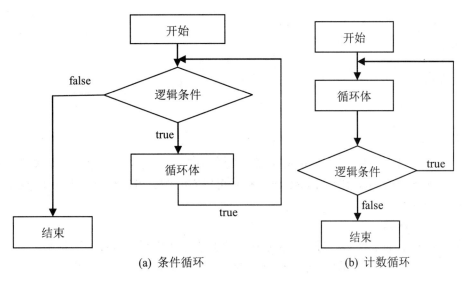

图 5-3 循环结构

一般而言，在 Python 语言中，程序总体是按照顺序结构执行的，而在顺序结构中可以包含选择结构和循环结构。

## 5.2 赋值语句

赋值语句是 Python 程序中最常用的语句。在 Python 程序中，往往需要大量的变量来存储程序中用到的数据，所以用于对变量进行赋值的赋值语句也会在程序中大量出现。赋值语句的语法格式如下：

变量名=表达式

Python 中的变量不需要声明。每个变量在使用前都必须赋值，变量赋值以后该变量才会被创建。在 Python 中，变量就是变量，它没有类型，所说的类型是变量所指的内存中对象的类型。例如：

```
username="Rose"
bue=true
variable="开怀大笑，益寿延年"
```

## 5.3 条件判断语句

条件判断语句就是对语句中不同条件的值进行判断，进而根据不同的条件执行不同的语句。

### 5.3.1 if 语句

if 语句是使用最为普遍的条件选择语句，每一种编程语言都有一种或多种形式的 if 语句，在编程中它是经常被用到的。

If 语句的格式如下：

```
if 表达式1:
    语句1
elif 表达式2:
    语句2
...
else:
    语句n
```

如果"表达式 1"为真，则 Python 运行"语句 1"，反之则往下运行。如果没有条件为真，就运行 else 内的语句。elif 与 else 语句都是可以省略的。可以在语句内使用 pass 语句，表示不运行任何动作。

注意以下几个问题。

(1) 每个条件后面要使用冒号(:)，表示接下来是满足条件后要执行的语句块。
(2) 使用缩进来划分语句块，相同缩进数的语句在一起组成一个语句块。
(3) 在 Python 中没有 switch…case 语句。

【案例 5-1】 使用 if 判断语句(代码 5.1.py)。

```
score=int(input("请输入考试分数："))
print("")
if score <60:
        print("成绩不及格")
elif 60 <= score <=70:
        print("成绩及格")
elif 70 < score <=80:
    print("成绩良好")
elif 80 < score:
    print("成绩优秀 ")
input("按 Enter 键退出")
```

保存并运行程序，结果如下：

```
C:\Users\Administrator>python d:\python\ch05\5.1.py
请输入考试分数：75

成绩良好
按 Enter 键退出
```

在本案例中，使用 if 语句判断用户输入的成绩是不及格、及格、良好还是优秀。这里以输入 75 为例进行测试，结果显示"成绩良好"。

### 5.3.2 if 嵌套

在 if 嵌套语句中，可以把 if…elif…else 结构放在另外一个 if…elif…else 结构中。语法格式如下：

```
if 表达式1:
    语句
    if 表达式2:
        语句
```

```
    elif 表达式 3:
        语句
    else
        语句
elif 表达式 4:
    语句
else:
    语句
```

【案例 5-2】 使用 if 嵌套语句(代码 5.2.py)。

```
num=int(input("输入一个数字: "))
if num%2==0:
    if num%5==0:
        print ("你输入的数字可以整除 2 和 5")
    else:
        print ("你输入的数字可以整除 2,但不能整除 5")
else:
    if num%5==0:
        print ("你输入的数字可以整除 5,但不能整除 2")
    else:
        print ("你输入的数字不能整除 2 和 5")
```

保存并运行程序,结果如下:

```
C:\Users\Administrator>python d:\python\ch05\5.2.py
输入一个数字: 15
你输入的数字可以整除 5,但不能整除 2
```

在本案例中,使用 if 嵌套语句判断用户输入的数字是否同时能整除 2 和 5。

## 5.4 循环控制语句

顾名思义,循环控制语句主要就是在满足条件的情况下反复执行某一个操作,循环控制语句主要包括 while 语句和 for 语句。

### 5.4.1 while 语句

while 语句是循环语句,也是条件判断语句。while 语句语法格式如下:

```
while 判断条件:
    语句
```

同样需要注意冒号和缩进。下面通过一个案例来计算 1~10 的总和。

【案例 5-3】 使用 while 循环语句(代码 5.3.py)。

```
n = 10
sum = 0
counter = 1
while counter <= n:
    sum = sum + counter
    counter += 1
```

```
print("1 到 %d 之和为: %d" % (n,sum))
```

保存并运行程序,结果如下:

```
C:\Users\Administrator>python d:\python\ch05\5.3.py
1 到 10 之和为: 55
```

在本案例中,使用 while 循环语句计算 1～10 之和。用户需要特别注意的是,如果条件表达式一直为 true,则 while 循环会进入无限循环中。无限循环应用也比较广泛,例如在处理服务器上客户端的实时请求时就非常有用。

【案例 5-4】 使用 while 无限循环(代码 5.4.py)。

```
aa = "真实客户"
while aa=="真实客户" :   # 表达式永远为 true
   name = str (input("请输入客户的名字:"))
   print ("你输入的名字是: ", name)

print ("客户名称验证完毕!")
```

保存并运行程序,结果如下:

```
C:\Users\Administrator>python d:\python\ch05\5.4.py
请输入客户的名字:张丰年
你输入的名字是:  张丰年
请输入客户的名字:王蒙
你输入的名字是:  王蒙
请输入客户的名字:
```

在本案例中,使用 while 循环语句不停地实现用户输入的效果。如果用户想退出无限循环,可以使用 Ctrl+C 组合键。

举例如下:

```
aa = "真实客户"
while aa=="真实客户" : print ("客户永远是对的!")

print ("客户名称验证完毕!")
```

保存并运行程序,当用户按 Ctrl+C 组合键,结果如下:

```
C:\Users\Administrator>python d:\python\ch05\5.4.1.py
客户永远是对的!
客户永远是对的!
客户永远是对的!
客户永远是对的!
客户永远是对的!
客户永远是对的!
客户永远是对的!
Traceback (most recent call last):
  File "d:\5.4.1.py", line 2, in <module>
    while aa=="真实客户" : print ("客户永远是对的!")
KeyboardInterrupt
```

while 语句还可以和 else 语句配合使用,表示当 while 语句的条件表达式为 false 时,执行

else 的语句块。

**【案例 5-5】** while 语句和 else 语句配合使用(代码 5.5.py)。

```
bb = 10
while bb > 0:
   print (bb, "大于 0")
   bb=bb - 1
else:
   print (bb, " 小于或等于 0")
```

保存并运行程序，结果如下：

```
C:\Users\Administrator>python d:\python\ch05\5.5.py
10 大于 0
9 大于 0
8 大于 0
7 大于 0
6 大于 0
5 大于 0
4 大于 0
3 大于 0
2 大于 0
1 大于 0
0 小于或等于 0
```

在本案例中，把 while 语句和 else 语句配合使用，可以实现输出从 10~0 的数字，并判断每个输出的数字和 0 的关系。

## 5.4.2 for 语句

for 语句通常由两部分组成：一是条件控制部分；二是循环部分。for 语句语法格式如下：

```
for <variable> in <sequence>:
   语句
else:
   语句
```

其中<variable>是一个变量名称，<sequence>则是一个列表。else 语句运行的时机是当 for 语句都没有运行或是最后一个循环已经运行时。else 语句是可以省略的。

下列案例打印变量 n 所有的值：

```
>>> for n in [1,2,3,4,5]:
   print (n)

   
1
2
3
4
5
```

下列案例打印变量 t1、t2 所有的值：

```
>>> t = [(1,2),(3,4),(5,6)]
>>> for t1,t2 in t:
    print (t1,t2)

1 2
3 4
5 6
```

在该案例中，使用 for 语句，可以实现输出二维数组的功能。

如果想跳出循环，可以使用 break 语句，该语句用于跳出当前循环体。

**【案例 5-6】** for 语句和 break 语句配合使用(代码 5.6.py)。

```
goods = ["冰箱","洗衣机","空调","风扇","电磁炉"]
for gg in goods:
    if gg == "空调":
        print("商品中包含空调!")
        break
    print(gg)
else:
    print("没有发现需要的商品!")
print("商品搜索完毕!")
```

保存并运行程序，结果如下：

```
C:\Users\Administrator>python d:\python\ch05\5.6.py
冰箱
洗衣机
商品中包含空调!
商品搜索完毕!
```

在本案例中，通过 for 语句和 break 语句的配合使用，可以实现搜索功能。从结果可以看出，当搜索到空调时，将跳出当前循环，对应的循环 else 块将不执行。

### 5.4.3 continue 语句和 break 语句

#### 1. continue 语句

使用 continue 语句，Python 将跳过当前循环块中的剩余语句，继续进行下一轮循环。

**【案例 5-7】** for 语句和 continue 语句配合使用(代码 5.7.py)。

```
bb = 0
while bb <10:
    bb=bb+1
    if bb==6:      #变量为6时跳过输出
        continue
    print (bb, " 小于或等于 10")
```

保存并运行程序，结果如下：

```
C:\Users\Administrator>python d:\python\ch05\5.7.py
1  小于或等于 10
2  小于或等于 10
3  小于或等于 10
4  小于或等于 10
```

```
5    小于或等于 10
7    小于或等于 10
8    小于或等于 10
9    小于或等于 10
10   小于或等于 10
```

在本案例中，将 for 语句和 continue 语句配合使用，可以实现输出 1~10 的数字，并判断每个输出的数字和 10 的关系。从结果可以看出，当变量为 6 时，将跳出当前循环，进入下一个循环中。

### 2. break 语句

当 for 循环被执行完毕或者 while 循环条件为 false 时，else 子句才会被执行。需要特别注意的是，如果循环被 break 语句终止，则 else 子句不会被执行。

【案例 5-8】 for 语句、break 语句和 else 语句配合使用(代码 5.8.py)。

```
for aa in 'abcdefg':        #包含 break 语句
    if aa== 'd':            # 字母为 d 时跳过输出
        print ('当前字母 :', aa)
        break
    else:
        print ('没有发现对应的字母')
```

保存并运行程序，结果如下：

```
C:\Users\Administrator>python d:\python\ch05\5.8.py
没有发现对应的字母
没有发现对应的字母
没有发现对应的字母
当前字母 : d
```

## 5.4.4 pass 语句

pass 是空语句，主要为了保持程序结构的完整性。pass 不做任何事情，一般用做占位语句。

【案例 5-9】 for 语句和 pass 语句配合使用(代码 5.9.py)。

```
for aa in '霜叶红于二月花':
    if aa == '二':
        pass
        print ('执行 pass 语句')
    print ('当前文字:', aa)
print ("搜索完毕!")
```

保存并运行程序，结果如下：

```
C:\Users\Administrator>python d:\python\ch05\5.9.py
当前文字: 霜
当前文字: 叶
当前文字: 红
当前文字: 于
执行 pass 语句
当前文字: 二
```

```
当前文字：月
当前文字：花
搜索完毕！
```

在本案例中，通过 for 语句和 pass 语句的配合使用，将字符串中的文字一个个输出，中间执行了一次 pass 语句。

### 5.4.5 妙用 range()函数和 len()函数

如果需要遍历数字序列，通常会用到 range()函数和 len()函数，如果结合循环控制语句，将起到事半功倍的效果。

使用 range()函数会生成数列。例如：

```
>>> for n in range(10):
    print (n)

0
1
2
3
4
5
6
7
8
9
```

用户也可以使用 range()函数指定区间的值。例如：

```
>>> for n in range(1,6):
    print (n)

1
2
3
4
5
```

使用 range()函数还可以指定数字开始并指定不同的增量。例如

```
>>> for n in range(1,10,2):
    print (n)

1
3
5
7
9
```

从结果可以看出，增量为 2。增量也可以使用负值。例如：

```
>>> for n in range(-1,-10,-2):
    print (n)
```

```
-1
-3
-5
-7
-9
```

通过 range()函数和 len()函数的配合,可以遍历一个序列的索引。举例如下:

```
>>> aa= ['空调', '冰箱', '洗衣机', '电视', '电风扇']
>>> for x in range(len(aa)):
    print(x, aa[x])
0 空调
1 冰箱
2 洗衣机
3 电视
4 电风扇
```

## 5.5 内 置 函 数

加载 Python 解释器之后,读者就可以直接使用内置函数。下面讲述常见内置函数的使用方法。

(1) abs(x):返回数值 x 的绝对值,如果 x 是复数的话,abs()函数会返回该复数的大小(实数部分的平方加上虚数部分的平方,再开根号)。例如:

```
>>> abs(-3.12)
3.12
>>> abs(1+2j)
2.23606797749979
```

(2) chr(i):i 是 ASCII 字符码(0~255),chr()函数返回数值 i 的单字符字符串。chr()函数与 ord()函数作用相反。下列案例求取 ASCII 字符码 97 的字符:

```
>>> chr(97)
'a'
```

(3) complex(real [, imag]):创建一个复数,其值为 real + imag*j。例如:

```
>>> complex(2,3)
(2+3j)
>>>complex(2)
(2+0j)
```

(4) dir([object]):返回 object 对象的属性名称列表。如果没有指定参数 object,则会返回现有的区域符号表(Local Symbol Table)。例如:

```
>>> dir(sys)
['__displayhook__', '__doc__', '__excepthook__', '__name__', '__stderr __', ...
>>> import sys
>>> dir()
['__builtins__', '__doc__', '__loader__', '__name__', '__package__', '__spec__',
'os', 'sys', 'types']
```

(5) divmod(a,b)：将 a 除以 b 的商与余数以元组类型返回。如果 a、b 是整数或是长整数，返回值为(a / b, a % b)。如果是浮点数，返回值为(math.floor(a / b), a % b)。例如：

```
>>> divmod(5,3)
(1, 2)
```

(6) eval(expression [, globals [, locals]])：运行 expression 表达式。globals 定义全局命名空间(global namespace)，locals 定义局部命名空间(local namespace)。如果没有 locals 参数，则使用 globals 定义值。如果没有 globals 与 locals 参数，则使用单元本身的命名空间。例如：

```
>>>x = 3
>>>eval("x + 5")
8
```

(7) exec string[in globals [, locals]]：运行包含 Python 程序代码的字符串 string，globals 与 locals 分别定义全局命名空间与局部命名空间。例如：

```
>>> a = "for i in range(4): print i,"
>>> exec a
0 1 2 3
```

(8) float(x)：将 x 转换成浮点数，x 可以是数值或是字符串。例如：

```
>>> float(2)
2.0
>>> float("2")
2.0
```

(9) id(object)：返回 object 对象的唯一识别码，此识别码为一整数。例如：

```
>>> id(sys)
12404080
>>>t = 2
>>> id(t)
501176608
```

(10) input([prompt])：提供给用户输入一个有效的 Python 表达式，prompt 是输入时的提示字符串。但使用此函数并不保险，一般用 raw_input()函数来替换。例如：

```
>>> a = input("Please input a number: ")
Please input a number:
```

(11) int(x [, radix])：将数值或是字符串 x 转换成整数。如果 x 是字符串，可以设置 radix 值。radix 是进制的基底值，可以是[2,36]之间的整数或是 0。如果 radix 是 0，则 Python 会根据字符串值进行判断。例如：

```
>>> int(100.5)
100
>>> int("100",8)
64
>>> int("100",16)
256
>>> int("100",0)
100
```

(12) max(s [, args...]): 如果只有一个参数，返回序数对象 s 中元素的最大值。如果有多个参数，返回最大的序数。例如：

```
>>> max(1,2,3)
3
>>> max("HELLO PYTHON")
'Y'
>>> max((1,2,3),(1,2,3,4,5))
(1, 2, 3, 4, 5)
```

(13) min(s [, args...]): 如果只有一个参数，返回序数对象 s 中元素的最小值。如果有数个参数，返回最小的序数。例如：

```
>>> min(1,2,3)
1
>>> min("HELLO PYTHON")
' '
>>> min((1,2,3),(1,2,3,4,5))
(1, 2, 3)
```

(14) ord(c)：ord()函数返回单字符字符串 c 的 ASCII 或 Unicode 字符。如果 c 是 ASCII 字符，ord()函数与 chr()函数作用相反。如果 c 是 Unicode 字符，ord()函数与 unichr()函数作用相反。下列案例求取字符 a 的 ASCII 字符码：

```
>>> ord("a")
97
```

(15) pow(x, y [, z])：如果没有参数 z，返回 x 的 y 次方。如果有参数 z，返回 x 的 y 次方再除以 z 的余数。此函数比 pow(x,y) % z 有效率。须注意，如果 x 是整数，y 不能是负数。例如：

```
>>> pow(2,4)
16
>>> pow(2,4,5)
1
>>> pow(2.,-1)
0.5
```

(16) tuple(sequence)：使用 sequence 来创建一个元组对象。如果 sequence 本身就是一个元组，其值不变。例如：

```
>>> tuple("abc")
('a', 'b', 'c')
>>> tuple([1, 2, 3])
(1, 2, 3)
```

## 5.6 用户自定义函数

函数是组织好的、可重复使用的、用来实现单一或相关联功能的代码段。根据实际工作的需求，用户可以自己创建函数，即用户自定义函数。

## 5.6.1 定义函数

Python 的函数定义方法是使用 def 关键字，语法格式如下：

```
def 函数名称(参数1, 参数2, ...):
    "文件字符串"
    <语句>
```

"文件字符串"是可省略的，用来作为描述此函数的字符串。如果"文件字符串"存在，它必须是函数的第 1 个语句。

定义一个函数的规则如下。

(1) 函数代码块以 def 关键字开头，后接函数名称和圆括号 ()。
(2) 任何传入参数和自变量必须放在圆括号中间，圆括号之间可以用于定义参数。
(3) 函数的第 1 行语句可以选择性地使用文件字符串——用于存放函数说明。
(4) 函数内容以冒号起始，并且缩进。
(5) return [表达式] 结束函数，选择性地返回一个值给调用方。不带表达式的 return 相当于返回 None。

下列是一个简单的函数定义：

```
>>>def addnumbers(x, y):
    "x + y"
    return x + y

>>> addnumbers(5,4)
9
```

可见，定义一个函数，主要是指定函数里包含的参数和代码块。这个函数的基本结构完成以后，用户可以通过另一个函数调用执行，也可以直接从 Python 命令提示符窗口执行。

如果用户调用的函数没有参数，就必须在函数名称后加上小括号()。举例如下：

```
>>> def getmyname():
    "my name is John"
    return "John"

>>> myname = getmyname()
>>> print (myname)
John
```

用户可以将函数名称设置为变量，然后使用该变量来运行函数的功能。例如：

```
>>>x = abs
>>>print (x(-3))
3
```

其中 abs()函数是 Python 的内置函数。

如果用户的函数只有一个表达式，就可以使用 lambda 运算符来定义这个函数。例如：

```
>>>f = lambda x, y: x + y
>>>f(10,5)
15
```

这里 Python 使用 lambda 创建一个匿名函数。所谓匿名，即不再使用 def 语句这样标准的形式定义一个函数。这个函数可以使用 def 关键字来做，语句如下：

```
>>> def f(x, y):
    return x + y

>>> f(10,5)
15
```

## 5.6.2 函数的参数传递

Python 函数的参数传递都是使用传址调用的方式。所谓传址调用，就是将该参数的内存地址传过去，如果参数在函数内被更改，则会影响到原有的参数。参数的数据类型可以是模块、类、实例(instance)，或是其他的函数，用户不必在参数内设置参数的数据类型。

调用函数时，可使用的参数类型包括必需参数、关键字参数、默认参数和不定长参数。下面分别介绍它们的使用方法和技巧。

### 1. 必需参数

必需参数要求用户必须以正确的顺序传入函数。调用时的数量必须和声明时的数量相同，设置函数的参数时须依照它们的位置排列顺序。例如：

```
>>> def addnumbers(x, y):
    return x + y

>>> addnumbers(2, 5)
7
```

在上述例子中，调用 addnumbers(2, 5)时，x 参数等于 2，y 参数等于 5，因为 Python 会根据参数排列的顺序来取值。

如果调用 addnumbers()函数时，没有传入参数或者传入参数和声明不同，则会出现语法错误。例如：

```
>>> addnumbers()
Traceback (most recent call last):
  File "<pyshell#88>", line 1, in <module>
    addnumbers()
TypeError: addnumbers() missing 2 required positional arguments: 'x' and 'y'
```

### 2. 关键字参数

用户可以直接设置参数的名称与其默认值，这种类型的参数属于关键字参数。设置函数的参数时可以不依照它们的位置排列顺序，因为 Python 解释器能够用参数名匹配参数值。例如：

```
>>> def addnumbers(x, y):
    return x + y

>>> addnumbers(y = 5,x = 20)
```

```
25
```

用户可以将必需参数与关键字参数混合使用,但是必需参数必须放在关键字参数之前。例如:

```
>>> def addnumbers(x, y):
    return x + y

>>> addnumbers(2, y = 4)
6
```

### 3. 默认参数

调用函数时,如果没有传递参数,则会使用默认参数值。例如:

```
>>>def printinfo( name, price=65 ):
   "输出商品报价信息"
   print ("名称: ", name)
   print ("价格: ", price)
   return

>>>printinfo( price=80, name="耳机" )
名称: 耳机
价格: 80
>>>printinfo( name="键盘" )
名称: 键盘
价格: 65
```

在本案例中,首先定义一个函数 printinfo(name, price=65),这里变量 price 的默认值为 65。当第 1 次调用该函数时,指定了变量 price 的值为 80,所以输出值也为 80;第 2 次调用该函数时,没有指定变量 price 的值,结果将会输出变量 price 的默认值,结果为 65。

当使用默认参数时,参数的位置排列顺序可以任意改变。如果每个参数值都定义了默认参数,则调用函数时可以不设置参数,直接使用函数定义时的参数默认值。例如:

```
>>> def addnumbers(x=10, y=15 ):
    return x + y

>>> addnumbers()
25
```

### 4. 不定长参数

如果用户在声明参数时不能确定需要使用多少个参数,可以使用不定长参数。不定长参数不用命名。基本语法如下:

```
def functionname([formal_args,] *var_args_tuple ):
   "函数_文档字符串"
   function_suite
   return [expression]
```

加了星号(*)的变量名会存放所有未命名的变量参数。如果在函数调用时没有指定参数,它就是一个空元组。用户也可以不向函数传递未命名的变量。例如:

```
>>> def addnumbers(*args):
```

```
    sum = 0
    for arg in args:
        sum += arg
    return sum
>>> addnumbers(1,2,3,4)
10
>>> addnumbers(1,2,3,4,5,6,7,8)
36
```

当用户无法预计参数的数目时，可以使用 *args 类型的参数，*args 代表一个元组对象。或是使用**args 类型的参数，**args 代表一个字典对象。

下列案例显示**args 类型的参数应用：

```
>>> def spam(**args):
    print ("Keys = "),
    for k in args.keys():
        print (k),
    print ("Values = "),
    for v in args.values():
        print (v),
>>> spam(x = 10, y = "python", z = (1,2,3))
Keys =
x
y
z
Values =
10
python
(1, 2, 3)
```

## 5.6.3　return 语句

return 语句用于退出函数，选择性地向调用方返回一个表达式。不带参数值的 return 语句返回 None。下面通过一个案例来学习 return 语句返回数值的方法：

```
>>>def sum(count, price ):
   "输出商品总价格"
   total = count * price
   print ("商品总价格: ", total)
   return total
>>>sum( 100, 28 )
商品总价格:  2800
2800
```

函数的返回值可以是一个表达式。例如：

```
>>> def addnumbers(x, y):
    return x * 10 + y * 20

>>> addnumbers(1, 2)
50
```

函数的返回值可以是多个，此时返回值以元组对象的类型返回。例如：

```
>>> def returnxy(x, y):
    return x, y

>>> a, b = returnxy(10, 20)
>>> print (a, b)
10 20
```

如果函数没有返回值，则返回 None。例如：

```
>>> def myfunction():
    return

>>> ret = myfunction()
>>> print (ret)
None
```

### 5.6.4 变量作用域

在 Python 中，程序的变量并不是在哪个位置都可以访问的，访问权限决定于这个变量是在哪里赋值的。变量的作用域决定了程序在哪一部分可以访问哪个特定的变量名称。

最基本的变量包括全局变量和局部变量。其中，定义在函数内部的局部变量拥有一个局部作用域，定义在函数外的全局变量拥有全局作用域。

在函数之外定义的变量属于全局变量，用户可以在函数内使用全局变量。例如：

```
>>> x = 10
>>> def get(y = x):
    return y

>>> get()
10
```

在本案例中，x 就是一个全局变量。在函数 get(y = x)中将变量 x 的值赋给变量 y。

当用户在函数内定义的变量名称与全局变量名称相同时，函数内定义的变量不会改变全局变量的值。因为函数内定义的变量属于局部命名空间，而全局变量则属于全局命名空间。例如：

```
>>> x = 10
>>> def changex():
    x = 20
    return x

>>> x
10
>>> changex()
20
```

如果要在函数内改变全局变量的值，就必须使用关键字 global。例如：

```
>>> x = 10
>>> def changex():
```

```
    global x
    x = 20
    return x
>>> changex()
20
>>> x
20
```

在本案例中，首先定义一个全局变量 x，然后定义函数 changex()，该函数通过使用关键字 global，将 x 的值修改为 20。

### 5.6.5 函数的内置属性和命名空间

函数有许多的内置属性，用户可以在 Python 解释器内输入"dir(函数名称)"命令，即可以显示这些内置属性。代码如下：

```
>>> def myfunction():
    return

>>> dir(myfunction)
['__annotations__', '__call__', '__class__', '__closure__', '__code__',
'__defaults__', '__delattr__', '__dict__', '__dir__', '__doc__', '__eq__',
'__format__', '__ge__', '__get__', '__getattribute__', '__globals__', '__gt__',
'__hash__', '__init__', '__kwdefaults__', '__le__', '__lt__', '__module__',
'__name__', '__ne__', '__new__', '__qualname__', '__reduce__', '__reduce_ex__',
'__repr__', '__setattr__', '__sizeof__', '__str__', '__subclasshook__']
```

下面挑选一些常见的内置属性进行讲解。

(1) __dict__：该属性包含该函数的命名空间。

(2) __doc__：该属性显示该函数的文件字符串。例如：

```
>>> def returnxy(x, y):
    "return x + y"
    return x + y

>>> returnxy.__doc__
'return x + y'
```

(3) __name__：该属性显示该函数的名称。例如：

```
>>> def returnxy(x, y):
    "return x + y"
    return x + y

>>> returnxy.__name__
'returnxy'
```

Python 使用动态命名空间，在创建每一个函数、模块与类时，都会定义它自己的命名空间。当用户在 Python 解释器内输入一个指令或语句时，Python 会先搜索局部命名空间，然后搜索全局命名空间。

Python 包含的命名空间如下。
- 内置命名空间(built-in namespace)：int、string、def、print 等。
- 全局命名空间(global namespace)：位于模块的最上层。
- 局部命名空间(local namespace)：位于函数内。

Python 解释器在搜索名称或变量时，首先会在局部命名空间中搜索；如果找不到，再到全局命名空间中搜索，如果还是找不到，则会到内置命名空间中搜索；最后如果还是找不到，Python 会输出一个 NameError 异常。

## 5.7 输入和输出函数

Python 的内置函数 input()和 print()用于输入和输出数据。下面讲述这两个函数的使用方法。

### 1. input()函数

Python 提供的 input() 函数从标准输入设备读入一行文本，默认的标准输入设备是键盘。input ()函数可以接收一个 Python 表达式作为输入，并将运算结果返回。例如：

```
>>> aa= input("请输入: ")
请输入: 春花秋月何时了
>>> print ("你输入的内容是: ", aa)
你输入的内容是: 春花秋月何时了
```

### 2. print ()函数

print ()函数可以输出格式化的数据，与 C/C++的 printf()函数功能与格式相似。

下列案例在屏幕上输出字符串：

```
>>> print ("Hello Python")
Hello Python
```

注意　从 Python 3 开始，不再支持 print 输出语句，例如语句：print "Hello Python"，解释器将会报错。

下列案例在屏幕上输出字符串与变量值，变量值以格式化处理：

```
>>> x = 5
>>> print ("x = %d" % x)
x = 5
```

字符串与变量之间以(%)符号隔开。

如果没有使用(%)符号将字符串与变量隔开，则 Python 会输出字符串的完整内容，而不会输出格式化字符串：

```
>>> print ("x = %d", x)
x = %d 5
```

如果有多个变量要输出，就必须将这些变量以元组处理。例如：

```
>>> x = 5
>>> y = "hello"
>>> print ("x = %d, y = %s" % (x, y))
x = 5, y = hello
```

如果要输出字典对象的值，可以将字典对象的键值以小括号包含起来。例如：

```
>>> dic = {"x":"5", "y":"1.23", "z":"python"}
>>> print ("%(x)s, %(y)s, %(z)s" % dic)
5, 1.23, python
```

在默认情况下，print()输出是换行的，如果要实现不换行则需要在变量末尾加上语句：end=""。

**【案例 5-10】** 实现不换行输出(代码 5.10.py)。

```
a="千山鸟飞绝，"
b="万径人踪灭。"
#换行输出
print( a )
print( b )

print('---------')
# 不换行输出
print( a, end="" )
print( b, end="" )
print()
```

保存并运行程序，结果如下：

```
C:\Users\Administrator>python d:\python\ch05\5.10.py
千山鸟飞绝，
万径人踪灭。
---------
千山鸟飞绝，万径人踪灭。
```

在本案例中，通过在变量结尾添加 end=""，可以实现不换行输出的效果。读者从结果可以看出换行和不换行的不同之处。

## 5.8 大神解惑

**小白**：用户自定义函数的命名空间是怎么回事？

**大神**：用户自定义函数拥有自己的命名空间。当用户定义一个函数后，Python 会为这个新的函数创建一个属于它自己的局部命名空间。

这个新的局部命名空间内包含该函数所有的参数与变量。因此，当用户在该函数内用到某一个参数或变量时，Python 会先搜索该函数的局部命名空间。如果在该局部命名空间内找不到，Python 会到全局命名空间内再找一遍。

所谓全局命名空间，就是指该函数所在的模块的命名空间。如果在全局命名空间也找不到要找的参数或是变量时，Python 会继续搜索系统的内置命名空间。如果还是找不到，Python 会输出一个 NameError 异常。

小白：如何使用 if 语句实现数字猜谜游戏？

大神：在 if 语句中通过使用比较运算符，可以实现数字猜谜游戏。实现的具体代码如下：

```python
# 该实例为数字猜谜游戏
number = 6
guess = 0
print("数字猜谜游戏!")
while guess != number:
    guess = int(input("请输入你猜的数字："))
    
    if guess == number:
        print("恭喜，你猜对了！")
    elif guess < number:
        print("猜的数字小了...")
    elif guess > number:
        print("猜的数字大了...")
```

保存并运行程序，结果如下：

```
数字猜谜游戏!
请输入你猜的数字：6
恭喜，你猜对了！
```

在上述代码中，使用 while 语句实现循环效果，使用 if...elif 语句实现多个条件的判断效果，最终实现数字猜谜效果。

## 5.9　跟我练练手

练习 1：使用 if 语句判断一个变量是否为偶数。

练习 2：使用 if 嵌套语句判断输入的数值是否能整除 3 和 5。

练习 3：使用 while 语句计算 1～100 之和。

练习 4：使用 for 语句输出 1～20 之间的所有整数。

练习 5：自定义一个函数，将输入的任意数值进行平方后输出。

# 第 II 篇

## 核心技术

- 第 6 章　主流软件开发方法——对象与类
- 第 7 章　错误终结者——程序调试和异常处理
- 第 8 章　Python 内部的秘密——模块与类库
- 第 9 章　Python 的强大功能——迭代器和操作文件
- 第 10 章　图形用户界面
- 第 11 章　流行的 Python 开发工具

# 第 6 章
## 主流软件开发方法——对象与类

类和对象是面向对象编程语言的重要概念。Python 是一种面向对象的语言，所以要想熟练使用 Python 语言，就一定要掌握类和对象的使用。本章介绍面向对象的基本概念、面向对象的三个重要特征(封装性、继承性、多态性)，以及创建类和对象的方法。

**本章要点(已掌握的，在方框中打钩)**

- ☐ 熟悉类和对象的含义。
- ☐ 掌握定义类的方法。
- ☐ 掌握类的构造方法和内置属性。
- ☐ 掌握类实例的创建方法。
- ☐ 熟悉常见类的内置方法。
- ☐ 掌握重载运算符的方法。
- ☐ 掌握类的继承方法。
- ☐ 掌握类的多态方法。
- ☐ 掌握类的封装方法。
- ☐ 掌握元类的创建和使用方法。

## 6.1 理解面向对象程序设计

面向对象技术是一种将数据抽象和信息隐藏的技术，它使软件的开发更加简单化，符合了人们的思维习惯，同时又降低了软件的复杂性，提高了软件的生产效率，因此得到了广泛的应用。

### 6.1.1 什么是对象

对象(object)是面向对象技术的核心。读者可以把我们所生活的真实世界看成是由许多大小不同的对象所组成的。对象是指现实世界中的对象在计算机中的抽象表示，即仿照现实对象而建立的。

(1) 对象可以是有生命的个体，比如一个人(图 3-1)或一只鸟(图 3-2)。

图 3-1　人　　　　　图 3-2　鸟

(2) 对象也可以是无生命的个体，比如一辆汽车(图 3-3)或一台计算机(图 3-4)。

图 3-3　汽车　　　　　图 3-4　计算机

(3) 对象还可以是一件抽象的概念，如天气的变化(图 3-5)或鼠标(图 3-6)所产生的事件。

图 3-5　天气　　　　　图 3-6　鼠标

对象是类的实例化。对象的特征分为静态特征和动态特征两种。静态特征是指对象的外观、性质、属性等。动态特征是指对象具有的功能、行为等。客观事物是错综复杂的，但人们总是从某一目的出发，运用抽象分析的能力，从众多的特征中抽取最具代表性、最能反映对象本质的若干特征加以详细研究。

人们将对象的静态特征抽象为属性，用数据来描述，在 Python 语言中称之为变量；将对象的动态特征抽象为行为，用一组代码来表示，完成对数据的操作，在 Python 语言中称之为方法(method)。一个对象由一组属性和一系列对属性进行操作的方法构成。

在计算机语言中也存在对象，可以定义为相关变量和方法的软件集。对象主要由下面两部分组成。

(1) 一组包含各种类型数据的属性。

(2) 允许对属性中的数据进行操作的相关方法。

在 Python 中，对象包括内置对象、自定义对象等多种类型，使用这些对象可大大简化 Python 程序的设计，并提供直观、模块化的方式进行程序开发。

## 6.1.2 面向对象的特征

面向对象方法(Object-Oriented Method)是一种把面向对象的思想应用于软件开发过程中，指导开发活动的系统方法，简称 OO(Object-Oriented)方法。Object Oriented 是建立在"对象"概念基础上的方法学。对象是由数据和允许的操作组成的封装体，与客观实体有直接对应关系，而一个对象类定义了具有相似性质的一组对象。继承性是将具有层次关系的类的属性和操作进行共享的一种方式。所谓面向对象，就是基于对象概念，以对象为中心，以类和继承为构造机制，来认识、理解、刻画客观世界和设计、构建相应的软件系统。

面向对象方法作为一种新型的独具优越性的新方法，正引起全世界越来越广泛的关注和高度的重视，它被誉为"研究高技术的好方法"，更是当前计算机界关心的重点。

所有的面向对象的编程设计语言都具有 3 个特性，即封装、继承和多态。

Python 有完整的面向对象(Object-Oriented Programming，OOP)特性，面向对象程序设计提升了数据的抽象度和信息的隐藏、封装及模块化。

下列是面向对象程序的主要特性。

(1) 封装(encapsulation)。数据仅能通过一组接口函数来存取，经过封装的数据能够确保信息的隐秘性。

(2) 继承(inheritance)。通过继承的特性，派生类(derived class)继承了其基类(base class)的成员变量(data member)与类方法(class method)。派生类也叫作次类(subclass)，或是子类(child class)。基类也叫作父类(parent class)。

(3) 多态(polymorphism)。多态允许一个函数，有许多种不同的接口。依照调用函数时使用的参数，类知道使用哪一种接口。Python 使用动态类型(dynamic typing)与后期绑定(late binding)来做到多态的功能。

## 6.1.3 什么是类

具有相同属性及相同行为的一组对象称为类(class)。广义地讲，具有共同性质的事物的集合称为类。在面向对象程序设计中,类是一个独立的单位,它有一个类名,其内部包括成员变量,用于描述对象的属性;还包括类的成员方法,用于描述对象的行为。

类是一个抽象的概念,要利用类的方式来解决问题,必须用类创建一个实例化的对象,然后通过对象去访问类的成员变量,去调用类的成员方法来实现程序的功能。就如同"手机"本身是一个抽象的概念,只有使用了一部具体的手机,才能感受到手机的功能。

类(class)是封装的数据以及操作这些数据的接口函数所组成的一群对象的集合。类可以说是创建对象时所用的模板(template)。

每一个类都有它自己的命名空间,所有的设置与函数定义都在此命名空间内发生。

## 6.2 类的定义

类是一个用户定义类型,与其他大多数计算机语言一样,Python 使用关键字 class 来定义类。语法如下:

```
class <类名称>:
    ["文件字符串"]
    <语句>
```

<语句>内包含任何有效的 Python 语句,用来定义类的属性与方法。"文件字符串"是此类的字符串,可以省略。下列案例创建一个简单的类:

```
>>> class myClass:
    "这是一个定义类的例子"
    a = 123
    def f(x):
        return x
```

"这是一个定义类的例子"是此类的文件字符串。a 是此类的属性,属于整数对象。f(x)则是此类的方法,属于方法对象。

除了上述简单类型的类外,类还可以继承自别的类。语法如下:

```
class <类称> [(基类1, 基类2, ...)]:
    ["文件字符串"]
    <语句>
```

## 6.3 类的构造方法和内置属性

所谓构造方法就是创建对象时,对象本身所运行的函数。Python 使用__init__()函数作为对象的构造方法。当用户要在对象内指向对象本身时,可以使用 self 关键字。Python 的 self 关键字与 C++的 this 关键字一样,都是代表对象本身。

下列案例创建一个简单的类,在类定义内设置类的对象的构造方法是打印对象本身:

```
>>> class myClass:
    def __init__(self):
        print (self)
```

```
>>> myClass
< <class '__main__.myClass'>
```

def __init__(self)语句定义 myClass 类的构造方法，self 是必要的参数且为第一个参数。用户可以在__init__()构造方法内加入许多参数，在创建类时同时设置类的属性值。

【案例 6-1】 创建类的构造方法(代码 6.1.py)。

```
#类定义
class car:
    #定义基本属性
    name = ' '
    brand= ' '
    #定义私有属性,私有属性在类外部无法直接进行访问
    __price= 0
    #定义构造方法
    def __init__(self,n,b,p):
        self.name = n
        self.brand = b
        self.__price = p
    def explain (self):
        print("%s 属于 %d 系列的轿车。" %(self.name,self.brand))
# 实例化类
c = car('英朗', '别克',130000)
c.explain ()
```

保存并运行程序，结果如下：

```
C:\Users\Administrator>python d:\python\ch06\6.1.py
英朗属于别克系列的轿车。
```

在本案例中，定义了一个 car 类，其基本属性为 name 和 brand，私有属性为__price，接着定义了构造方法 def __init__(self,n,b,p):、主要作用是对基本属性和私有属性进行赋值操作。

所有 Python 的类都具有下列内置属性。

(1) classname.__dict__：类内的属性是以字典对象的方式存储。__dict__属性为此字典对象的值。例如：

```
>>> class myClass:
    "这是一个定义类的例子"
    a = 123

>>> myClass.__dict__
mappingproxy({'__weakref__': <attribute '__weakref__' of 'myClass' objects>,
'__module__': '__main__', '__init__': <function myClass.__init__ at
0x02D79BB8>, '__dict__': <attribute '__dict__' of 'myClass' objects>,
'__doc__': None})
```

(2) classname.__doc__：__doc__属性返回此类的文件字符串。例如：

```
>>>class myClass:
    "这是一个定义类的例子"
    a = 123

>>>myClass.__doc__
'这是一个定义类的例子'
```

(3) classname.__name__：__name__属性返回此类的名称。例如：

```
>>> class myClass:
    "这是一个定义类的例子"
    a = 123

>>> myClass.__name__
'myClass'
```

(4) classname.__module__：__module__属性返回包含此类的模块名称。例如：

```
>>> class myClass:
...     "这是一个定义类的例子"
...     a = 123
...
>>> myClass.__module__
'__main__'
```

(5) classname.__bases__：__bases__属性是一个 tuple 对象，返回此类的基类名称。例如：

```
>>> class myClass:
    "这是一个定义类的例子"
    a = 123

>>> myClass.__bases__
(<class 'object'>,)
>>> class a(myClass):
    "A derived class"
    b = 100

>>> a.__bases__
(<class '__main__.myClass'>,)
```

## 6.4 类 实 例

类实例(class instance)是一个 Python 对象，它是使用类所创建的对象。每一个 Python 对象都包含下列属性：识别码(identity)、对象类型(object type)、属性(attribute)、方法(method)及数值(value)。

### 6.4.1 创建类实例

要创建一个类实例时，只要指定变量给类名称即可。例如：

```
>>>x = myClass()
```

x 即是一个类实例变量，注意类名称之后须加上小括号。

(1) 使用 id()内置函数，可以返回类的识别码(identity)。例如：

```
>>>id(x)
47667824
```

(2) 使用 type()内置函数，可以返回类的对象类型(object type)。例如：

```
>>> type(myClass)
<type 'class'>
>>> type(x)
<class '__main__.myClass'>
```

对象的属性(attribute)，也叫作数据成员(data member)。当用户要指向某个对象的属性时，可以使用 object.attribute 格式，其中 object 是对象名称，attribute 是属性名称。所有该类的实例都会拥有该类的属性。

下例案例创建一个简单的类，并且设置类的 3 个属性 name、sex 与 phone。

```
>>>class myClass:
    def __init__(self, name=None, sex=None, phone= None):
        self.name = name
        self.sex = sex
        self.phone = phone
>>> #创建一个类的实例变量
>>> x = myClass("John", "male", "12345678")
>>> x.name, x.sex, x.phone
('John', 'male', '12345678')
>>> y = myClass("Machael", "male", "22222222")
>>> y.name, y.sex, y.phone
('Machael', 'male', '22222222')
```

在这个类的构造方法中，所设置 name、sex 与 phone 的默认值是 None。

在创建类的时候，可以不必声明属性。等到创建类的实例后，才动态创建类的属性。例如：

```
>>> class DummyClass:
    pass

>>> x = DummyClass()
>>> x.name = "John"
```

用户可以使用 isinstance(instance_object, class_object)内置函数，测试 instance_object 是否是 class_object 的实例，如果是的话则返回 True，否则返回 False。其中 instance_object 是一个类的实例对象，class_object 是一个类对象。

```
>>> class a:
    pass

>>> b = a()
>>> isinstance(b, a)
True
```

用户可以在类内定义类变量(class variable)，这些类变量可以被所有该类的实例变量所分享。

下列案例创建一个类 Student，并且定义一个类变量 default_age：

```
>>>class Student:
```

```
    default_age = 18                          #类变量
    def __init__(self):
        self.age = Student.default_age        #实例变量的变量
>>> Student.default_age
18
>>>x = Student()
>>>x.age, x.default_age
(18, 18)
```

在 Student 类的构造方法内，设置 x 类实例的 age 属性值，是类变量 default_age 的值。default_age 是一个类变量，Student 类有 default_age 属性，所以 x 类实例也会有 default_age 属性。而 age 是一个实例的变量，Student 类不会有 age 属性，只有 x 类实例有 age 属性。

注意引用 default_age 类变量时，必须使用 Student.default_age，而不能只使用 default_age。因为类内函数的全局命名空间是定义此函数所在的模块，而不是该类。如果只使用 default_age，Python 会找不到 default_age 的定义所在：

```
>>>class Student:
    default_age = 18
    def __init__(self):
        self.age = default_age

>>>x=Student()
Traceback (most recent call last):
  File "<pyshell#86>", line 1, in <module>
    x = Student()
  File "<pyshell#85>", line 4, in __init__
    self.age = default_age
NameError: name 'default_age' is not defined
```

如果将实例变量的名称设置成与类变量的名称相同，Python 会使用实例变量的名称：

```
>>> class Student:
    default_age = 18                          #类变量
    def __init__(self, age):
        self.default_age = age                #实例变量

>>> Student.default_age
18
>>> x = Student(15)
>>> x.default_age, x.default_age
(15, 15)
```

注意 x 实例有两个属性，其名称都是 default_age。但是由于 Python 会先搜索实例变量的名称，然后才搜索类变量的名称。所以 default_age 的值是 15，而不是 18。

### 6.4.2 类实例的内置属性

所有 Python 的类实例都具有下列属性。

(1) obj.__dict__：类实例内的属性是以字典对象的方式存储。__dict__ 属性为此字典对象的值。例如：

```
>>> class myClass:
    def __init__(self, name=None, sex=None, phone= None):
        self.name = name
        self.sex = sex
        self.phone = phone

>>>x = myClass()
>>>x.__dict__
{'sex': None, 'name': None, 'phone': None}
```

(2) obj.__class__：__class__属性返回创建此类实例所用的类名称。例如：

```
>>> class myClass:
    def __init__(self, name=None, sex=None, phone= None):
        self.name = name
        self.sex = sex
        self.phone = phone

>>> x = myClass()
>>> x.__class__
<class '__main__.myClass'>
```

## 6.5 类的内置方法

类本身有许多内置方法，这些内置方法的开头与结尾都是双底线字符。具体介绍如下。

(1) __init__(self)：这是类的构造方法，当创建一个类的实例时，就会调用此方法。下列案例设置类的构造方法是打印类实例本身：

```
>>>class myClass:
  def __init__(self):
    print (self)

>>>x = myClass()
<__main__.myClass object at 0x02D91630>
```

(2) __str__(self)：此方法被 str()内置函数与 print 函数调用，用来设置对象以字符串类型出现时如何显示，__str__()函数的返回值是一个字符串对象。下列案例的 print 函数会打印出类实例的 name 属性：

```
>>> class myClass:
  def __init__(self, arg):
    self.name = arg
  def __str__(self):
    return self.name

>>>x = myClass("张三丰")
>>>print (x)
张三丰
```

(3) __repr__(self)：此方法被 repr()内置函数调用，此函数可以让对象以可读的形式出现。下列案例在提示符号后列出类实例变量的名称时，即打印出类实例变量的 name 属性：

```
>>> class myClass:
    def __init__(self, arg):
        self.name = arg
    def __repr__(self):
        return self.name

>>> x = myClass("小明")
>>> x
'小明'
```

(4) __getattr__(self, name):此方法用于读取或是修改不存在的成员属性的时候。下列案例在读取类实例的属性时,返回属性值:

```
>>> class myClass:
    def __init__(self, arg):
        self.name = arg
    def __getattr__(self, name):
        return name

>>> x = myClass("张晓明")
>>> x.s
's'
```

(5) __setattr__(self, name, value):此方法用于设置类属性的值。下列案例在设置类实例的 name 属性时,在属性值之后加上"is male"字符串:

```
>>> class myClass:
    def __init__(self, arg):
        self.name = arg
    def __setattr__(self, name, value):
        self.__dict__[name] = value + " is male"

>>> x = myClass("张小明")
>>> x.name = "张小华"
>>> x.name
'张小华 is male'
```

(6) __delattr__(self, name):此方法用于删除类的属性。下列案例在使用 delattr 语句删除 name 属性时,显示"你不能删除此类的属性"字符串:

```
>>> class myClass:
    def __init__(self, arg):
        self.name = arg
    def __delattr__(self, name):
        print ("你不能删除此类的属性")

>>> x = myClass("Andre")
>>> del x.name
你不能删除此类的属性
```

(7) __del__(self):此方法用于删除类对象。下列案例在使用 del 语句删除类实例时,显示"你不能删除此类的对象"字符串:

```
>>class myClass:
  def __init__(self, arg):
      self.name = arg
  def __del__(self):
      print ("你不能删除此类的对象")

>>>x = myClass("Andre")
>>> del x
你不能删除此类的对象
```

(8) __hash__(self)：此方法用来产生 32 位的哈希索引值。例如：

```
>>> class hashNumber:
  def __init__(self, arg):
      self.value = arg
  def __hash__(self):
      return self.value

>>> x = hashNumber(10000)
>>> hash(x)
10000
```

(9) __nonzero__(self)：此方法用于测试布尔值时，返回 0 或是 1。例如

```
>>> class nonzeroNumber:
   def __init__(self, arg):
       self.value = arg
   def __nonzero__(self):
      if self.value:
          return 1
      else:
          return 0

>>> x = nonzeroNumber([1,2,3])
>>> x.__nonzero__()
1
>>> y = nonzeroNumber("")
>>> y.__nonzero__()
0
```

(10) __call__(self)：若类内包含此方法，是可以被调用的。下列案例调用 x 类实例时，返回原来 name 属性值与调用时的参数相加的结果：

```
>>> class addNumber:
    def __init__(self, arg):
        self.value = arg
    def __call__(self, other):
       return self.value + other

>>> x = addNumber(10)
>>> x(40)
50
```

(11) __getitem__(self, index)：此方法支持列表对象的索引，返回 self[index]值。下列案例显示列表对象的元素时，将元素值设置成索引值加 1：

```
>>> class Seq:
      def __getitem__(self, index):
        return index + 1

>>> s = Seq()
>>> for i in range(8):
    print (s[i])

1
2
3
4
5
6
7
8
```

(12) __len__(self)：此方法用在 len()内置函数显示类实例变量的长度时。下列案例返回类实例 x 的 name 属性的长度值：

```
>>> class myClass:
      def __init__(self, arg):
        self.name = arg
      def __len__(self):
        return len(self.name)
>>> x = myClass("Hello Python")
>>> len(x)
12
```

(13) __add__(self, other)：此方法用于计算 self + other 的值。下列案例返回类的两个实例 x 与 y 相加的结果：

```
>>> class addNumber:
      def __init__(self, x, y):
        self.x = x
        self.y = y
      def __add__(self, other):
        return (self.x + other.x, self.y + other.y)
>>> x = addNumber(2, 4)
>>> y = addNumber(7, 3)
>>> print (x + y)
(9, 7)
```

(14) __iadd__(self, other)：此方法用于计算 self += other 的值。下列案例将类的两个实例 x 与 y 相加的结果设置给类实例 x：

```
>>> class iaddNumber:
      def __init__(self, arg):
        self.value = arg
      def __iadd__(self, other):
        return self.value + other.value

>>> x = iaddNumber(12)
```

```
>>> y = iaddNumber(10)
>>> x += y
>>> x
22
```

(15) \_\_sub\_\_(self, other)：此方法用于计算 self – other 的值。下列案例返回类的两个实例 x 与 y 相减的结果：

```
>>> class subNumber:
      def __init__(self, value):
          self.value = value
      def __sub__(self, other):
          return (self.value - other.value)

>>> x = subNumber(100)
>>> y = subNumber(30)
>>>print (x - y)
70
```

(16) \_\_isub\_\_(self, other)：此方法用于计算 self -= other 的值。下列案例将类的两个实例 x 与 y 相减的结果设置给类实例 x：

```
>>>class isubNumber:
     def __init__(self, arg):
         self.value = arg
     def __isub__(self, other):
         return self.value - other.value

>>> x = isubNumber(12)
>>> y = isubNumber(10)
>>> x -= y
>>> x
2
```

(17) \_\_mul\_\_(self, other)：此方法用于计算 self * other 的值。下列案例返回类的两个实例 x 与 y 相乘的结果：

```
>>>class mulNumber:
    def __init__(self, value):
        self.value = value
    def __mul__(self, other):
        return (self.value * other.value)

>>> x = mulNumber(12)
>>> y = mulNumber(4)
>>> print (x * y)
48
```

(18) \_\_imul\_\_(self, other)：此方法计算 self *= other 的值。下列案例将类的两个实例 x 与 y 相乘的结果设置给类实例 x：

```
>>>class imulNumber:
    def __init__(self, arg):
        self.value = arg
    def __imul__(self, other):
```

```
        return self.value * other.value
>>> x = imulNumber(12)
>>> y = imulNumber(10)
>>> x *= y
>>> x
120
```

(19) __mod__(self, other)：此方法用于计算 self % other 的值。下列案例返回类的两个实例 x 与 y 相除的余数：

```
>>> class modNumber:
    def __init__(self, value):
      self.value = value
  def __mod__(self, other):
      return (self.value % other.value)

>>> x = modNumber(10)
>>> y = modNumber(3)
>>> print (x % y)
1
```

(20) __imod__(self, other)：此方法用于计算 self %= other 的值。下列案例将类的两个实例 x 与 y 相除的余数设置给类实例 x：

```
>>> class imodNumber:
  def __init__(self, arg):
      self.value = arg
  def __imod__(self, other):
      return self.value % other.value
>>> x = imodNumber(12)
>>> y = imodNumber(10)
>>> x %= y
>>> x
2
```

(21) __neg__(self)：此方法用于计算-self 的结果。下列案例返回类实例 x 之前加一个符号(-)的结果：

```
>>> class negNumber:
  def __init__(self, value):
      self.value = value
  def __neg__(self):
      return -self.value
>>> x = negNumber(-10)
>>> print (-x)
10
```

(22) __pos__(self)：此方法用于计算+self 的结果。下列案例返回类实例 x 之前加一个符号(+)的结果：

```
>>> class posNumber:
  def __init__(self, value):
```

```
        self.value = value
    def __pos__(self):
        return self.value

>>> x = posNumber(-10)
>>> print (+x)
-10
```

## 6.6 重载运算符

6.5 节讲述的类的内置方法中,有许多是用来替换运算符的功能,这种特性称为重载运算符(overloading operator)。例如:
(1) __add__(a, b)方法等于 a + b。
(2) __sub__(a, b)方法等于 a – b。
(3) __mul__(a, b)方法等于 a * b。
(4) __mod__(a, b)方法等于 a % b。

要在 Python 解释器内使用这些运算符函数,首先必须加载 operator 模块,然后调用 operator 模块的运算符函数。例如:

```
>>> import operator
>>> operator.add(12, 20)
32
```

表 6-1 列出这些重载运算符及其与功能相同的内置函数名称对照。

表 6-1 重载运算符与内置函数对照

| 重载运算符 | 函  数 | 说  明 |
|---|---|---|
| __add__(a, b) | add(a, b) | 返回 a + b,a 与 b 是数字 |
| __sub__(a, b) | sub(a, b) | 返回 a – b |
| __mul__(a, b) | mul(a, b) | 返回 a * b,a 与 b 是数字 |
| __mod__(a, b) | mod(a, b) | 返回 a % b |
| __neg__(a) | neg(a) | 返回-a |
| __pos__(a) | pos(a) | 返回+a |
| __abs__(a) | abs(a) | 返回 a 的绝对值 |
| __inv__(a) | inv(a) | 返回 a 的二进制码的相反值。如果原位是 1,其结果为 0。如果原位是 0,其结果为 1。a 是数字 |
| __invert__(a) | invert(a) | 与 inv(a)相同 |
| __lshift__(a, b) | lshift(a, b) | 返回 a 左移 b 位的结果 |
| __rshift__(a, b) | rshift(a, b) | 返回 a 右移 b 位的结果 |

## 6.7 类的继承

所谓类的继承(inheritance)，就是新类继承旧类的属性与方法，这种行为称为派生子类(subclassing)。继承的新类称为派生类(derived class)，被继承的旧类则称为基类(base class)。当用户创建派生类后，就可以在派生类内新增或是改写基类的任何方法。

派生类的语法如下：

```
class <类名称> [(基类1,基类2, ...)]:
   ["文件字符串"]
<语句>
```

一个派生类可以同时继承自许多个基类，基类之间以逗号(,)隔开。

下列是一个基类 A 与一个基类 B：

```
>>> class A:
      pass

>>> class B:
      pass
```

下列是一个派生类 C，继承自一个基类 A：

```
>>> class C(A):
      pass
```

下列是一个派生类 D，继承自两个基类 A 与 B：

```
>>> class D(A, B):
      pass
```

**1. 派生类的构造方法**

下列是一个基类的定义：

```
>>>class Student:
    def __init__(self, name, sex, phone):
        self.name = name
        self.sex = sex
        self.phone = phone
    def printData(self):
        print ("姓名: ", self.name)
        print ("性别: ", self.sex)
        print ("电话: ", self.phone)
```

这个基类 Student 有 3 个成员变量：name(姓名)、sex(性别)和 phone(电话)。并且定义两个函数：①__init__()函数是 Student 类的构造方法。②printData()函数用来打印成员变量的数据。下面创建一个 Student 类的派生类：

```
>>>class Person(Student):
def __init__(self, name, sex, phone):          #派生类的构造方法
Student.__init__(self, name, sex, phone)       #调用基类的构造方法
```

派生类的构造方法必须调用基类的构造方法，而且必须使用完整的基类名称。Student.__init__(self, name, sex, phone)中的 self 参数，用来告诉基类现在调用的是哪一个派生类。

下列案例创建一个派生类 Person 的实例变量，并且调用基类 Student 的函数 printData()，来印出数据。

```
>>>x = Person("李明峰", "男", "12345678")
>>>x.printData()
姓名：  李明峰
性别：  男
电话：  12345678
```

2. 命名空间的搜索顺序

当用户在类内编写函数时，要记得类函数的命名空间的搜索顺序。
(1) 类的实例。
(2) 类。
(3) 基类。

下列是 3 个类：A、B 和 C。B 继承自 A，C 又继承自 B。A、B、C 这 3 个类都有一个相同名称的函数 printName()。代码如下：

```
>>> class A:
    def __init__(self, name):
        self.name = name
    def printName(self):
        print ("这是类 A 的 printName()函数, name = %s" % self.name)

>>>class B(A):
    def __init__(self, name):
        A.__init__(self, name)
    def printName(self):
        print ("这是类 B 的 printName()函数, name = %s" % self.name)

>>> class C(B):
    def __init__(self, name):
        B.__init__(self, name)
    def printName(self):
        print ("这是类 C 的 printName()函数, name = %s" % self.name)
```

下面分别创建 A、B、C 这 3 个类的实例，并且调用 printName()函数。代码如下：

```
>>> A("张晓晓").printName()
这是类 A 的 printName()函数, name = 张晓晓
>>> B("胡明月").printName()
这是类 B 的 printName()函数, name = 胡明月
>>> C("张一诺").printName()
    这是类 C 的 printName()函数, name = 张一诺
```

上述代码分析如下。
(1) A("张晓晓").printName()会调用 A 类的 printName()函数。
(2) B("胡明月").printName()会先调用 B 类的 printName()函数，因为已经找到一个

printName()函数，所以不会继续往 A 类查找。

(3) C("张一诺").printName()会先调用 C 类的 printName()函数，因为已经找到一个 printName()函数，所以不会继续往 B 类与 A 类查找。

### 3. 类的多继承

Python 同样有限的支持多继承形式。

**【案例6-2】** 类的多继承(代码 6.2.py)。

```python
#类定义
class people:
    #定义基本属性
    name = ''
    age = 0
    #定义私有属性,私有属性在类外部无法直接进行访问
    __weight = 0
    #定义构造方法
    def __init__(self,n,a,w):
        self.name = n
        self.age = a
        self.__weight = w
    def speak(self):
        print("%s 说: 我 %d 岁。" %(self.name,self.age))

#单继承示例
class student(people):
    grade = ''
    def __init__(self,n,a,w,g):
        #调用父类的构函
        people.__init__(self,n,a,w)
        self.grade = g
    #覆写父类的方法
    def speak(self):
        print("%s 说: 我 %d 岁了，我在读 %d 年级"%(self.name,self.age,self.grade))

#另一个类，多重继承之前的准备
class speaker():
    topic = ''
    name = ''
    def __init__(self,n,t):
        self.name = n
        self.topic = t
    def speak(self):
        print("我叫 %s,我是一名人民教师，我演讲的主题是 %s"%(self.name,self.topic))

#多重继承
class sample(speaker,student):
    a =''
    def __init__(self,n,a,w,g,t):
        student.__init__(self,n,a,w,g)
        speaker.__init__(self,n,t)
```

```
test = sample("张明明",25,80,4,"什么是爱")
test.speak()      #方法名同，默认调用的是在括号中靠前的父类的方法
```

保存并运行程序，结果如下：

```
C:\Users\Administrator>python d:\python\ch06\6.2.py
我叫 张明明，我是一名人民教师，我演讲的主题是 什么是爱
```

在本案例中，定义了一个 people 类，定义一个 student 类继承自 people 类，实现单继承效果。为了实现多继承效果，这里又定义了一个 speaker 类，然后定义 sample 类继承自 speaker 类和 student 类。

## 6.8 类的多态

所谓类的多态(polymorphism)，就是类可以有许多个相同名称但参数类型不同的函数。Python 并没有明显的多态特性，因为 Python 函数的参数不必声明数据类型。但是利用动态数据类型(dynamic typing)，Python 仍然可以处理对象的多态。

由于使用动态数据类型，Python 必须等到运行该函数时才知道该函数的类型，这种特性称为运行期绑定(runtime binding)。

C++将多态称为方法重载(method overloading)，C++可以允许类内有许多个相同的名称却有不同参数的函数存在。

但是 Python 却不允许这样做，如果用户在 Python 的类内声明多个相同的名称却有不同参数的函数，Python 会使用类内最后一个声明的函数。例如：

```
>>>class myClass:
    def __init__(self):
        pass
    def handle(self):
        print ("3 arguments")
    def handle(self, x):
        print ("1 arguments")
    def handle(self, x, y):
        print ("2 arguments")
    def handle(self, x, y, z):
        print ("3 arguments")
>>> x = myClass()
>>> x.handle(1, 2, 3)
3 arguments
>>> x.handle(1)
Traceback (most recent call last):
  File "<pyshell#333>", line 1, in <module>
    x.handle(1)
TypeError: handle() missing 2 required positional arguments: 'y' and 'z'
```

在上面这个例子中，当调用 myClass 类中的 handle()函数时，Python 会使用有 3 个参数的函数 handle(self, x, y, z)。所以当只提供一个参数时，Python 会输出一个 TypeError 的异常。

要解决这个问题，必须使用下列变通方法。在 myClass 类中声明的函数名称都不相同，

但是可以利用 handle()函数的参数数目，来决定要调用类中的哪一个函数。

```
>>> class myClass:
    def __init__(self):
        pass
    def handle(self, *arg):
        if len(arg) == 1:
            self.handle1(*arg)
        elif len(arg) == 2:
            self.handle2(*arg)
        elif len(arg) == 3:
            self.handle3(*arg)
        else:
            print ("Wrong arguments")
    def handle1(self, x):
        print ("1 arguments")
    def handle2(self, x, y):
        print ("2 arguments")
    def handle3(self, x, y, z):
        print ("3 arguments")

>>> x = myClass()
>>> x.handle()
Wrong arguments
>>> x.handle(1)
1 arguments
>>> x.handle(1, 2)
2 arguments
>>> x.handle(1, 2, 3)
3 arguments
>>> x.handle(1, 2, 3, 4)
Wrong arguments
```

## 6.9 类 的 封 装

所谓类的封装(encapsulation)，就是类将其属性(变量与方法)封装在该类内，只有该类中的成员可以使用该类中的其他成员。这种被封装的变量与方法，称为该类的私有变量(private variable)和私有方法(private method)。

Python 类中的所有变量与方法都是公用的(public)。只要知道该类的名称与该变量或方法的名称，任何外部的对象都可以直接存取类中的属性与方法。

如下例所示，x 是 myClass 类的实例变量，name 是 myClass 类的变量。利用 x.name 就可以存取到 myClass 类中的 name 变量。

```
>>> class myClass:
    def __init__(self):
        self.name = None

>>> x = myClass()
>>> x.name = "Andy"
>>> a = x.name
```

```
>>> print (a)
Andy
```

**1. 封装 Python 类的原则**

要做到类的封装，Python 提供以下两个原则。

(1) 属性(变量与方法)名称的第一个字符如果是单底线，则此属性视为类的内部变量，外面的变量不可以引用此属性。

(2) 属性(变量与方法)名称的前两个字符如果都是单底线，则编译时属性名称 attributeName 会被改成_className_attributeName，className 是该类的名称。由于属性名称之前加上了类的名称，所以与类中原有的属性名称有差异。

这两个原则只是提供作为参考，Python 类中的所有属性仍然都是公用(public)的。只要知道类与属性的名称，仍然可以存取类中的所有属性。例如：

```
>>>class myClass:
  def __init__(self, value):
    self._n = value         #第一个字符是单底线的变量_n
self.__n = value            #前两个字符都是单底线的变量__n
def __func(self):           #前两个字符都是单底线的函数__func()
print (self._n + 1)

>>>x = myClass(100)
>>>x._n                     #第一个字符是单底线的变量_n，可以任意存取
100
>>>x.__n                    #错误，因为__n 已经被改名为_myClass__n
Traceback (most recent call last):
  File "<pyshell#376>", line 1, in <module>
    x.__n
AttributeError: 'myClass' object has no attribute '__n'
>>> x._myClass__n           #正确
100
>>> x.__func()              #错误，因为__func()已经被改名为_myClass__func()
Traceback (most recent call last):
  File "<pyshell#378>", line 1, in <module>
    x.__func()
AttributeError: 'myClass' object has no attribute '__func'
>>>x._myClass__func()       #正确
101
```

**2. 类命名空间**

类中的所有属性都存储在该类的命名空间(namespace)内。因此，如果在类中存储了一个全局变量的值，此值就会被放置在该类的命名空间内。就算以后此全局变量的值被改变了，类内的该值仍然维持不变。

下列案例设置一个全局变量 w = 10，在 myClass 类中使用 storeVar()函数存储此值。当全局变量 w 的值改变时，myClass 类中的值仍然维持不变。

```
>>> class myClass:
    w = 10
  def storeVar(self, n = w):
        return n
```

```
>>> x = myClass()
>>> x.storeVar()
10
>>> w = 20
>>> x.storeVar()
10
```

## 6.10 元　　类

所谓元类，就是一个用来当作创建其他类的模板(template)的类。一般来讲，用户使用类来创建类实例变量。使用元类的目的是以某些类为基准来创建 metaclass 类，然后将元类当作要创建的类的基类。

使用元类让用户有机会可以存取与改变 Python 的内部类。利用元类创建的元实例可以让操作对象属性的工作更容易。

下列程序代码定义一个简单的元类与其支持的类：

```
1:  >>>import types
2:  >>>class METACLASS:
3:      def __init__(self, name, bases, namespace):
4:          self.__name__ = name
5:          self.__bases__ = bases
6:          self.__namespace__ = namespace
7:      def __call__(self):
8:          return METAINSTANCE(self)
9:
10: >>> class METAINSTANCE:
11:     def __init__(self, metaclass):
12:         self.__metaclass__ = metaclass
13:     def __getattr__(self, name):
14:         try:
15:             value = self.__metaclass__.__namespace__[name]
16:         except KeyError:
17:             raise AttributeError.name
18:         if type(value) is not types.FunctionType:
19:             return value
20:         return METHODWRAPPER(value, self)
21:
22: >>> class METHODWRAPPER:
23:     def __init__(self, function, metainstance):
24:         self.function = function
25:         self.instance = metainstance
26:         self.__name__ = self.function.__name__
27:     def __call__(self, *args):
28:         return apply(self.function, (self.instance,) + args)
29:
```

上述代码的含义分析如下。

(1) 第 2 行：定义一个元类，类名称为 METACLASS。

(2) 第 3～6 行：创建一个新的元类，此元类的构造方法需要 3 个参数。name 参数是元实例的名称，bases 参数是一个基类的元组，namespace 参数是元实例命名空间的字典。

(3) 第 7～8 行：当调用 METACLASS 时，运行 METAINSTANCE.__init__()来返回一个元实例。

(4) 第 10 行：定义一个元实例，类名称为 METAINSTANCE。

(5) 第 13 行：存取此用户定义实例变量的属性时，检查它是否属于用户类命名空间(第 14～17 行)。如果此属性是一个数值，则返回此数值；若此属性是一个函数，返回一个 METHODWRAPPER 类的实例。

(6) 第 22 行：定义一个类，名称为 METHODWRAPPER，用来处理存取用户类的方法属性。

下列程序代码创建一个元类的实例：

```
>>> BASECLASS = METACLASS("BASECLASS", (), {})
```

下列程序代码以 BASECLASS 当作基类，来创建一个用户类：

```
>>>class myClass(BASECLASS):
def push(self, name):
        self.name = [name]
    def pop(self):
      if len(self.name) > 0:
          item = self.name[-1]
          print (item)
```

下列案例使用用户类 myClass 来新增与删除 name 属性：

```
1: >>>x = myClass()
2: >>>x.push("Andre")
3: >>>x.name
4: ['Andre']
5: >>> x.pop()
6: Andre
7: >>> x.name
8: []
```

上述代码的含义分析如下

(1) 第 1 行：创建一个用户定义类 myClass 的实例 x。当创建 x 时，会运行 METACLASS.__call__()函数。而 METACLASS.__call__()函数又会调用 METAINSTANCE.__getattr__()。

(2) 第 2 行：新增一个 name 属性"Andre"。

(3) 第 3～4 行：显示实例 x 的 name 属性。

(4) 第 5 行：删除 name 属性列表的最后一个元素 Andre。

(5) 第 7～8 行：显示实例 x 的 name 属性。

## 6.11 垃圾回收

Python 使用了引用计数这一简单技术来跟踪和回收垃圾。在 Python 内部，有一个内部跟踪变量，记录着所有使用中的对象各有多少引用，称为引用计数器。

当对象被创建时,就创建了一个引用计数,当这个对象不再需要时,这个对象的引用计数变为 0,它被垃圾回收。但是回收不是"立即"的,而且由解释器在适当的时机将垃圾对象占用的内存空间回收。例如:

```
x = 50        # 创建对象 <50>
y = x         # 增加引用, <50> 的计数
z = [y]       # 增加引用. <50> 的计数

del x         # 减少引用 <50> 的计数
y = 100       # 减少引用 <50> 的计数
z[0] = 15     # 减少引用 <50> 的计数
```

垃圾回收机制不仅针对引用计数为 0 的对象,同样可以处理循环引用的情况。所谓循环引用,是指两个对象相互引用,但是没有其他变量引用它们。在这种情况下,仅使用引用计数是不够的。Python 的垃圾收集器实际上是一个引用计数器和一个循环垃圾收集器。作为引用计数的补充,垃圾收集器也会留心被分配的总量很大(未通过引用计数销毁)的对象。在这种情况下,解释器会暂停下来,试图清理所有未引用的循环。

当对象不再需要时,Python 将会调用__del__方法,用于销毁对象。

【案例 6-3】 类的垃圾回收(代码 6.3.py)。

```
class Dog:
    def __init__( self, name="小白", age=2):
        self.name = name
        self.age = age
    def __del__(self):
        class_name = self.__class__.__name__
        print (class_name, "销毁对象")

do1 = Dog()
do2 = do1
do3 = do1
print (id(do1), id(do2), id(do3)) # 打印对象的id
del do1
del do2
del do3
```

保存并运行程序,结果如下:

```
C:\Users\Administrator>python d:\python\ch06\6.3.py
29488496 29488496 29488496
Dog 销毁对象
```

本案例定义了一个 Dog 类,其中定义了 def__del__(self)方法,在垃圾回收时将输出类名称和"销毁对象"的信息。

## 6.12 大神解惑

**小白**:什么是方法的重写?

**大神**:当父类中方法的功能不能满足项目的需求时,可以在子类中重写父类的方法。

例如：

```
class Ab:                # 定义父类
  def myMethod(self):
    print ('秋风起兮白云飞,草木黄落兮雁南归')

class Bc(Ab):            # 定义子类
  def myMethod(self):
    print ('调兰有秀兮菊有芳,怀佳人兮不能忘。')

c =Bc()                  #子类实例
c.myMethod()             #子类调用重写方法
```

保存并运行程序，结果如下：

调兰有秀兮菊有芳,怀佳人兮不能忘。

**小白**：面向对象的程序设计有哪些常用的技术术语？

**大神**：在Python面向对象设计时，常见技术术语的含义如下。

(1) 类：用来描述具有相同的属性和方法的对象的集合。它定义了该集合中每个对象所共有的属性和方法。对象是类的实例。

(2) 类变量：类变量在整个实例化的对象中是公用的。类变量定义在类中且在函数体之外。类变量通常不作为实例变量使用。

(3) 数据成员：类变量或者实例变量用于处理类及其实例对象的相关数据。

(4) 方法重写：如果从父类继承的方法不能满足子类的需求，可以对其进行改写，这个过程叫方法的覆盖(override)，也称为方法的重写。

(5) 实例变量：定义在方法中的变量，只作用于当前实例的类。

(6) 继承：即一个派生类继承基类的字段和方法。继承也允许把一个派生类的对象作为一个基类对象对待。

(7) 实例化：创建一个类的实例，即类的具体对象。

(8) 方法：类中定义的函数。

(9) 对象：通过类定义的数据结构实例。对象包括两个数据成员(类变量和实例变量)和方法。

## 6.13　跟我练练手

练习1：简述面向对象设计语言的特性和技术术语。
练习2：定义一个汽车类。
练习3：定义一个类实例，并测试实例的内置属性。
练习4：重载乘号运算符。
练习5：举例说明类的继承的优点。
练习6：举例说明类的多态的优点。
练习7：举例说明类是如何封装的。
练习8：定义一个元类并定义元类的实例。

# 第 7 章 错误终结者——程序调试和异常处理

对 Python 的初学者来说，在刚学习 Python 编程时，经常会看到一些报错信息，在前面的例子中也经常遇到，只是没有做详细介绍。本章重点学习错误信息的含义和异常的处理方法。

**本章要点(已掌握的，在方框中打钩)**

- ☐ 熟悉新手常见错误和异常。
- ☐ 了解异常的工作原理。
- ☐ 熟悉常见的内置异常。
- ☐ 掌握使用 try…except 语句处理异常的方法。
- ☐ 掌握异常类的实例和清除异常的使用方法。
- ☐ 了解内置异常的协助模块。
- ☐ 掌握抛出异常的方法。
- ☐ 掌握自定义异常的方法。
- ☐ 掌握程序调试的方法。
- ☐ 熟悉查看错误代码的方法。

## 7.1 新手常见错误和异常

在 Python 编程中，新手最常见的错误和异常如下。

**1. 缺少冒号引起错误**

在 if、elif、else、for、while、class、def 声明末尾需要添加冒号(：)，如果忘记添加，将会提示 "SyntaxError：invalid syntax" 语法错误。例如：

```
>>> if x>3
        print("锄禾日当午，汗滴禾下土")
SyntaxError: invalid syntax
```

**2. 将赋值运算符(=)和比较运算符(==)混淆**

如果误将=号用作==号，将会提示 "SyntaxError ：invalid syntax" 语法错误。例如：

```
>>> if x=3:
        print("锄禾日当午，汗滴禾下土")
SyntaxError: invalid syntax
```

**3. 代码结构的缩进错误**

这是比较常见的错误。当代码结构的缩进量不正确时，常常会提示错误信息如 "IndentationError：unexpected indent" "IndentationError：unindent does not match any outer indetation level" 和 "IndentationError：expected an indented block"。例如：

```
>>> x=3
>>> if x>3:
        print ("锄禾日当午，汗滴禾下土")
    else:
    print ("谁知盘中餐，粒粒皆辛苦")
SyntaxError: unindent does not match any outer indentation level
```

**4. 修改元组和字符串的值时报错**

元组和字符串的元素值是不能修改的，如果修改它们的元素值，将会提示错误信息。例如：

```
>>>tup1 = (12, 34.56)
# 以下修改元组元素操作是非法的。
>>> tup1[0] = 100
Traceback (most recent call last):
  File "<pyshell#60>", line 1, in <module>
    tup1[0] = 100
TypeError: 'tuple' object does not support item assignment
```

### 5. 连接字符串和非字符串

如果将字符串和非字符串连接，将会提示错误"TypeError: Can't convert 'int' object to str implicitly"。例如：

```
>>>s="锄禾日当午"
>>>m=32
>>>print (s+m)
Traceback (most recent call last):
  File "<pyshell#63>", line 1, in <module>
    print (s+m)
TypeError: Can't convert 'int' object to str implicitly
```

### 6. 在字符串首尾忘记加引号

字符串的首尾必须添加引号，如果没有添加，或者没有成对出现，则会提示错误"SyntaxError: EOL while scanning string literal"。例如：

```
>>>print(春花秋月何时了')

SyntaxError: EOL while scanning string literal
```

### 7. 变量或者函数名拼写错误

如果函数名和变量拼写错误，则会提示错误"NameError: name 'ab' is not defined"。例如：

```
>>> aa = '学习 Python'
>>> print(ab)
Traceback (most recent call last):
  File "<pyshell#71>", line 1, in <module>
    print(ab)
NameError: name 'ab' is not defined
```

### 8. 引用超过列表的最大索引值

如果引用超过列表的最大索引值，则会提示错误"IndexError: list index out of range"。例如：

```
>>> aa =[ '橘子', '苹果', '香蕉']
>>> print(aa [4])
Traceback (most recent call last):
  File "<pyshell#73>", line 1, in <module>
    print(aa [4])
IndexError: list index out of range
```

### 9. 使用关键字作为变量名

Python 关键字不能用作变量名。Python 3 的关键字有：and、as、assert、break、class、continue、def、del、elif、else、except、False、finally、for、from、global、if、import、in、is、lambda、None、nonlocal、not、or、pass、raise、return、True、try、while、with、yield 等。当使用这些关键字作为变量时，将会提示错误"SyntaxError: invalid syntax"。例如：

```
>>> except =[ '橘子', '苹果', '香蕉']
SyntaxError: invalid syntax
```

### 10. 变量没有初始值就使用增值操作符

如果变量还没有指定一个有效的初始值就使用自增操作符，则会提示错误"NameError: name 'obj' is not defined"。例如：

```
>>> obj+=15
Traceback (most recent call last):
  File "<pyshell#88>", line 1, in <module>
    obj+=15
NameError: name 'obj' is not defined
```

### 11. 误用自增和自减运算符

在 Python 编程语言中，没有自增(++)或自减(--)运算符。如果误用，则会提示错误"SyntaxError: invalid syntax"。例如：

```
>>> jj=10
>>> jj++
SyntaxError: invalid syntax
```

### 12. 忘记为方法的第一个参数添加 self 参数

在定义方法时，第一个参数必须是 self。如果忘记添加 self 参数，则会提示错误"TypeError: myMethod() takes 0 positional arguments but 1 was given"。例如：

```
>>>class myClass():
    def myMethod ():
        print('这是一个不错的方法')
>>>dd= myClass()
>>>dd.myMethod ()
Traceback (most recent call last):
  File "<pyshell#95>", line 1, in <module>
    dd.myMethod ()
TypeError: myMethod() takes 0 positional arguments but 1 was given
```

## 7.2 异常是什么

当 Python 解释器遇到一个无法预期的程序行为时，它就会输出一个异常(exception)，如遇到除以零或打开不存在的文件等。用户也可以使用 raise 语句来抛出一个异常。

当 Python 解释器遇到异常情况时，它会停止程序的运行，然后显示一个追踪(traceback)信息。例如：

```
1.  >>> 12 / 0
2.  Traceback (most recent call last):
3.  File "<pyshell#96>", line 1, in <module>
4.      12 / 0
5.  ZeroDivisionError: integer division or modulo by zero
```

上述代码分析如下。

(1) 第 1 行：运行一个除以零的表达式。
(2) 第 2 行：Python 解释器显示一个追踪信息。括号内的 most recent call last 表示异常发生在最近一次调用的表达式。
(3) 第 3~4 行：File "<pyshell#96>"表示异常发生在解释器输入的过程中，line 1 表示发生错误的行数。
(4) 第 5 行：ZeroDivisionError 是内置异常的名称，其后的字符串是此异常的描述。

  当程序代码中发生错误或事件时，程序流程就会被中断，然后跳至运行该异常的程序代码处。Python 有许多内置异常，这些异常已经内置于 Python 语言中。

下列案例在 Python 解释器内运行 error.py 文件。在第 5 行的地方故意将 complex()函数名称写错，变成 coplex()。

【案例 7-1】 异常测试(代码 7.1.py)。

```
#运行此文件会产生异常
#定义函数
def raiseExceptionFunc():
a = 12
b = coplex(1, 2)
print (a, b)

#运行函数
raiseExceptionFunc()
```

保存并运行程序，结果如下：

```
1. C:\Users\Administrator>python d:\python\ch07\7.1.py
2. Traceback (most recent call last):
3.   File "d:\python\ch07\7.1.py", line 9, in <module>
4.     raiseExceptionFunc()
5.   File "d:\python\ch07\7.1.py", line 5, in raiseExceptionFunc
6.     b = coplex(1, 2)
7. NameError: name 'coplex' is not defined
```

运行结果分析如下。
(1) 第 3 行：异常发生在 7.1.py 文件的第 9 行程序代码处。
(2) 第 4 行：异常发生时所运行的程序代码。
(3) 第 5 行：异常发生在 7.1.py 文件的第 5 行的 raiseExceptionFunc()函数。
(4) 第 6 行：异常发生时所运行的程序代码。
(5) 第 7 行：发生 NameError 异常，异常发生的原因是 coplex 的名称未定义。

## 7.3 内 置 异 常

Python 的内置异常定义在 exceptions 模块中，此模块在 Python 解释器启动时就会自动加载。Python 内置异常类的结构如下。

```
BaseException
```

```
+-- SystemExit
+-- KeyboardInterrupt
+-- GeneratorExit
+-- Exception
     +-- StopIteration
     +-- StopAsyncIteration
     +-- ArithmeticError
     |    +-- FloatingPointError
     |    +-- OverflowError
     |    +-- ZeroDivisionError
     +-- AssertionError
     +-- AttributeError
     +-- BufferError
     +-- EOFError
     +-- ImportError
     +-- LookupError
     |    +-- IndexError
     |    +-- KeyError
     +-- MemoryError
     +-- NameError
     |    +-- UnboundLocalError
     +-- OSError
     |    +-- BlockingIOError
     |    +-- ChildProcessError
     |    +-- ConnectionError
     |    |    +-- BrokenPipeError
     |    |    +-- ConnectionAbortedError
     |    |    +-- ConnectionRefusedError
     |    |    +-- ConnectionResetError
     |    +-- FileExistsError
     |    +-- FileNotFoundError
     |    +-- InterruptedError
     |    +-- IsADirectoryError
     |    +-- NotADirectoryError
     |    +-- PermissionError
     |    +-- ProcessLookupError
     |    +-- TimeoutError
     +-- ReferenceError
     +-- RuntimeError
     |    +-- NotImplementedError
     |    +-- RecursionError
     +-- SyntaxError
     |    +-- IndentationError
     |         +-- TabError
     +-- SystemError
     +-- TypeError
     +-- ValueError
     |    +-- UnicodeError
     |         +-- UnicodeDecodeError
     |         +-- UnicodeEncodeError
     |         +-- UnicodeTranslateError
     +-- Warning
          +-- DeprecationWarning
          +-- PendingDeprecationWarning
```

```
+-- RuntimeWarning
+-- SyntaxWarning
+-- UserWarning
+-- FutureWarning
+-- ImportWarning
+-- UnicodeWarning
+-- BytesWarning
+-- ResourceWarning
```

最常用的异常类的含义如下。

(1) BaseException：所有异常的基类。

(2) SystemExit：解释器请求退出。

(3) KeyboardInterrupt：用户中断执行。

(4) Exception：常规错误的基类。

(5) StopIteration：迭代器没有更多的值。

(6) GeneratorExit：生成器(generator)发生异常来通知退出。

(7) SystemExit：Python 解释器请求退出。

(8) StandardError：所有的内置标准异常的基类。

(9) ArithmeticError：所有数值计算错误的基类。

(10) FloatingPointError：浮点计算错误。

(11) OverflowError：数值运算超出最大限制。

(12) ZeroDivisionError：除(或取模)零 (所有数据类型)的错误。

(13) AssertionError：断言语句失败。

(14) AttributeError：对象没有这个属性。

(15) EOFError：没有内置输入，常见的为文件读取错误，另外，按 Ctrl+D 组合键也会触发这个异常。

(16) EnvironmentError：操作系统错误的基类。

(17) IOError：输入/输出操作失败。

(18) OSError：操作系统错误。

(19) WindowsError：系统调用失败。

(20) ImportError：导入模块/对象失败。

(21) KeyboardInterrupt：用户中断执行(通常是按 Ctrl+C 组合键)。

(22) LookupError：无效数据查询的基类。

(23) IndexError：序列中没有此索引(index)。

(24) KeyError：映射中没有这个键。

(25) MemoryError：内存溢出错误(对于 Python 解释器不是致命的)。

(26) NameError：没有声明对象或没有初始化对象。

(27) UnboundLocalError：访问未初始化的本地变量。

(28) ReferenceError：试图访问已经垃圾回收的对象。

(29) RuntimeError：一般运行时的错误。

(30) NotImplementedError：尚未实现的方法。

(31) SyntaxError：Python 语法错误。

(32) IndentationError：缩进错误。

(33) TabError：Tab 和空格混用错误。

(34) SystemError：一般的解释器系统错误。

(35) TypeError：对类型无效的操作。

(36) ValueError：传入无效的参数。

(37) UnicodeError：Unicode 相关的错误。

(38) UnicodeDecodeError：Unicode 解码时的错误。

(39) UnicodeEncodeError：Unicode 编码时的错误。

(40) UnicodeTranslateError：Unicode 转换时的错误。

(41) Warning：警告的基类。

(42) DeprecationWarning：关于被弃用的特征的警告。

(43) FutureWarning：关于构造将来语义会有改变的警告。

(44) OverflowWarning：旧的关于自动提升为长整型(long)的警告。

(45) PendingDeprecationWarning：关于特性将会被废弃的警告。

(46) RuntimeWarning：可疑的运行时行为(runtime behavior)的警告。

(47) SyntaxWarning：可疑的语法的警告。

(48) UserWarning：用户代码生成的警告。

下面挑选经常使用的内置异常进行测试。

(1) AssertionError：此异常在 assert 语句运行失败时输出。

例如：

```
>>>assert()
Traceback (most recent call last):
  File "<pyshell#100>", line 1, in <module>
    assert()
AssertionError
```

(2) AttributeError：此异常在参考或设置属性失败时输出。

例如：

```
>>> class myClass:
    pass

>>> x = myClass()
>>> x.add
Traceback (most recent call last):
  File "<pyshell#103>", line 1, in <module>
    x.add
AttributeError: 'myClass' object has no attribute 'add'
```

(3) ImportError：此异常在 Python 找不到要加载的模块时输出。

例如：

```
>>>from sys import go
Traceback (most recent call last):
```

```
File "<pyshell#104>", line 1, in <module>
    from sys import go
ImportError: cannot import name 'go'
```

(4) IndexError：此异常在序数对象(列表、元组和字符串)的索引值超出范围时输出。例如：

```
>>> x = [1, 2, 3, 4]
>>> x[5]
Traceback (most recent call last):
  File "<pyshell#106>", line 1, in <module>
    x[5]
IndexError: list index out of range
```

(5) FileNotFoundError：打开文件失败时报错。

例如：

```
>>> file = open("nonexist.txt", "r")
Traceback (most recent call last):
  File "<pyshell#107>", line 1, in <module>
    file = open("nonexist.txt", "r")
FileNotFoundError: [Errno 2] No such file or directory: 'nonexist.txt'
```

(6) KeyError：此异常在字典集内找不到该键值时输出。

例如：

```
>>>x={"a":"1", "b":"2"}
>>> x["c"]
Traceback (most recent call last):
  File "<pyshell#109>", line 1, in <module>
    x["c"]
KeyError: 'c'
```

(7) KeyboardInterrupt：此异常在用户按中断键(通常是 Ctrl+C 组合键)时输出。

例如：

```
>>>txt = input("Enter a number")
Traceback (most recent call last):
  File "<pyshell#110>", line 1, in <module>
    txt = input("Enter a number")
  File "C:\Program Files\Python35-32\lib\idlelib\PyShell.py", line 1386, in readline
    line = self._line_buffer or self.shell.readline()
KeyboardInterrupt
```

(8) LookupError：此异常发生在序数对象(列表、元组和字符串)与映射对象(字典)的键值或索引值无效时。此异常是 KeyError 与 IndexError 异常的基类。

例如：

```
>>>s = u"Hello"
>>> s.encode("UTF-64")
Traceback (most recent call last):
  File "<pyshell#112>", line 1, in <module>
    s.encode("UTF-64")
```

```
LookupError: unknown encoding: UTF-64
```

(9) NameError：此异常在全局命名空间与局部命名空间内都找不到该名称时输出。

例如：

```
>>>go
Traceback (most recent call last):
  File "<pyshell#115>", line 1, in <module>
    go
NameError: name 'go' is not defined
```

(10) NotImplementedError：此异常在基类的虚拟方法(abstract method)没有在派生类内定义时输出。

例如：

```
>>>def myFunc():
    raise NotImplementedError

>>>myFunc()
Traceback (most recent call last):
  File "<pyshell#118>", line 1, in <module>
    myFunc()
  File "<pyshell#117>", line 2, in myFunc
    raise NotImplementedError
NotImplementedError
```

(11) OSError：此异常在操作系统有错误时输出，通常是由 os 模块所产生。

例如：

```
>>>import os
>>>os.chdir("d:\nopath")
Traceback (most recent call last):
  File "<pyshell#120>", line 1, in <module>
    os.chdir("d:\nopath")
OSError: [WinError 123] 文件名、目录名或卷标语法不正确。: 'd:\nopath'
```

(12) SyntaxError：此异常在语法错误时输出。

例如：

```
>>>import
SyntaxError: invalid syntax
```

(13) TypeError：此异常在对象的函数或运算与其类型不符时输出。

例如：

```
>>> file = open(1, 2, 3)
Traceback (most recent call last):
  File "<pyshell#125>", line 1, in <module>
    file = open(1, 2, 3)
TypeError: open() argument 2 must be str, not int
```

(14) UnicodeError：此异常在 Unicode 编码或是译码错误时输出，这是 ValueError 类的子类。

例如：

```
>>>s = u"精通Python"
>>>s.encode()
Traceback (most recent call last):
  File "<interactive input>", line 1, in ?
UnicodeError: ASCII encoding error: ordinal not in range(128)
```

(15) ValueError：此异常在对象的函数或运算类型正确但是数值不对时输出。

例如：

```
>>>class myClass:
  def __getitem__(self, index):
      if index >2:
          raise ValueError

>>>x = myClass()
>>>x[3]
Traceback (most recent call last):
  File "<pyshell#130>", line 1, in <module>
    x[3]
  File "<pyshell#128>", line 4, in __getitem__
    raise ValueError
ValueError
```

(16) ZeroDivisionError：此异常在数值运算除以零时输出。

例如：

```
>>>12/0
Traceback (most recent call last):
  File "<pyshell#131>", line 1, in <module>
    12/0
ZeroDivisionError: division by zero
```

## 7.4 使用 try…except 语句处理异常

try…except 语句用在处理 Python 所输出来的异常。其语法为：

```
try:
   <语句>
except [<异常的名称> [, <异常类的实例变量名称>]]:
   <异常的处理语句>
[else:
   <没有异常产生时的处理语句>]
```

在中括号[]之内的语法，表示是可以省略的。使用 try…except 语句的工作原理如下。

(1) 执行 try 子句，即关键字 try 和关键字 except 之间的语句。

(2) 如果没有异常发生，忽略 except 子句，try 子句执行后结束。

(3) 如果在执行 try 子句的过程中发生了异常，那么 try 子句余下的部分将被忽略。如果异常的类型和 except 之后的名称相符，那么对应的 except 子句将被执行。

(4) 如果一个异常没有与任何的 except 匹配，那么这个异常将会传递给上层的 try 中。

异常的名称可以是空白,表示此 except 语句处理所有类型的异常。异常的名称也可以是一个或是多个。可以使用不同的 except 语句来处理不同的异常。else 语句之内的语句是没有异常发生时的处理程序。

下列案例捕捉 ZeroDivisionError 异常,并且显示"数值除以零"的字符串:

```
>>>try:
    12/0
except ZeroDivisionError:
    print("数值除以零")

数值除以零
```

下列案例在一个 except 语句内,捕捉 IndexError 与 TypeError 两个异常:

```
>>>s=[1,2,3]
>>>def getn(n):
    try:
      if n < 2:
        data = s[4]              #IndexError
      else:
        file = open(1,2,3)       #TypeError
    except (IndexError, TypeError):
        print ("发生错误")

>>> getn(1)
发生错误
>>> getn(2)
发生错误
```

下列案例针对 IndexError 与 TypeError 两个异常,分别使用不同的 except 语句处理:

```
>>> s = [1, 2, 3]
>>> def getn(n):
    try:
      if n < 2:
        data = s[4]
      else:
        file = open(1,2,3)
    except IndexError:
        print ("s 列表的索引值错误")
    except TypeError:
        print ("open()函数的参数类型错误")

>>> getn(1)
s 列表的索引值错误
>>> getn(2)
open()函数的参数类型错误
```

下列案例使用一个 except 语句处理所有的异常:

```
>>>s = [1, 2, 3]
>>>def getn(n):
    try:
      if n < 2:
```

```
            data = s[4]
        else:
            file = open(1,2,3)
    except:
        print ("错误")
>>> getn(1)
错误
>>> getn(2)
错误
```

下列案例使用 else 语句处理没有异常时的情况，注意使用 else 语句时一定要有 except 语句才行：

```
>>>def getn(n):
    try:
        if n == 1:
            data = s[4]
        elif 2 <= n <= 5:
            file = open(1,2,3)
        else:
            data = s[1]
    except:
        print ("有错误发生")
    else:
        print ("没有错误发生")
>>> getn(1)
有错误发生
>>> getn(2)
有错误发生
>>> getn(7)
没有错误发生
```

用户可以在 except 语句内使用 pass 语句来忽略所发生的异常。下列案例将列表 s 内的所有元素相加，并且输出元素相加的总和：

```
>>>s = ["1", "2", "hello", "python", "10"]
>>>total = 0
>>>for n in s:
    try:
        total += int(n)
    except:
        pass
>>>print (total)
13
```

int() 函数将字符串转换为整数。当 int() 函数无法将字符串转变成整数时，就会输出 ValueError 的异常。在 except 语句内使用 pass 语句来忽略所发生的 ValueError 异常。所以 total 的值会是可转换的三个元素"1", "2"与"10"的和。

## 7.5 异常类的实例和清除异常

下面学习异常类的实例和清除异常的方法。

### 7.5.1 异常类的实例

每当有一个异常被输出时，该异常类就会创建一个实例，此实例继承了异常类的所有属性。每一个异常类实例都有一个 args 属性。args 属性是一个元组格式，这个元组格式可能只包含错误信息的字符串(1-tuple)，也可能包含 2 个以上的元素(2-tuple，3-tuple，...)。异常类的不同，元组格式也不同。

下列案例输出一个 IndexError 的异常：

```
>>>x = [1, 2, 3]
>>>print (x[4])
Traceback (most recent call last):
  File "<pyshell#8>", line 1, in <module>
    print (x[4])
IndexError: list index out of range
```

IndexError 异常的错误信息字符串是" list index out of range "。

下列案例使用 try…except 语句来捕捉 IndexError 异常：

```
>>>try:
    x = [1, 2, 3]
    print (x[4])
 except IndexError as inst:
    print (inst.args[0])

list index out of range
```

在 except 语句的右方加上一个 inst 变量，表示 inst 变量是一个异常类实例。当 IndexError 异常发生时，inst 实例就会被创建。inst 实例的 args 属性值是一个元组，输出该元组的第一个字符串，就是 IndexError 异常的错误信息字符串" list index out of range "。

异常类实例的 args 属性可能包含两个以上的元素。下列案例会输出 FileNotFoundError 的异常，args 属性的 tuple 格式是(错误号码，错误信息字符串，[文件名称])，文件名称有可能不出现：

```
>>>file = open("nonexist", "r")
Traceback (most recent call last):
  File "<pyshell#21>", line 1, in <module>
    file = open("nonexist", "r")
FileNotFoundError: [Errno 2] No such file or directory: 'nonexist'

>>>try:
    file = open("nonexist", "r")
 except FileNotFoundError as inst:
    print (inst.args)
```

```
(2, 'No such file or directory')
```

下列案例会输出 SyntaxError 的异常，args 属性的元组格式是"(错误信息字符串，(文件名称，行号，行内偏移值，文字))"：

```
>>>try:
    a = "8 >>> 2"
    exec (a)
except SyntaxError as inst:
    print (inst.args)

('invalid syntax', ('<string>', 1, 5, '8 >>> 2\n'))
```

使用下列方式可以将 Python 解释器提供的错误信息字符串输出：

```
>>>try:
    12 / 0
except ZeroDivisionError as errorMsg:
    print (errorMsg)

integer division or modulo by zero
```

errorMsg 的内容是由 Python 解释器所设置。

## 7.5.2 清除异常

try…finally 语句可以用来完成清除异常的功能。不管 try 语句内是否运行失败，finally 语句一定会被运行。注意，try 与 except 语句可以搭配使用，try 与 finally 语句也可以搭配使用，但是 except 与 finally 语句不可以放在一起。

下列案例没有异常发生，但 finally 语句内的程序代码还是被运行：

```
>>>try:
    a = 2
finally:
    print ('异常已经清除啦')

异常已经清除啦
```

下列案例发生 ValueError 异常，但 finally 语句内的程序代码还是被运行：

```
>>>try:
    raise ValueError
finally:
    print ('异常已经清除啦')

异常已经清除啦
Traceback (most recent call last):
  File "<pyshell#44>", line 2, in <module>
    raise ValueError
ValueError
```

## 7.6 内置异常的协助模块

除了 exceptions 模块之外,Python 还提供了几个模块可以帮助处理异常,包括 sys 模块与 traceback 对象。

### 7.6.1 sys 模块

使用 sys 模块的 exc_info()函数,可以取得目前正在处理的异常信息。exc_info()函数会返回一个元组,这个元组包括 3 个元素。

下列案例会输出一个 ZeroDivisionError 的异常,并使用 sys 模块的 exc_info()函数来返回这个异常的种类、数值与一个 traceback 对象:

```
>>> import sys
>>>try:
    12 / 0
 except:
    info = sys.exc_info()
    exc type = info[0]
    exc value = info[1]
    exc traceback = info[2]
    #可以将上列四行程序代码写成一行
    #exc type, exc value, exc traceback = sys.exc_info()
    print (exc type, ":", exc value)

<class 'ZeroDivisionError'> : division by zero
```

### 7.6.2 traceback 对象

使用 sys 模块的 exc_info()函数返回值的第 3 个元素,会返回一个 traceback 对象。traceback 对象的接口函数可以捕捉、格式化或输出 Python 程序的堆栈追踪(stack trace)信息。

traceback.print_exc()函数可调用 sys.exc_info()来输出异常的信息。代码如下:

```
>>> import traceback
>>>try:
     12 / 0
  except:
    traceback.print exc()

Traceback (most recent call last):
  File "<pyshell#4>", line 2, in <module>
ZeroDivisionError: division by zero
```

## 7.7 抛出异常

遇到异常情况,用户可以通过抛出异常来做相关的处理。下面学习有关抛出异常的知识和技巧。

## 7.7.1 raise 语句

Python 使用 raise 语句抛出一个指定的异常。例如：

```
>>>raise NameError('这里使用 raise 抛出一个异常')
Traceback (most recent call last):
  File "<pyshell#13>", line 1, in <module>
    raise NameError('这里使用 raise 抛出一个异常')
NameError: 这里使用 raise 抛出一个异常
```

raise 唯一的一个参数指定了要被抛出的异常。它必须是一个异常的实例或者是异常的类(也就是 Exception 的子类)。

 当用户只是想判断是否会抛出一个异常，而不想去处理它，此时使用 raise 语句是最佳的选择。

用户也可以直接输出异常的类名称。例如：

```
>>> raise IndexError()                  # raise class
Traceback (most recent call last):
  File "<pyshell#14>", line 1, in <module>
    raise IndexError()
IndexError
```

下列案例在读取类的属性，如果类没有该属性就输出 AttributeError 异常：

```
>>> class myClass:
    def __init__(self, name):
        self.name = name
    def __getattr__(self, attr):
        if attr != "name":
            raise AttributeError

>>> x = myClass("Andy")
>>> x.name
'Andy'
>>> x.sex
Traceback (most recent call last):
  File "<pyshell#21>", line 1, in <module>
    x.sex
  File "<pyshell#18>", line 6, in __getattr__
    raise AttributeError
AttributeError
```

## 7.7.2 结束解释器的运行

用户可以利用输出 SystemExit 异常，来强制结束 Python 解释器的运行。代码如下：

```
C:\Users\Administrator>python
Python 3.5.2 (v3.5.2:4def2a2901a5, Jun 25 2016, 22:01:18) [MSC v.1900 32 bit (Intel)] on win32
Type "help", "copyright", "credits" or "license" for more information.
```

```
>>>raise SystemExit
C:\Users\Administrator>
```

使用 sys.exit()函数会输出一个 SystemExit 异常，sys.exit()函数会结束线程。

下列案例利用 sys.exit()函数输出一个 SystemExit 异常，然后在异常处理例程中显示一个字符串：

```
>>>try:
    sys.exit()
 except SystemExit:
    print ("目前还不能结束解释器的运行")
目前还不能结束解释器的运行
```

如果想要正常地结束 Python 解释器的运行，最好使用 os 模块的_exit()函数。代码如下：

```
C:\Users\Administrator>python
Python 3.5.2 (v3.5.2:4def2a2901a5, Jun 25 2016, 22:01:18) [MSC v.1900 32 bit (Intel)] on win32
Type "help", "copyright", "credits" or "license" for more information.
>>> import os
>>> os._exit(0)

C:\Users\Administrator>
```

## 7.7.3 离开嵌套循环

在前面章节介绍过，如果想离开循环的时候，通常是使用 break 语句。如果在一个嵌套循环之内，break 语句只能离开最内层的循环，而不能离开嵌套循环，此时可以使用 raise 语句离开嵌套循环。

如下列案例所示：

```
>>>class ExitLoop(Exception):
    pass

>>>try:
    i = 1
    while i < 10:
      for j in range(1, 10):
        print (i, j)
        if (i == 2) and (j == 2):
           raise (ExitLoop)
        i+=1
except ExitLoop:
    print ("当i = 2 j = 2时离开嵌套循环")

1 1
2 2
当i = 2 j = 2时离开嵌套循环
```

ExitLoop 类继承自 Exception。当程序代码运行至：

```
raise ExitLoop
```

将会跳出嵌套循环，然后跳至：

```
except ExitLoop:
```

继续运行以下指令：

```
print ("当i = 2 j = 2时离开嵌套循环")
```

Python 支持使用类来输出异常。类可以是 Python 的内置异常，或是用户定义的异常。使用类来输出异常是较好的方式，因为捕捉异常时更有弹性。

## 7.8 用户定义异常类

除了内置异常，Python 也支持用户定义的异常。用户定义的异常与内置异常并无差别，只是内置异常是定义在 exceptions 模块中。当 Python 解释器启动时，就会先加载 exceptions 模块。

Python 允许用户定义自己的异常类，但用户定义的异常类必须是从任何一个 Python 的内置异常类派生而来的。

下列案例使用 Python 的内置 Exception 异常类作为基类，创建一个用户定义的异常类 URLError。

```
>>>class URLError(Exception):
      pass

>>>try:
     raise URLError("URL Error")
  except URLError as inst:
     print(inst.args[0])

URL Error
```

inst 变量是用户定义异常类 URLError 的实例变量，inst.args 就是该用户定义异常类的 args 属性值。

还可以将所创建的用户定义异常类，再当作其他用户定义异常类的基类。

下列案例使用刚刚创建的 URLError 异常类作为基类，创建一个用户定义的异常类 HostError：

```
>>>class HostError(URLError):
     def printString(self):
        print self.args

>>>try:
     raise HostError("Host Error")
 except HostError, inst:
     inst.printString()

('Host Error',)
```

借助重写类的__str__()方法，可以改变输出字符串。代码如下：

```
>>> class MyError(Exception):
    def __init__(self, value):
        self.value = value
    def __str__(self):
        return repr(self.value)
>>>try:
    raise MyError(88)
     except MyError as e:
    print('异常发生的数值为:', e.value)

异常发生的数值为: 88
```

通常异常类在创建的时候都以 Error 结尾。

## 7.9 程序调试

如何测试程序代码中的错误呢？下面讲述两种方法，即使用 assert 语句和使用__debug__内置变量调试程序。

### 7.9.1 使用 assert 语句

通过使用 assert 语句，可以帮助用户检测程序代码中的错误。assert 语句的语法如下：

```
assert <测试码> [, 参数]
```

测试码是一段返回 True 或是 False 的程序代码。如果测试码返回 True，则继续运行后面的程序代码。如果测试码返回 False，assert 语句会输出一个 AssertionError 异常，并且输出 assert 语句的参数作为错误信息字符串。

下列案例当变量 a 等于零时，就输出一个 AssertionError 异常：

```
>>>a = 10
>>>assert (a != 0), "Error happened, a = 0"
>>>a = 0
>>>assert (a != 0), "Error happened, a = 0"
Traceback (most recent call last):
  File "<pyshell#49>", line 1, in <module>
    assert (a != 0), "Error happened, a = 0"
AssertionError: Error happened, a = 0
```

下列案例检测函数的参数类型是否是字符串类型，如果函数的参数类型不是字符串，就输出一个 AssertionError 异常：

```
>>>import types
>>>def checkType(arg):
    assert type(arg) ==str, "参数类型不是字符串"

>>>
>>> checkType(1)
Traceback (most recent call last):
  File "<pyshell#64>", line 1, in <module>
```

```
    checkType(1)
  File "<pyshell#63>", line 2, in checkType
    assert type(arg) ==str, "参数类型不是字符串"
AssertionError: 参数类型不是字符串
>>>
```

## 7.9.2 使用__debug__内置变量

Python 解释器有一个内置变量__debug__。__debug__在正常情况下的值是 True：

```
>>> __debug__
True
```

当用户以最佳化模式启动 Python 解释器时，__debug__值为 False。要使用最佳化模式启动 Python 解释器，须设置 Python 命令行选项-O。代码如下：

```
C:\Users\Administrator>python -O
Python 3.5.2 (v3.5.2:4def2a2901a5, Jun 25 2016, 22:01:18) [MSC v.1900 32 bit (Intel)] on win32
Type "help", "copyright", "credits" or "license" for more information.
>>> __debug__
False
```

用户不可以设置__debug__变量的值。下列案例将__debug__变量设成 False，结果产生错误：

```
>>>__debug__ =False
  File "<stdin>", line 1
SyntaxError: assignment to keyword
```

__debug__变量也可以用来调试程序，下列语法与 assert 语句的功能相同：

```
If __debug__:
If not (<测试码>):
raise AssertionError [, 参数]
```

下列案例检测函数的参数类型是否是字符串类型，如果函数的参数类型不是字符串，就输出一个 AssertionError 异常：

```
>>> import types
>>>def checkType(arg):
    if __debug__:
      if not (type(arg) == str):
        raise AssertionError, "参数类型不是字符串"

>>> checkType(1)
Traceback (most recent call last):
  File "<pyshell#73>", line 1, in <module>
    checkType(1)
  File "<pyshell#72>", line 4, in checkType
    raise AssertionError("参数类型不是字符串")
AssertionError: 参数类型不是字符串
>>>checkType("hello")
>>>
```

## 7.10 错误代码

Python 的 errno 模块，包含许多错误代码(errno)的系统符号(system symbol)。errno 模块用在定义操作系统所返回的整数错误码及其对应的系统符号。

当用户使用 dir(errno)指令时，可以得到所有错误代码的系统符号：

```
>>>import errno
>>>dir(errno)
['E2BIG', 'EACCES', 'EADDRINUSE', 'EADDRNOTAVAIL', 'EAFNOSUPPORT', 'EAGAIN',
'EALREADY', 'EBADF', 'EBADMSG', 'EBUSY', 'ECANCELED', 'ECHILD',
'ECONNABORTED', 'ECONNREFUSED', 'ECONNRESET', 'EDEADLK', 'EDEADLOCK',
'EDESTADDRREQ', 'EDOM', 'EDQUOT', 'EEXIST', 'EFAULT', 'EFBIG', 'EHOSTDOWN',
'EHOSTUNREACH', 'EIDRM', 'EILSEQ', 'EINPROGRESS', 'EINTR', 'EINVAL', 'EIO',
'EISCONN', 'EISDIR', 'ELOOP', 'EMFILE', 'EMLINK', 'EMSGSIZE',
'ENAMETOOLONG', 'ENETDOWN', 'ENETRESET', 'ENETUNREACH', 'ENFILE', 'ENOBUFS',
'ENODATA', 'ENODEV', 'ENOENT', 'ENOEXEC', 'ENOLCK', 'ENOLINK', 'ENOMEM',
'ENOMSG', 'ENOPROTOOPT', 'ENOSPC', 'ENOSR', 'ENOSTR', 'ENOSYS', 'ENOTCONN',
'ENOTDIR', 'ENOTEMPTY', 'ENOTRECOVERABLE', 'ENOTSOCK', 'ENOTSUP', 'ENOTTY',
'ENXIO', 'EOPNOTSUPP', 'EOVERFLOW', 'EOWNERDEAD', 'EPERM', 'EPFNOSUPPORT',
'EPIPE', 'EPROTO', 'EPROTONOSUPPORT', 'EPROTOTYPE', 'ERANGE', 'EREMOTE',
'EROFS', 'ESHUTDOWN', 'ESOCKTNOSUPPORT', 'ESPIPE', 'ESRCH', 'ESTALE',
'ETIME', 'ETIMEDOUT', 'ETOOMANYREFS', 'ETXTBSY', 'EUSERS', 'EWOULDBLOCK',
'EXDEV', 'WSABASEERR', 'WSAEACCES', 'WSAEADDRINUSE', 'WSAEADDRNOTAVAIL',
'WSAEAFNOSUPPORT', 'WSAEALREADY', 'WSAEBADF', 'WSAECONNABORTED',
'WSAECONNREFUSED', 'WSAECONNRESET', 'WSAEDESTADDRREQ', 'WSAEDISCON',
'WSAEDQUOT', 'WSAEFAULT', 'WSAEHOSTDOWN', 'WSAEHOSTUNREACH',
'WSAEINPROGRESS', 'WSAEINTR', 'WSAEINVAL', 'WSAEISCONN', 'WSAELOOP',
'WSAEMFILE', 'WSAEMSGSIZE', 'WSAENAMETOOLONG', 'WSAENETDOWN',
'WSAENETRESET', 'WSAENETUNREACH', 'WSAENOBUFS', 'WSAENOPROTOOPT',
'WSAENOTCONN', 'WSAENOTEMPTY', 'WSAENOTSOCK', 'WSAEOPNOTSUPP',
'WSAEPFNOSUPPORT', 'WSAEPROCLIM', 'WSAEPROTONOSUPPORT', 'WSAEPROTOTYPE',
'WSAEREMOTE', 'WSAESHUTDOWN', 'WSAESOCKTNOSUPPORT', 'WSAESTALE',
'WSAETIMEDOUT', 'WSAETOOMANYREFS', 'WSAEUSERS', 'WSAEWOULDBLOCK',
'WSANOTINITIALISED', 'WSASYSNOTREADY', 'WSAVERNOTSUPPORTED', '__doc__',
'__loader__', '__name__', '__package__', '__spec__', 'errorcode']
```

使用 os 模块的 strerror()函数，可以将错误代码转换成该错误代码的说明字符串。例如，错误代码 errno.E2BIG 的说明字符串是'Arg list too long'：

```
>>>import os, errno
>>>os.strerror(errno.E2BIG)
'Arg list too long'
>>> print (errno.E2BIG)
7
```

使用 errno 模块的 errorcode()函数，可以将错误代码转换成该错误代码的系统符号：

```
>>>import errno
>>>errno.errorcode[errno.E2BIG]
'E2BIG'
>>>errno.errorcode[7]
```

```
'E2BIG'
```

下列案例打开一个不存在的文件，会输出一个 FileNotFoundError 的异常，将此异常的错误代码与说明字符串输出：

```
>>>import errno
>>>try:
    file = open("nonexist", "r")
  except FileNotFoundError as myerr:
    print ("异常代码为：",myerr.errno)
    print ("异常说明字符串为：",myerr.args[1])

异常代码为： 2
异常说明字符串为： No such file or directory
```

## 7.11 大神解惑

**小白**：一个模块有多种不同的异常时，如何创建异常？

**大神**：当创建一个模块有可能抛出多种不同的异常时，可以先创建一个基础异常类，然后基于这个基础类为不同的错误情况创建不同的子类。例如：

```
>>>i class Error(Exception):
    pass

>>>i class InputError(Error):
    def __init__(self, expression, message):
        self.expression = expression
        self.message = message

>>>i class TransitionError(Error):
    def __init__(self, previous, next, message):
        self.previous = previous
        self.next = next
        self.message = message
```

**小白**：如何实现一次性捕捉全部的异常？

**大神**：如果想用一段代码捕捉全部的异常，可以在 except 字句中忽略所有的异常类。例如：

```
>>>i try:
    file = open("nonexist", "r")
  except:
    print ("有异常出现了")
```

但是，这样捕捉所有异常是非常不好的，因为它会隐藏所有程序员没有想到并且未做好准备处理的错误。所以建议把所有可能的异常列出，而尽量不使用忽略所有异常类的方法。

## 7.12 跟我练练手

练习 1：练习使用常见的内置异常。
练习 2：使用 try…except 语句捕获一个除数为零的异常。
练习 3：定义异常类的实例。
练习 4：使用 try…finally 语句清除异常。
练习 5：使用 sys 模块和 traceback 对象捕获异常。
练习 6：使用 raise 语句抛出异常和离开循环嵌套。
练习 7：使用 assert 语句和 __debug__ 内置变量调试程序。

在前面的几个章节中,一直使用 Python 解释器来编程。如果退出 Python 解释器,用户定义的方法和变量就都消失了。为此,Python 提供了一个办法,把这些定义的方法和变量存放在文件中,然后使用 Python 解释器来加载使用,这个文件被称为模块。模块可以被别的程序引入,从而使用该模块中的函数等功能。本章重点学习模块和类库的概念及操作方法。

本章要点(已掌握的,在方框中打钩)

- ☐ 熟悉模块的基本概念。
- ☐ 熟悉类库的基本概念。
- ☐ 掌握模块和类库的基本操作方法。
- ☐ 掌握自定义模块的方法。
- ☐ 掌握运行期模块的使用方法。
- ☐ 掌握字符串处理模块的使用方法。
- ☐ 掌握附属服务模块的使用方法。
- ☐ 掌握操作系统服务模块的使用方法。
- ☐ 掌握其他模块的使用方法。

# 8.1 认识模块和类库

下面来学习模块和类库的基本概念。

## 8.1.1 模块是什么

模块(Module)是由一组类、函数与变量所组成，这些类等都存储在文本文件中。.py 是 Python 程序代码文件的扩展名，模块可能是使用 C 或是 Python 写成。模块文件的扩展名可能是.py(原始文本文件)，或是.pyc(编译过的.py 文件)。在 Python 目录下的 Lib 文件夹中，可以找到这些模块的.py 文件，如图 8-1 所示。

图 8-1 os 模块所在的 os.py 文件

在使用某个模块之前，必须先使用 import 语句加载这个模块。语法格式如下：

```
import <模块名称>
```

例如加载 os 模块：

```
>>>import os
```

可以使用一个 import 语句加载多个模块，模块名称之间以逗号(,)隔开。下列案例加载 os、sys 与 types 模块：

```
>>>import os, sys, types
```

内置的函数 dir()可以找到模块内定义的所有名称。使用一个 dir(模块名称)语句，显示模块的内容，结果以一个字符串列表的形式返回。例如：

```
>>>import os
>>>dir(os)
['F_OK', 'MutableMapping', 'O_APPEND', 'O_BINARY', 'O_CREAT', 'O_EXCL',
'O_NOINHERIT', 'O_RANDOM', 'O_RDONLY', 'O_RDWR', 'O_SEQUENTIAL',
```

```
'O_SHORT_LIVED', 'O_TEMPORARY', 'O_TEXT', 'O_TRUNC', 'O_WRONLY', 'P_DETACH',
'P_NOWAIT', 'P_NOWAITO', 'P_OVERLAY', 'P_WAIT', 'R_OK', 'SEEK_CUR',
'SEEK_END', 'SEEK_SET', 'TMP_MAX', 'W_OK', 'X_OK', '_DummyDirEntry',
'_Environ', '__all__', '__builtins__', '__cached__', '__doc__', '__file__',
'__loader__', '__name__', '__package__', '__spec__', '_dummy_scandir',
'_execvpe', '_exists', '_exit', '_get_exports_list', '_putenv', '_unsetenv',
'_wrap_close', 'abort', 'access', 'altsep', 'chdir', 'chmod', 'close',
'closerange', 'cpu_count', 'curdir', 'defpath', 'device_encoding',
'devnull', 'dup', 'dup2', 'environ', 'errno', 'error', 'execl', 'execle',
'execlp', 'execlpe', 'execv', 'execve', 'execvp', 'execvpe', 'extsep',
'fdopen', 'fsdecode', 'fsencode', 'fstat', 'fsync', 'ftruncate',
'get_exec_path', 'get_handle_inheritable', 'get_inheritable',
'get_terminal_size', 'getcwd', 'getcwdb', 'getenv', 'getlogin', 'getpid',
'getppid', 'isatty', 'kill', 'linesep', 'link', 'listdir', 'lseek', 'lstat',
'makedirs', 'mkdir', 'name', 'open', 'pardir', 'path', 'pathsep', 'pipe',
'popen', 'putenv', 'read', 'readlink', 'remove', 'removedirs', 'rename',
'renames', 'replace', 'rmdir', 'scandir', 'sep', 'set_handle_inheritable',
'set_inheritable', 'spawnl', 'spawnle', 'spawnv', 'spawnve', 'st',
'startfile', 'stat', 'stat_float_times', 'stat_result', 'statvfs_result',
'strerror', 'supports_bytes_environ', 'supports_dir_fd',
'supports_effective_ids', 'supports_fd', 'supports_follow_symlinks',
'symlink', 'sys', 'system', 'terminal_size', 'times', 'times_result',
'truncate', 'umask', 'uname_result', 'unlink', 'urandom', 'utime',
'waitpid', 'walk', 'write']
```

如果没有给定参数，那么 dir() 函数会返回出当前定义的所有名称，例如：

```
>>>import sys
>>>dir()       #得到一个当前模块中定义的属性列表
['HostError', 'MyError', 'URLError', '__builtins__', '__doc__', '__loader__',
'__name__', '__package__', '__spec__', 'a', 'arg', 'checkType', 'errno', 'os',
'string', 'sys', 'traceback', 'types']
>>>x = 15      #建立一个新的变量 x
>>> dir()
['HostError', 'MyError', 'URLError', '__builtins__', '__doc__', '__loader__',
'__name__', '__package__', '__spec__', 'a', 'arg', 'checkType', 'errno', 'os',
'string', 'sys', 'traceback', 'types', 'x']
>>> del x      # 删除变量名 x
>>>
>>> dir()
['HostError', 'MyError', 'URLError', '__builtins__', '__doc__', '__loader__',
'__name__', '__package__', '__spec__', 'a', 'arg', 'checkType', 'errno', 'os',
'string', 'sys', 'traceback', 'types']
```

当使用 import 语句加载模块时，模块内的程序代码立刻被运行。

## 8.1.2 类库是什么

类库(Package)是由一组相同文件夹的模块所组成，类库的名称必须是 sys.path 所列的文件夹的子文件夹。每一个类库的文件夹中，必须至少有一个 __init__.py 文件。类库可以包含子类库，子类库的文件夹位于该文件夹之下，子类库的文件夹中，也必须至少有一个 __init__.py 文件。

以 Python 目录底下的 Lib 子文件夹来说，xml 是一个类库。其路径为 Python 目录\Lib\xml，Python 目录\Lib\xml 文件夹内有一个 __init__.py 文件，其下有 dom、parsers、etree、sax 等子文件夹。dom、parsers 和 sax 都是 xml 类库的子类库，每一个子文件夹都有一个 _init__.py 文件，如图 8-2 所示。

图 8-2　xml 类库及其子类库

用户可以使用下列语法加载类库中的模块：

```
import 类库.模块
```

下列案例加载 xml 类库中的 dom 模块：

```
>>>import xml.dom
```

当加载一个类库时，此类库的子类库并不会跟着加载。必须在此类库的 __init__.py 文件中加入下列程序代码：

```
import 子类库1, 子类库2, ...
```

## 8.2　模块和类库的基本操作

下面学习模块和类库的常见操作。

### 1．将模块改名

用户可以在 Python 解释器内将模块的名称改成其他名称。其语法为：

```
import 模块 as 新名称
```

或是

```
from 模块 import 函数 as 新名称
```

下列案例将 sys 模块改名为 newSys：

```
>>> import sys as newSys
```

也可以使用下列方法将 sys 模块改名为 newSys：

```
>>> import sys
```

```
>>> newSys = sys
```

### 2. 模块的内置方法

下列都是__builtin__模块的内置方法,可以将这些方法应用在模块或是类库中。m 变量代表模块或是类库。

m.__dict__：显示模块的字典。例如：

```
>>>import types
>>>types.__dict__
```

m.__doc__：显示模块的文件字符串。例如：

```
>>> types.__doc__
'Define names for all type symbols known in the standard
interpreter.\n\nTypes that are part of optional modules (e.g. array) are
not listed.\n'
```

m.__name__：显示模块的名称。例如：

```
>>>import types
>>>types.__name__
'types'
```

m.__file__：显示模块的完整文件路径。例如：

```
>>>types.__file__
'C:\\Program Files\\Python35-32\\lib\\types.py'
```

### 3. 删除模块

用户可以使用 del 语句来删除加载的模块,被删除的模块即从内存内清除。例如删除 types 模块：

```
>>> del types
```

### 4. 模块的命名空间

当用户在 Python 解释器内加载一个模块时,该模块即配置一个命名空间。下列案例加载 string 模块,Python 会配置一个 string 命名空间：

```
>>>import string
```

用户可以在该模块的命名空间内找到该模块的所有属性：

```
>>>import string
>>>print (string.capwords ("how are you"))
How Are You
```

用户可以使用下列语法,只加载模块中的某个函数,而不会加载整个模块。注意如果属性名称的第一个字符是下划线(_),不能使用此种语法来加载。

```
from 模块 import 函数
```

下列案例加载 string 模块的 capwords()函数：

```
>>> from string import capwords
```

```
>>> print (capwords ("how are you"))
How Are You
```

在使用此种方法时，就无法使用 string 模块的其他函数，因为 Python 只加载 string 模块的 capwords() 函数。

问题是当用户使用 from string import capwords 加载 capwords () 函数时，如果用户之前曾自己定义过 capwords () 函数，from string import capwords 加载的 capwords () 函数会覆盖用户定义的 capwords () 函数。如下所示：

```
>>>def capwords ():
    print ("这里是用户自定义的函数")

>>> from string import capwords
>>> print (capwords ("how are you"))
a b
>>> capwords ()
Traceback (most recent call last):
  File "<pyshell#188>", line 1, in <module>
    capwords ()
TypeError: capwords() missing 1 required positional argument: 's'
```

原因就是使用 import string 加载 string 模块时，Python 定义了一个 string 模块的命名空间。当要使用 string 模块内的函数时，例如 capwords ()，必须使用 string.capwords() 的格式。

当使用 from string import capwords 加载 capwords() 函数时，capwords () 函数是处在全局命名空间内，而不是在 string 模块的命名空间内。所以不需要使用 string.capwords() 的格式来操作 capwords() 函数。

用户可以使用下列语法来加载模块内的所有属性：

```
from 模块 import *
```

下列案例加载 string 模块内的所有属性：

```
>>> from string import *
>>>print (capwords ("how are you"))
How Are You
```

用户可以使用下列语法来加载类库中的某个子类库、模块、类、函数或是变量等。

```
from 类库 import 对象
```

下列案例加载 xml 类库中的 dom 子类库。

```
>>> from xml import dom
>>> print (dom.WRONG_DOCUMENT_ERR)
4
```

下列案例加载 xml 类库中的 dom 子类库。

```
>>> from xml.dom import WRONG_DOCUMENT_ERR
>>> print (WRONG_DOCUMENT_ERR)
4
```

当用户使用如下方式：

```
from 类库 import *
```

来加载类库中的所有模块时,并不能保证类库中的所有模块都会被加载。而必须在该类库的 \_\_init\_\_.py 文件中,设置一行程序代码:

```
__all__ = ["模块1", "模块2", "模块3", ...]
```

其中\_\_all\_\_变量是一个列表对象,包含需要被加载的模块名称。

如果使用如下方式:

```
from 类库.子类库.模块 Import *
```

Python 保证类库的\_\_init\_\_.py 文件会最先加载,然后加载子类库的\_\_init\_\_.py 文件,最后才会加载模块。

## 8.3 自定义模块

如果想将自定义的 Python 源文件作为模块导入,可以使用 import 语句。当解释器遇到 import 语句,会在当前路径下搜索该模块文件。

例如定义一个文件 buss.py 为模块,然后在 bu.py 文件中导入。

buss.py 文件的代码如下:

```
def print_func(bar ):
    print ("导入新模块为: ",bar)
    return
```

bu.py 引入 buss 模块:

```
#导入模块
import buss
# 现在可以调用模块里包含的函数了
buss.print_func("buss 模块")
```

将 buss.py 和 bu.py 文件保存在同一目录下,运行 bu.py,结果如下:

```
C:\Users\Administrator>python d:\python\ch08\bu.py
导入新模块为:  buss 模块
```

一个模块只会被导入一次,不管用户执行了多少次 import。这样可以防止导入模块被一遍又一遍地执行。

当用户执行 import 语句的时候,Python 解释器是怎样找到对应的文件的呢?这就是 Python 的搜索路径。搜索路径是由一系列目录名组成的,Python 解释器就依次从这些目录中去寻找所引入的模块。搜索顺序如下。

(1) 解释器在当前目录中搜索模块的文件。
(2) 到 sys.path 变量中给出的目录列表中查找。sys.path 变量的初始值如下:

```
>>>import sys
>>>sys.path
['', 'C:\\Program Files\\Python35-32\\Lib\\idlelib', 'C:\\Program
Files\\Python35-32\\python35.zip', 'C:\\Program Files\\Python35-32\\DLLs',
```

```
'C:\\Program Files\\Python35-32\\lib', 'C:\\Program Files\\Python35-32',
'C:\\Program Files\\Python35-32\\lib\\site-packages']
```

(3) Python 默认安装路径中搜索模块的文件。

 当前目录下定义的文件不能和标准模块重名，如果出现重名的问题，在导入标准模块时，会把这些定义的文件当成模板来加载，通常会引发错误。

如果想使用一个存放在其他目录的 Python 程序，或者是其他系统的 Python 程序，可以将这些 Python 程序制作成一个安装包，然后安装到本地，安装的目录可以选择 sys.path 文件中的任意一个目录。这样用户就可以在任何想要使用该 Python 程序的地方，直接使用 import 导入就可以了。

假设需要打包的模块的文件名是 mkml.py，打包模块需要新建一个 setup.py 脚本，然后在脚本中输入下面的内容：

```
from distutils.core import setup

setup(name = 'mkml',
      version = '1.0',
      py_modules = ['mkml'],
     )
```

以管理员的身份运行【命令提示符】，进入 mkml.py 文件的目录，执行下面的命令即可打包 mkml 模块。

```
python setup.py sdist
```

运行后在 mkml.py 文件的目录中多出一个文件夹 dist，进入这个文件夹，会发现一个 mkml-1.0.zip 文件。

将下载的 mkml-1.0.zip 压缩文件解压，以管理员的身份运行【命令提示符】，进入解压的目录，执行下面的命令即可自动安装 mkml 模块。

```
python setup.py install
```

安装完成后，即可加载 mkml 模块，命令如下：

```
import mkml
```

## 8.4 运行期服务模块

这个模块组包含 Python 解释器及环境变量相关的模块，如表 8-1 所示。

表 8-1 运行期服务模块组

| 模块名称 | 说明 |
| --- | --- |
| Sys | 存取系统相关的参数与函数 |
| Types | Python 内置类型的名称 |
| Operator | 与 Python 标准运算符相同功能的函数 |

续表

| 模块名称 | 说　明 |
|---|---|
| traceback | 输出或是取出堆栈的追踪信息 |
| linecache | 提供随机存取文本文件的独立行 |
| pickle | 将 Python 对象转换成字节流(byte stream)或是读取 |
| shelve | 提供 Python 对象的永存性 |
| copy | 拷贝功能的函数 |
| marshall | 与 pickle 相同，适合简单的 Python 对象 |
| warnings | 发出警告信息 |
| imp | 存取 import 语句的操作方式 |
| code | Python 解释器的基类 |
| codeop | 编译 Python 程序代码 |
| pprint | 输出数据 |
| site | 在同一部主机上进行各个类库的初始化操作 |
| __builtin__ | 内置函数 |
| __main__ | 程序代码入口处 |

### 1. sys 模块

sys 模块用来存取跟 Python 解释器有关联的系统相关参数，包括变量与函数。

（1）sys.argv：此对象包含应用程序的参数列表，argv[0]是应用程序的名称，argv[1]是应用程序的第一个参数，argv[2]是应用程序的第二个参数，以下类推。

下列程序代码存储在 8.1.py 文件中：

```
import sys
if sys.argv[1] == "-i":
    print ("输入值是一个整数")
elif sys.argv[1] == "-f":
    print ("输入值是一个浮点数")
else:
    print ("无法识别")
print (sys.argv)
```

保存并运行程序，结果如下：

```
C:\Users\Administrator>python d:\python\ch08\8.1.py -f
输入值是一个浮点数
['d:\\python\\ch08\\8.1.py', '-f']
C:\Users\Administrator>
```

（2）sys.builtin_module_names：这是一个元组对象，包含所有与 Python 解释器编译在一起的模块名称字符串。例如：

```
>>>import sys
>>>sys.builtin_module_names
('_ast', '_bisect', '_codecs', '_codecs_cn', '_codecs_hk',
'_codecs_iso2022', '_codecs_jp', '_codecs_kr', '_codecs_tw', '_collections',
```

```
'_csv', '_datetime', '_functools', '_heapq', '_imp', '_io', '_json',
'_locale', '_lsprof', '_md5', '_multibytecodec', '_opcode', '_operator',
'_pickle', '_random', '_sha1', '_sha256', '_sha512', '_signal', '_sre',
'_stat', '_string', '_struct', '_symtable', '_thread', '_tracemalloc',
'_warnings', '_weakref', '_winapi', 'array', 'atexit', 'audioop',
'binascii', 'builtins', 'cmath', 'errno', 'faulthandler', 'gc', 'itertools',
'marshal', 'math', 'mmap', 'msvcrt', 'nt', 'parser', 'sys', 'time',
'winreg', 'xxsubtype', 'zipimport', 'zlib')
```

(3) sys.copyright：这是一个 Python 相关著作权信息的字符串。例如：

```
>>>import sys
>>>sys.copyright
'Copyright (c) 2001-2016 Python Software Foundation.\nAll Rights
Reserved.\n\nCopyright (c) 2000 BeOpen.com.\nAll Rights
Reserved.\n\nCopyright (c) 1995-2001 Corporation for National Research
Initiatives.\nAll Rights Reserved.\n\nCopyright (c) 1991-1995 Stichting
Mathematisch Centrum, Amsterdam.\nAll Rights Reserved.'
```

(4) sys.exec_prefix：这是安装 Python 的目录。例如：

```
>>> import sys
>>>sys.exec_prefix
'C:\\Program Files\\Python35-32'
```

(5) sys.executable：Python 解释器的运行文件的完整路径与文件名。例如：

```
>>>import sys
>>>sys.executable
'C:\\Program Files\\Python35-32\\pythonw.exe'
```

(6) sys.exit([arg])：此函数用来离开 Python 解释器。sys.exit()函数会输出 SystemExit 异常，可以使用 try…except 语句来处理。参数 arg 可以是整数或是其他对象类型。如果 arg 是整数，arg 等于 0 代表正常结束，其他整数值(1～127)表示有错误产生。

下列案例离开 Python 解释器：

```
C:\Users\Administrator>python
Python 3.5.2 (v3.5.2:4def2a2901a5, Jun 25 2016, 22:01:18) [MSC v.1900 32
bit (Intel)] on win32
Type "help", "copyright", "credits" or "license" for more information.
>>> import sys
>>> sys.exit(0)

C:\Users\Administrator>
```

(7) sys.getrecursionlimit()：读取系统内函数递归深度的最大值，默认值是 1000。例如：

```
>>>import sys
>>>sys.getrecursionlimit()
1000
```

(8) sys.modules：这是一个字典对象，包含目前加载的所有模块。

(9) sys.path：这是一个列表对象，包含所有模块的搜索路径。此列表对象的第一个元素是打开 Python 解释器时所激活的 Python script 文件(*.py)。如果没有 Python script 文件，

sys.path[0]是一个空白字符串。例如：

```
>>>import sys
>>>sys.path
['', 'C:\\Program Files\\Python35-32\\Lib\\idlelib', 'C:\\Program
Files\\Python35-32\\python35.zip', 'C:\\Program Files\\Python35-32\\DLLs',
'C:\\Program Files\\Python35-32\\lib', 'C:\\Program Files\\Python35-32',
'C:\\Program Files\\Python35-32\\lib\\site-packages']
```

用户可以在 sys.path 列表内加入用户自己的路径。下列案例在 Python 模块的搜索路径内加入"C:\windows"：

```
>>>sys.path.append("C:\windows")
```

(10) sys.platform：这是一个目前操作系统的名称字符串，如"win32" "mac" "sunos5" "linux1"等。例如：

```
>>> import sys
>>>sys.platform
'win32'
```

(11) sys.setrecursionlimit(n)：设置系统内函数递归深度的最大值为 n。例如：

```
>>>import sys
>>>sys.setrecursionlimit(2000)
```

(12) sys.stderr：这是一个文件对象，用来代表标准错误输出装置。例如：

```
>>>try:
 raise ValueError
 except ValueError:
 sys.stderr.write("Value error")

Value error
```

(13) sys.stdin：这是一个文件对象，用来代表标准输入装置(通常指键盘)。下列程序代码存储在 8.2.py 文件中：

```
import sys
data = sys.stdin.readline()           #从标准输入装置输入一个数字
print ("input number = ", data)
```

下列案例运行 8.2.py 文件：

```
C:\Users\Administrator>python d:\python\ch08\8.2.py
100
input number =100

C:\Users\Administrator>
```

(14) sys.stdout：这是一个文件对象，用来代表标准输出装置(通常指屏幕)。下列案例输出 "Hello Python"字符串到屏幕：

```
>>>sys.stdout.write("Hello Python")
Hello Python
```

(15) sys.version_info：这是一个元组对象，包含 Python 的版本信息。此 tuple 对象的格式是(major, minor, micro, releaselevel, serial)。major、minor、micro 是版本编号，releaselevel 可能是 alpha、beta 或是 final。

```
>>>import sys
>>>sys.version_info
sys.version_info(major=3, minor=5, micro=2, releaselevel='final', serial=0)
```

### 2. types 模块

types 模块包含 Python 内置类型的名称。用户可以使用 Python 解释器的 type(obj)内置函数，得到 obj 对象的内置类型。例如：

```
>>>import types
>>>def printTypeName(x):
   print (type(x))

>>>printTypeName(1)
<class 'int'>
>>> printTypeName((1, 2, 3))
<class 'tuple'>
>>>printTypeName([1, 2, 3])
<class 'list'>
>>> printTypeName(1 + 2j)
<class 'complex'>
```

下列案例检查对象 x 是否是字符串类型：

```
>>>import types
>>>x = "hello"
>>>if type(x) ==str:
  print ("x 变量是一个字符串")
 else:
  print (" x 变量不是一个字符串")

x 变量是一个字符串
```

### 3. operator 模块

operator 模块含有所有 Python 标准运算符相对应的函数，operator 模块是使用 C 写成。例如：

(1) a + b 等于 operator.add(a, b)或是 operator.__add__(a, b)
(2) a - b 等于 operator.sub(a, b)或是 operator.__sub__(a, b)
(3) a * b 等于 operator.mul(a, b)或是 operator.__mul__(a, b)
(4) a / b 等于 operator.truediv(a, b)或是 operator.__truediv__(a, b)

下列案例计算 10 / 2 的结果：

```
>>>del types
>>>import operator
>>>10/2
5.0
>>>operator.mod(10, 2)
5.0
```

### 4. traceback 模块

traceback 模块支持输出与捕捉追踪堆栈(traceback stack)，在异常被输出时可以检验调用函数的堆栈来调试。

### 5. linecache 模块

linecache 模块让用户可以随机存取文本文件中的任何一行，它使用高速缓存来操作文件。例如有一个 input.py 文本文件的内容是：

```
import sys
data = sys.stdin.readline()
print ("input number = ", data)
```

(1) linecache.getline(filename, lineno)：filename 是文件的名称(包含路径)，lineno 是 filename 文件中的行号，第一行的行号为 1。下列案例输出 input.py 文件的第一行与第二行程序代码：

```
>>> import linecache
>>> linecache.getline("input.py", 1)
'import sys\n'
>>> linecache.getline("input.py", 2)
'data = sys.stdin.readline()\n'
```

(2) linecache.clearcache()：清除 linecache.getline()函数所使用的高速缓存。

```
>>> linecache.clearcache()
```

### 6. pickle 模块

pickle 模块可以处理 Python 对象的序列化。所谓对象的序列化，就是将对象转换成位串流(byte stream)。如此就可以将对象存储在文件或是数据库之内，也可以通过网络来传输。对象序列化的操作称为 pickling、serializing、marshalling，或是 flattering。对象反序列化的操作则称为 unpickling。

### 7. shelve 模块

shelve 模块使用字典对象来提供 Python 对象的永久存储。此字典对象的键值(key)必须是字符串，而数值(value)则是 pickle 模块可以处理的对象。

### 8. copy 模块

copy 模块提供浅拷贝(shallow copy)与深拷贝(deep copy)的功能，让你处理列表、元组、字典、类实例变量等对象的拷贝操作。

所谓浅拷贝就是拷贝对象时，内容一样，但是 id 值不同。

举例如下：

```
>>>a = [1, 2, 3, [4, 5, 6]]
>>> b = a[:]
>>> b
[1, 2, 3, [4, 5, 6]]
```

```
>>> id(a), id(b)
(51880104, 51850896)
```

当设置 b = a[:]时，Python 创建一个新对象 b。b 对象的内容与 a 对象完全相同，因为 b 对象是由 a 对象拷贝而来。b 对象与 a 对象是不同的对象，因为它们的 id 值不同。

b 对象与 a 对象虽然是不同的对象，但是 b 对象可以通过参考的方式来存取 a 对象的数据。因此，当 a 对象内可变异元素的数据改变时，b 对象的数据也跟着改变。例如：

```
>>>a[3][0] = 100
>>> a, b
([1, 2, 3, [100, 5, 6]], [1, 2, 3, [100, 5, 6]])
```

深拷贝除了创建新对象之外，还会以递归的方式将旧对象内所包含的其他对象都拷贝一份。因此，当旧对象内可变异元素的数据改变时，新对象的数据不会跟着改变。

(1) y = copy.copy(x)：创建一个浅拷贝 x 的 y 对象。例如：

```
>>>import copy
>>> a = [{"name":"John"}, 2, 3]
>>> b = copy.copy(a)
>>> print (id(a), id(b))
16673768 49290896
>>>a[0]["name"] = "Andy"
>>> print (a, b)
[{'name': 'Andy'}, 2, 3] [{'name': 'Andy'}, 2, 3]
```

(2) y = copy.deepcopy(x)：创建一个深拷贝 x 的 y 对象。例如：

```
>>> import copy
>>> a = [{"name":"John"}, 2, 3]
>>> b = copy.deepcopy(a)
>>> print (id(a), id(b))
51851216 51847616
>>> a[0]["name"] = "Andy"
>>> print (a, b)
[{'name': 'Andy'}, 2, 3] [{'name': 'John'}, 2, 3]
```

### 9. marshal 模块

marshal 模块是除了 pickle 模块之外，另一个可以处理 Python 对象序列化的模块。用户可以使用 marshal 模块来读写二进制格式的数据，然后将这些数据读写成字符串的格式。

可以使用 marshal 模块来序列化.pyc 文件(编译过的.py 文件)。marshal 模块只能够用在简单的对象上，如果是永久性的对象，则需要使用 pickle 模块。

### 10. imp 模块

imp 模块提供存取 import 语句操作的内部机制。ihooks 模块也提供相同功能，简单易用的接口函数。

(1) imp.find_module(name [, path])：此函数搜索模块的实际位置。name 是要该模块的名称字符串，path 是该模块的路径。如果忽略 path 参数，或者 path 是一个 None 对象，则搜索 sys.path 所列的路径。

如果搜索成功，此函数会返回一个元组对象。返回的元组对象的内容是(file，pathname，

description)。file 是搜索模块的文件名，pathname 是该文件的路径。description 是一个列表对象，列表中的每一个元素都是一个元组。例如：

```
>>> import imp
>>> imp.find_module("sys")
(None, None, ('', '', 6))
>>> imp.find_module("types")
(<_io.TextIOWrapper name='C:\\Program Files\\Python35-32\\lib\\types.py'
mode='r' encoding='utf-8'>, 'C:\\Program Files\\Python35-32\\lib\\types.py',
('.py', 'r', 1))
```

（2）imp.get_suffixes()：此函数返回一个列表对象，表示模块文件的搜索顺序。列表中的每一个元素都是一个元组，每一个元组描述模块文件的特定类型，其格式为(suffix, mode, type)。

suffix 是加在模块名称之后的字符串，形成该模块的文件名称。mode 是传给 open()函数用的打开文件模式。type 是一个整数，表示文件的类型。

例如：

```
>>> import imp
>>> imp.get_suffixes()
[('.pyd', 'rb', 3), ('.dll', 'rb', 3), ('.py', 'r', 1), ('.pyc', 'rb', 2)]
[('.cp35-win32.pyd', 'rb', 3), ('.pyd', 'rb', 3), ('.py', 'r', 1), ('.pyw',
'r', 1), ('.pyc', 'rb', 2)]
```

假如有一个模块的名称是 mymodule，则使用 import 语句加载 mymodule 模块时，Python 解释器会先搜索 mymodule.pyd 的文件名称，接着搜索 mymodule.dll 的文件名称，接着搜索 mymodule.py 的文件名称，最后才搜索 mymodule.pyc 的文件名称。

（3）imp.load_module(name, file, filename, description)：此函数加载一个模块，并且返回一个模块对象。如果函数操作失败，则会输出 ImportError 例外。name 是该模块的名称，file 是一打开的文件，filename 是 file 的文件名，这三个参数可以是空字符串""或是 None。

File、filename、description 是由 imp.find_module()函数所返回的。description 是一个元组，请参考 imp.get_suffixes()函数的说明。如果打开 file 文件，调用者必须负责将 file 关闭。

例如：

```
>>> import imp
>>> file, path, desc = imp.find_module("types")
>>> m = imp.load_module("types", file, path, desc)
>>> print (m.ModuleType)
<class 'module'>
```

### 11. keyword 模块

keyword 模块测试一个字符串是否是属于 Python 的关键字。

（1）keyword.iskeyword()：此函数测试一个字符串是否是属于 Python 的关键字。例如：

```
>>> import keyword
>>> keyword.iskeyword("del")
True
>>>keyword.iskeyword("open")
False
```

(2) keyword.kwlist：这是一个列表对象，包含所有 Python 的关键字。例如：

```
>>>import keyword
>>>keyword.kwlist
['False', 'None', 'True', 'and', 'as', 'assert', 'break', 'class',
'continue', 'def', 'del', 'elif', 'else', 'except', 'finally', 'for',
'from', 'global', 'if', 'import', 'in', 'is', 'lambda', 'nonlocal', 'not',
'or', 'pass', 'raise', 'return', 'try', 'while', 'with', 'yield']
```

### 12. pyclbr 模块

pyclbr 模块提供了一个类查看器，方便文本编辑器或是其他程序对 Python 程序中的字符进行扫描，比如函数或类。

### 13. code 模块

code 模块提供了一些用于模拟标准交互解释器行为的函数。下列程序代码存储在 8.3.py 文件中：

```
import code
interpreter = code.InteractiveConsole()
interpreter.interact()
```

保存并运行程序，结果如下：

```
C:\Users\Administrator>python d:\python\ch08\8.3.py
Python 3.5.2 (v3.5.2:4def2a2901a5, Jun 25 2016, 22:01:18) [MSC v.1900 32
bit (Intel)] on win32
Type "help", "copyright", "credits" or "license" for more information.
(InteractiveConsole)
>>> a=(
    1,
    2,
 )
>>> print (a)
(1, 2)
```

### 14. codeop 模块

codeop 模块提供函数来编译 Python 程序代码。用户不可以直接使用 codeop 模块，应该通过 code 模块来存取。

### 15. py_compile 模块

py_compile 模块用来编译 Python 源程序文件，产生二进制文件。

py_compile.compile(file[, cfile[, dfile]])：编译 Python 源程序文件。file 是源程序文件的名称，cfile 是编译过的文件名称，默认值是 file + "c"。如果设置 dfile，则用在错误信息中代替 file 的名称。

下列案例产生 input.pyc 文件：

```
>>>import py_compile
>>>py_compile.compile("input.py")
```

### 16. compileall 模块

compileall 模块用来编译指定目录内的所有 Python 源程序文件，它会使用 py_compile 模块。

下列案例编译 C:\mySource 文件夹内的所有 Python 源程序文件：

```
>>>import compileall
>>>compileall.compile_dir("C:\\mySource")
Listing 'C:\\mySource'...
Compiling 'C:\\mySource\\8.1.py'...
1
```

结果显示编译的所有文件名称和个数。

### 17. dis 模块

dis 模块是 Python 二进制码的反编译器。用户可以利用 dis 模块来分析 Python 二进制码。

### 18. site 模块

site 模块会在 Python 解释器激活时自动加载，如此便可以于同一部主机上进行各个类库的初始化操作。

### 19. \_\_builtin\_\_ 模块

\_\_builtin\_\_ 模块包含内置函数，如 abs()、apply()、coerce()等。还有内置例外，例如 TypeError 等。

### 20. \_\_main\_\_ 模块

\_\_main\_\_ 模块是 Python 解释器的最上层对象，所有在 Python 解释器的命令列中创建的对象，都属于\_\_main\_\_模块的命名空间。

### 21. 数据压缩模块

数据压缩模块可以直接将通用的数据打包和压缩为指定的格式。常见的压缩模块包括 zlib、gzip、bz2、zipfile 和 tarfile。下面以 zlib 模块的使用方法为例进行讲解：

```
>>>import zlib
>>> a = b'python python python'
>>> len(a)
20
>>> b = zlib.compress(a)
>>> len(b)
17
>>> zlib.decompress(b)
b'python python python'
>>> zlib.crc32(a)
4158723612
```

## 8.5 字符串处理模块

这个模块组提供各种操作字符串的函数，如表 8-2 所示。

表 8-2 字符串处理模块组

| 模块名称 | 说明 |
| --- | --- |
| string | 一般操作字符串的函数 |
| re | 使用 Perl 格式的文字表示(regular expression)搜索与核对函数 |
| struct | 将字符串与二进制数据做转换 |

### 1. string 模块

string 模块提供一般的字符串操作函数与常量。

(1) string.capwords(s)：此函数先使用 split()函数将字符串 s 分割，再使用 capitalize()函数将每一个分割字符串的第一个字符转换成大写，最后使用 join()函数将所分割的字符串联结起来。例如：

```
>>> import string
>>> string.capwords("how are you")
'How Are You'
```

(2) string.digits：字符串"0123456789"。例如：

```
>>> import string
>>> string.digits
'0123456789'
```

(3) string.hexdigits：字符串"0123456789ABCDEF"。例如：

```
>>> import string
>>> string.hexdigits
'0123456789abcdefABCDEF'
```

(4) string.octdigits：字符串"01234567"。例如：

```
>>> import string
>>> string.octdigits
'01234567'
```

(5) string.whitespace：字符串"\t\n\x0b\x0c\"。例如：

```
>>> import string
>>> string.whitespace
'\t\n\x0b\x0c'
```

### 2. re 模块

re 模块用来使用 Perl 类型的正则表达式(regular expression)运算。Python 通过 re 模块提供对正则表达式的支持。使用 re 的一般步骤是先将正则表达式的字符串形式编译为 Pattern 实例，然后使用 Pattern 实例处理文本并获得匹配结果(一个 Match 实例)，最后使用 Match 实例获得信息，进行其他操作。

```
>>>import re
>>> pattern = re.compile(r'hello')    #将正则表达式编译成 Pattern 对象
>>>#使用 Pattern 匹配文本，获得匹配结果，无法匹配时将返回 None
>>>match = pattern.match('hello world!')
>>># 使用 Match 获得分组信息
>>> if match:
print (match.group())

hello
```

**3. struct 模块**

struct 模块用来将 Python 的数据与二进制数据结构进行转换，转换后的二进制数据可以应用在 C 语言以及网络传输协议内。

(1) struct.pack(fmt, v1, v2, …)：此函数将数值 v1，v2 等依照 fmt 的格式，转换成字符串。例如：

```
>>>import struct
>>>struct.pack("hHL", 1, 2, 3)
b'\x01\x00\x02\x00\x03\x00\x00\x00'
```

此例中的 fmt 格式是"hHL"，h 表示第一个数值 1 转换成整数(C 语言的 short)，H 表示第二个数值 2 转换成整数(C 语言的 unsigned short)，L 表示第三个数值 3 转换成长整数(C 语言的 unsigned long)。

由于网络传输使用 little-endian 的数据格式，数值 1 的转换值是"\x01\x00"，两个字节的整数值 0x0001。数值 2 的转换值是"\x02\x00"，两个字节的整数值 0x0002。数值 3 的转换值是"\x03\x00\x00\x00"，四个字节的整数值 0x00000003。

(2) struct.unpack(fmt, string)：此函数将字符串 string 依照 fmt 的格式，转换成需要的数值。例如：

```
>>>import struct
>>>struct.unpack("hHL", b'\x01\x00\x02\x00\x03\x00\x00\x00')
(1, 2, 3)
```

(3) struct.calcsize(fmt)：此函数返回 fmt 结构的大小，即转换后的字符串大小。例如：

```
>>>import struct
>>>struct.calcsize("hHL")
8
```

## 8.6 附属服务

这个模块组提供各种版本的 Python 都可以使用的函数，如表 8-3 所示。

表 8-3　附属服务模块组

| 模块名称 | 说　明 |
| --- | --- |
| math | 数学函数与常量 |
| cmath | 复数的数学函数 |
| random | 产生随机数 |
| bisect | 二进制搜索的数组二分算法 |
| array | 数值数据的数组 |
| ConfigParser | 整理文件的解析器(parser) |
| fileinput | 使用 Perl 格式重复读取多行的输入串流(input stream) |
| calendar | 与日历相关的函数 |
| cmd | 内置的命令行解释器 |
| shlex | 简单的 UNIX 词汇分析 |

**1. math 模块**

math 模块提供标准的数学函数与常量。math 模块只接受整数与浮点数，不接受复数。表 8-4 是 math 模块的数学函数列表。

表 8-4　math 模块的数学函数

| 数学函数 | 说　明 |
| --- | --- |
| acos(x) | 返回 x 的反余弦函数值 |
| asin(x) | 返回 x 的反正弦函数值 |
| atan(x) | 返回 x 的反正切函数值 |
| atan2(y, x) | 返回 atan(y / x)的值 |
| ceil(x) | 以浮点数类型返回 x 的无条件进位整数值 |
| cos(x) | 返回 x 的余弦函数值 |
| cosh(x) | 返回 x 的双曲余弦函数值 |
| exp(x) | 返回 $e^x$ |
| fabs(x) | 返回浮点数 x 的绝对值 |
| floor(x) | 以浮点数类型返回 x 的无条件舍去整数值 |
| fmod(x, y) | 以浮点数类型返回 x % y |
| frexp(x) | 将 x 转换成 x = m * 2**e，然后返回(m, e)。m 是一个浮点数，e 是一个整数。如果 x = 0，则返回(0.0, 0)。否则 m 的范围是 0.5 ≤ abs(m) < 1 |
| hypot(x, y) | 返回 sqrt(x*x + y *y) |
| ldexp(x, i) | 返回 x * (2**i) |
| log(x) | 返回 x 的自然对数 |
| log10(x) | 返回 x 的以 10 为底的对数值 |
| modf(x) | 返回 x 的分数与整数部分，整数部分以浮点数类型返回 |
| Pow(x, y) | 返回 x**y |

续表

| 数学函数 | 说明 |
|---|---|
| sin(x) | 返回 x 的正弦函数值 |
| sinh(x) | 返回 x 的双曲余弦函数值 |
| sqrt(x) | 返回 x 的平方根 |
| tan(x) | 返回 x 的正切函数值 |
| tanh(x) | 返回 x 的双曲余弦函数值 |

math 模块提供以下两个标准常量。

(1) math.pi：数学常量 π。

(2) math.e：数学常量 e。

```
>>>import math
>>>math.pi
3.141592653589793
>>>math.sqrt(16)
4.0
```

### 2. cmath 模块

cmath 模块提供与 math 模块类似的数学函数与常量。cmath 模块可以接受复数，而且以复数类型返回结果。例如：

```
>>>import cmath
>>>cmath.log(10)
(2.302585092994046+0j)
```

### 3. random 模块

random 模块用来做随机存取与产生随机数。

(1) random.choice(seq)：从列表 seq 中随机选出一个元素。例如：

```
>>>import random
>>>lst = [1, 2, 3, 4, 5, 6, 7, 8, 9, 10]
>>>random.choice(lst)
6
```

(2) random.random()：返回一个随机的浮点数，数值介于 0.0 与 1.0 之间。例如：

```
>>>import random
>>>random.random()
0.6998460257335676
```

(3) random.randrange([start,] stop[, step])：从 range(start, stop, step) 内随机返回一个元素。此函数与 random.choice(range(start, stop, step)) 功能相同，但是不会创建一个真正的 range 对象。例如：

```
>>>import random
>>>random.randrange(1, 100, 2)
45
```

### 4. bisect 模块

bisect 模块使用数组二分算法来提高列表搜索的速度。

### 5. array 模块

array 模块定义一个 ArrayType 对象，可以用来表示整数和点数等。ArrayType 对象的行为与列表对象非常相似，但是所有元素的类型必须相同。

（1）array.array(typecode [, initializer])：此函数返回一个 ArrayType 对象。typecode 是此数组内元素的类型码，如表 8-5 所示。initializer 则是一个字符串或是列表，用来创建初始数组。

下列案例使用字符串"This is a example"当作初始值，来创建一个 8 位字符的数组。

表 8-5　array 模块的类型码

| 类型码 | C 的类型 | 类型大小 | 说　明 |
| --- | --- | --- | --- |
| "b" | signed int | 1 字节 | 8 位整数 |
| "B" | unsigned int | 1 字节 | 8 位无正负号整数 |
| "h" | signed int | 2 字节 | 16 位整数 |
| "H" | unsigned int | 2 字节 | 16 位无正负号整数 |
| "i" | signed int | 2 字节 | 16 位整数 |
| "I" | unsigned int | 2 字节 | 16 位无正负号整数 |
| "l" | signed int | 4 字节 | 32 位整数 |
| "L" | unsigned int | 4 字节 | 32 位无正负号整数 |
| "f" | float | 4 字节 | 单精度浮点数 |
| "d" | double | 8 字节 | 双精度浮点数 |

```
>>>import array
>>> x = array.array("b", [1,2,3,4,5,6,7,8])
>>> x[:]
array('b', [1, 2, 3, 4, 5, 6, 7, 8])
>>> x[0:2]
array('b', [1, 2])
```

（2）array.tolist()：此函数将 ArrayType 对象转换成一个列表。例如：

```
>>> import array
>>> x = array.array("b", (1,2,3,4,5,6,7,8,9))
>>> x.tolist()
[1, 2, 3, 4, 5, 6, 7, 8]
```

### 6. fileinput 模块

fileinput 模块帮助用户一行一行地读取文件的内容。例如：

```
>>> import fileinput
>>> for line in fileinput.input("input.py"):
 print (line)

import sys
```

```
data = sys.stdin.readline()
print "input number = ", data
>>> fileinput.close()
```

### 7. shlex 模块

shlex 模块可用来制作语法分析器。

## 8.7　一般操作系统服务

这个模块组提供各种操作系统都可以使用的函数，如文件、时间等。Python 的操作系统相关模块，大部分都是以 POSIX 的接口为基础，如表 8-6 所示。

表 8-6　一般操作系统模块组

| 模块名称 | 说　　明 |
| --- | --- |
| Os | 附属的 OS 接口 |
| os.path | 一般的文件路径函数 |
| Stat | 解析 os.stat()，os.istat()与 os.fstat()函数的结果 |
| statvfs | 解析 os.statvfs()函数结果的常量 |
| time | 时间的存取与转换 |
| calendar | 处理日历 |
| tempfile | 产生临时文件 |
| glob | 搜索路径名称 |
| fnmatch | 搜索文件名称 |
| shutil | 文件操作函数，包含拷贝 |
| locale | 国际化服务 |

### 1. os 模块

os 模块提供便携式的 OS API 操作系统特性的服务函数，这些函数适用于各种操作系统。

os.chmod(path, mode)：将文件或是文件夹 path 的存取模式改成 mode。mode 是一个八进制的整数，如表 8-7 所示。适用于 UNIX 与 Windows。

表 8-7　文件路径的存取模式

| 存取模式(八进制的整数) | 说　　明 |
| --- | --- |
| 0100 | 用户具有运行权限 |
| 0200 | 用户具有写入权限 |
| 0400 | 用户具有读取权限 |
| 0010 | 群组具有运行权限 |
| 0020 | 群组具有写入权限 |

157

续表

| 存取模式(八进制的整数) | 说明 |
|---|---|
| 0040 | 群组具有读取权限 |
| 0001 | 其他人员具有运行权限 |
| 0002 | 其他人员具有写入权限 |
| 0004 | 其他人员具有读取权限 |

(1) os.curdir：这是一个常量字符串，表示目前的文件夹。如果是 POSIX，此常量字符串为"."。如果是 Mac OS，此常量字符串为":"。例如：

```
>>>import os
>>>os.curdir
'.'
```

(2) os.environ：这是一个字典对象，包含操作系统的环境变量。例如：

```
>>>import os
>>>os.environ
environ({'PROCESSOR_ARCHITECTURE': 'x86', 'HOMEPATH':
'\\Users\\Administrator', 'PROCESSOR_REVISION': '3a09', 'COMPUTERNAME':
'DESKTOP-PVS3P6M', 'USERNAME': 'Administrator', 'LOCALAPPDATA':
'C:\\Users\\Administrator\\AppData\\Local', '#ENVTSLOGSHELLEXT9592':
'325407336', 'PUBLIC': 'C:\\Users\\Public', 'USERPROFILE':
'C:\\Users\\Administrator', 'COMSPEC': 'C:\\windows\\system32\\cmd.exe',
'HOMEDRIVE': 'C:', 'PATH': 'C:\\Program Files\\Python35-
32\\Scripts\\;C:\\Program Files\\Python35-
32\\;C:\\windows\\system32;C:\\windows;C:\\windows\\System32\\Wbem;C:\\wind
ows\\System32\\WindowsPowerShell\\v1.0\\', 'LOGONSERVER': '\\\\DESKTOP-
PVS3P6M', 'FPS_BROWSER_USER_PROFILE_STRING': 'Default', 'SYSTEMROOT':
'C:\\windows', 'FPS_BROWSER_APP_PROFILE_STRING': 'Internet Explorer', 'TMP':
'C:\\Users\\Administrator\\AppData\\Local\\Temp', 'ALLUSERSPROFILE':
'C:\\ProgramData', 'OS': 'Windows_NT', 'PROCESSOR_LEVEL': '6',
'PSMODULEPATH': 'C:\\Program
Files\\WindowsPowerShell\\Modules;C:\\windows\\system32\\WindowsPowerShell\
\v1.0\\Modules', 'NUMBER_OF_PROCESSORS': '4', 'SYSTEMDRIVE': 'C:',
'PROCESSOR_IDENTIFIER': 'x86 Family 6 Model 58 Stepping 9, GenuineIntel',
'USERDOMAIN_ROAMINGPROFILE': 'DESKTOP-PVS3P6M', 'HOME':
'C:\\Users\\Administrator', 'WINDIR': 'C:\\windows', 'PROGRAMFILES':
'C:\\Program Files', 'SESSIONNAME': 'Console', 'APPDATA':
'C:\\Users\\Administrator\\AppData\\Roaming', 'USERDOMAIN': 'DESKTOP-
PVS3P6M', 'PATHEXT':
'.COM;.EXE;.BAT;.CMD;.VBS;.VBE;.JS;.JSE;.WSF;.WSH;.MSC;.PY;.PYW',
'PROGRAMDATA': 'C:\\ProgramData', 'TEMP':
'C:\\Users\\Administrator\\AppData\\Local\\Temp', 'COMMONPROGRAMFILES':
'C:\\Program Files\\Common Files'})
```

(3) os._exit(n)：结束 Python 解释器。注意标准的结束方式应该是调用 sys.exit()函数，而不是使用 os._exit()函数，因为 os._exit()函数不会做清除 I/O 缓冲区等工作。

(4) os.getcwd()：这是目前的工作路径。例如：

```
>>> import os
>>> os.getcwd()
```

```
'C:\\Program Files\\Python35-32'
```

(5) os.listdir(path)：path 是文件夹的名称，返回 path 文件夹内所有的文件名称。下列案例列出目前文件夹内所有文件的名称：

```
>>>import os
>>>os.listdir(".")
['DLLs', 'Doc', 'include', 'Lib', 'libs', 'LICENSE.txt', 'NEWS.txt',
'python.exe', 'python3.dll', 'python35.dll', 'pythonw.exe', 'README.txt',
'Scripts', 'tcl', 'Tools', 'vcruntime140.dll']
```

(6) os.mkdir(path [, mode])：使用存取模式 mode 创建 path 文件夹。mode 的默认值是 0777。适用于 UNIX、Windows 和 Mac OS。例如：

```
>>> import os
>>> os.mkdir("D:\\My Python Dir")
```

(7) os.name：这是目前操作系统的名称。例如：

```
>>> import os
>>> os.name
'nt'
```

(8) os.popen(command [, mode [, bufsize]])：这是一个 UNIX 的函数。以指令 command 来打开管道，其返回值为一个连接到该管道的文件对象。mode、bufsize 与内置函数 open()的参数意义相同。

(9) os.remove(path)：删除 path 路径的文件。适用于 UNIX、Windows 和 Mac OS。例如：

```
>>> import os
>>> os.remove("demo.txt")
```

(10) os.removedirs(path)：删除 path 文件夹及其下所有子文件夹。

(11) os.rmdir(path)：删除 path 文件夹。适用于 UNIX、Windows 与 Mac OS。例如：

```
>>> import os
>>> os.rmdir("D:\ppth")
```

(12) os.rename(src, dst)：将文件或是文件夹的名称，由 src 改成 dst。适用于 UNIX、Windows 和 Mac OS。例如：

```
>>> import os
>>> os.rename("D:\\py\\demo.txt", "D:\\py\\newdemo.txt")
```

(13) os.system(command)：运行操作系统的命令行字符串 command，此函数调用 C 的 system()函数。返回值为该进程的退出码。适用于 UNIX 和 Windows。例如：

```
>>> import os
>>> os.system("ren demo.txt demo2.txt")
1
```

### 2. os.path 模块

os.path 模块提供操作文件路径的函数。此模块会被 os 模块所加载，用户不必另外加载

os.path 模块。

(1) os.path.exists(path)：测试 path 文件或是文件夹是否存在。如果 path 存在就返回 True，否则返回 False。例如：

```
>>> import os
>>> os.path.exists("D:\\py")
True
```

(2) os.path.isdir(path)：如果 path 是一个文件夹就返回 True，否则返回 False。例如：

```
>>> import os
>>> os.path.isdir("D:\\py")
True
```

(3) os.path.isfile(path)：如果 path 是一个文件就返回 True，否则返回 Flase。例如：

```
>>> import os
>>> os.path.isfile("D:\\py")
False
>>> os.path.isfile("D:\\py\\newdemo.txt")
True
```

(4) os.path.split(path)：将 path 分割成一个元组，其格式为(head, tail)。tail 是 path 最后面的路径名称，head 则是除了 tail 之外的 path 其他部分。例如：

```
>>> import os
>>> os.path.split("D:\\py")
('D:\\', 'py')
>>> os.path.split("D:\\py \\dir")
('D:\\py ', 'dir')
```

### 3. stat 模块

stat 模块将 os.stat()、os.fstat()或是 os.lstat()函数所返回的文件信息，存储在一个元组的结构内。这个元组结构包含至少 10 个元素，其顺序如表 8-8 所示。

表 8-8  stat 模块的文件有关信息

| 变 量 | 说 明 |
| --- | --- |
| ST_MODE | inode 的保护模式 |
| ST_INO | inode 编号 |
| ST_DEV | inode 所在的装置 |
| ST_NLINK | inode 的链接数 |
| ST_UID | 文件拥有者的用户 ID |
| ST_GID | 文件拥有者的群组 ID |
| ST_SIZE | 文件大小，以字节为单位 |
| ST_ATIME | 上一次存取的时间 |
| ST_MTIME | 上一次修改的时间 |
| ST_CTIME | 上一次状态修改的时间 |

下列案例显示"C:\Windows"文件夹的文件信息：

```
>>> import stat
>>> x = os.stat("C:\\Windows")
>>> x[:]
(16895, 281474976712202, 2465546623, 1, 0, 0, 16384, 1481883443, 1481883443,
1446182011)
>>> x[stat.ST_MODE]
16895
>>> x[stat.ST_ATIME]
1481883443
```

### 4. statvfs 模块

statvfs 模块将 os.statvfs()函数所返回的文件信息，存储在一个元组的结构内。这个元组结构包含 10 个元素，其顺序如表 8-9 所示。

表 8-9　statvfs 模块的文件有关信息

| 变　量 | 说　明 |
| --- | --- |
| F_BSIZE | 最佳文件块大小 |
| F_FRSIZE | 基本文件块大小 |
| F_BLOCKS | 文件系统内的块总数 |
| F_BFREE | 剩余块总数 |
| F_BAVAIL | 非 superuser 用户的剩余块总数 |
| F_FILES | 文件节点总数 |
| F_FFREE | 剩余文件节点总数 |
| F_FAVAIL | 非 superuser 用户的剩余文件节点总数 |
| F_FLAG | 与操作系统有关的标志 |
| F_NAMEMAX | 文件名称的最大长度 |

### 5. time 模块

time 模块提供存取与转换时间的函数。时间的表示是使用 UTC(Universal Time Coordinated)时间，UTC 也叫作格林威治(GMT，Greenwich Mean Time)时间。

(1) time.asctime([tuple])：将 time.gmtime()函数或 time.localtime()函数返回的 tuple，转换成一个 24 字符的字符串，字符串的格式为"Sun Jun 20 23:21:05 1993"。例如：

```
>>>import time
>>>t = time.localtime()
>>>time.asctime(t)
'Tue Jan 10 18:27:14 2017'
```

(2) time.clock()：返回目前的 CPU 时间。返回值为一个浮点数。此时间以秒为单位。例如：

```
>>> import time
>>> time.clock()
6.037190907145287e-07
```

(3) time.gmtime([secs])：将以秒为单位的 secs 时间，转换成代表 UTC(格林威治时间)的元组。如果没有设置 secs 参数，则使用目前的时间。返回值是一个元组。

例如：

```
>>>import time
>>>time.gmtime()
time.struct_time(tm_year=2017, tm_mon=1, tm_mday=10, tm_hour=10, tm_min=29, tm_sec=16, tm_wday=1, tm_yday=10, tm_isdst=0)
```

(4) time.localtime([secs])：将以秒为单位的 secs 时间，转换成本地时间。如果没有设置 secs 参数，则使用目前的时间。返回值是一个元组。例如：

```
>>> import time
>>> time.localtime()
time.struct_time(tm_year=2017, tm_mon=1, tm_mday=10, tm_hour=18, tm_min=47, tm_sec=36, tm_wday=1, tm_yday=10, tm_isdst=0)
```

(5) time.mktime([tuple])：将 time.gmtime()函数或 time.localtime()函数返回的 tuple，转换成以秒为单位。例如：

```
>>>import time
>>>t = time.localtime()
>>>time.mktime(t)
1484045312.0
```

(6) time.sleep(secs)：将目前进程置入睡眠状态，睡眠时间为 secs 秒。例如：

```
>>>import time
>>>time.sleep(5)
```

(7) time.strftime(format [, tuple] )：将 time.gmtime()函数或 time.localtime()函数返回的元组，转换成一个格式为 format 的字符串。字符串的格式如表 8-10 所示。例如：

```
>>> import time
>>> t = time.localtime()
>>> time.strftime("%a, %d %b %Y %H:%M:%S %Z", t)
'Tue, 10 Jan 2017 18:48:32 中国标准时间'
```

表 8-10 strftime()函数的时间格式

| 格式码 | 说明 |
| --- | --- |
| %a | 星期简称 |
| %A | 星期完整名称 |
| %b | 月份简称 |
| %B | 月份完整名称 |
| %c | 日期时间格式 |
| %d | 月中的日期，十进制数[01, 31] |
| %H | 小时(24 小时制)，十进制数[00, 23] |
| %I | 小时(12 小时制)，十进制数[01, 12] |
| %j | 年中的日期，十进制数[001, 366] |

续表

| 格式码 | 说 明 |
|---|---|
| %m | 月份，十进制数[01, 12] |
| %M | 分钟，十进制数[00, 59] |
| %p | AM 或 PM |
| %S | 秒，十进制数[00, 61](加上国秒与双国秒) |
| %U | 年中的星期，十进制数[01, 53](以星期天为每周的第一天) |
| %w | 星期，十进制数[0, 6](星期天为 0) |
| %W | 年中的星期，十进制数[01, 53](以星期一为每周的第一天) |
| %x | 日期 |
| %X | 时间 |
| %y | 无世纪的年份，十进制数[00, 99] |
| %Y | 有世纪的年份，十进制数 |
| %Z | 时区名称 |
| %% | (%)字符 |

(8) time.time()：返回目前的 UTC 时间，返回值为一个浮点数。此时间以秒为单位，从 1970 年开始算起。例如：

```
>>>import time
>>>time.time()
1484045544.9355264
```

(8) time.ctime([secs])：作用相当于 asctime(localtime(secs))，不指定参数相当于 asctime()。例如：

```
>>>import time
>>> print ("time.ctime() : %s" % time.ctime())
time.ctime() : Tue Feb 21 19:27:27 2017
```

### 6. tempfile 模块

tempfile 模块产生唯一名称的临时文件。临时文件的文件名称是以两个全局变量 tempfile.tempdir 与 tempfile.template 为基础。注意 tempfile.template 从 Python 2.0 开始已经舍弃，改以 tempfile.gettempprefix()函数替换。

tempfile.gettempprefix()：临时文件的文件前头字符串。下列案例显示 Windows 操作系统的默认临时文件的文件前头字符串：

```
>>> import tempfile
>>> tempfile.template
'tmp'
```

tempfile.mktemp([suffix])：返回一个唯一的临时文件名称。suffix 是要加在临时文件名称之后的字符串。例如：

```
>>> import tempfile
>>> temp = tempfile.mktemp(".tmp")
>>> temp
'C:\\Users\\Administrator\\AppData\\Local\\Temp\\tmptx1i1a3u.tmp'
```

tempfile.tempdir：创建临时文件的文件夹，此全局变量由环境变量 TMPDIR 而来。下列案例显示 Windows 操作系统的默认临时文件的文件夹：

```
>>> import tempfile
>>> tempfile.tempdir
'C:\\Users\\Administrator\\AppData\\Local\\Temp'
```

tempfile.TemporaryFile([mode[, bufsize[, suffix]]])：此函数返回一个临时文件的文件对象。mode 与 bufsize 参数，与内置函数 open() 的参数意义相同。suffix 是要加在临时文件名称之后的字符串。例如：

```
>>>import tempfile
>>>file = tempfile.TemporaryFile()
```

### 7. glob 模块

使用通用搜索字符来搜索符合搜索字符的文件，并且返回符合文件的列表。例如：

```
>>> import glob
>>> lst = glob.glob("c:\\*.txt")
>>> print (lst)
['c:\\FRUNLOG.TXT', 'c:\\DETLOG.TXT', 'c:\\SETUPLOG.TXT', 'c:\\NETLOG. TXT',
'c:\\SETUPXLG.TXT', 'c:\\BOOTLOG.TXT']
```

### 8. fnmatch 模块

fnmatch 模块使用通用搜索字符来搜索符合搜索字符的文件。例如：

```
>>> import fnmatch
>>> fnmatch.fnmatch("demo.txt", "*.txt")
True
>>> fnmatch.fnmatch("demo.bat", "*.txt")
False
```

### 9. shutil 模块

shutil 模块提供许多高阶的文件处理函数。

(1) shutil.copyfile(src, dst)：将 src 文件的内容拷贝到 dst 文件。如果 dst 文件已经存在，其内容会被替换，否则创建一个新文件。例如：

```
>>>import shutil
>>> >>> shutil.copy("D:\\py\\demo.txt", "D:\\py\\newdemo.txt")
'D:\\py\\newdemo.txt'
```

(2) shutil.rmtree(path [, ignore_errors [, onerror]])：删除 path 文件夹及其子文件夹。如果 ignore_errors 是 True，则忽略产生的错误。如果 ignore_errors 是 False 或是没有设置，则调用 onerror 指定的函数来处理产生的错误。例如：

```
>>> import shutil
>>> shutil.rmtree("D:\\py")
```

### 10. locale 模块

locale 模块提供存取 POSIX 的语系数据库。通过这个模块，用户可以制作出多国语系的程序。

## 8.8 其他模块组

除了上述常见模块外，还有一些模块组。

### 1. Internet 协议与支持

这个模块组提供 Internet 相关服务的函数，如表 8-11 所示。

表 8-11 Internet 协议与支持模块组

| 模块名称 | 说 明 |
| --- | --- |
| webbrowser | 浏览器控制的函数 |
| cgi | 支持服务器端的 CGI 脚本程序 |
| urllib | 打开 URL 网址的函数(需要 socket) |
| ftplib | FTP 协议客户端的函数(需要 socket) |
| poplib | POP3 协议客户端的函数(需要 socket) |
| nntplib | NNTP 协议客户端的函数(需要 socket) |
| smtplib | SMTP 协议客户端的函数(需要 socket) |
| telnetlib | Telnet 客户端类的函数 |
| asyncore | 开发异步 socket 处理函数的基类 |

### 2. Internet 数据处理

这个模块组提供处理 Internet 各种文件格式的函数，如 SGML、XML 等，如表 8-12 所示。

表 8-12 Internet 数据处理模块组

| 模块名称 | 说 明 |
| --- | --- |
| binhex | 使用 binhex4 格式编码与译码文件 |
| uu | 使用 uuencode 格式编码与译码文件 |
| binascii | 将二进制数据与各种 ASCII 编码数据做转换的工具函数 |
| xdrlib | External Data Representation (XDR)的编码与译码器 |
| mailcap | Mailcap 文件 c |
| mimetypes | 将文件扩展名与 MIME 类型做对照的函数 |
| base64 | 使用 MIME base64 数据编码与译码文件 |
| quopri | 使用 MIME quoted-printable encoding 编码与译码文件 |
| mailbox | 读取各种邮箱(mailbox)格式 |
| netrc | 加载.netrc 文件 |

### 3. 结构化标记语言处理工具

这个模块组提供处理各种标记语言，如 SGML、HTML、XML 等的函数，如表 8-13 所示。

表 8-13 结构化标记语言处理工具模块组

| 模块名称 | 说 明 |
| --- | --- |
| xml.parsers.expat | Expat 的 XML 解析器接口 |
| xml.dom | DOM(Document Object Model) API 的接口 |
| xml.dom.minidom | 最简化的 DOM API 接 |
| xml.dom.pulldom | 从 SAX 事件创建部分的 DOM 树 |
| xml.sax | 包含 SAX2 的基础类与方便的函数 |
| xml.sax.handler | SAX 事件处理函数的基础类 |
| xml.sax.saxutils | 使用 SAX 的类与方便的函数 |
| xml.sax.xmlreader | 与 SAX 兼容的 XML 解析器接口 |
| xmllib | XML 文件的解析函数 |

### 4. 多媒体服务

这个模块组提供处理多媒体的函数，如表 8-14 所示。

表 8-14 多媒体服务模块组

| 模块名称 | 说 明 |
| --- | --- |
| audioop | 操作原始的语音数据 |
| aifc | 读写 AIFF 与 AIFC 格式的语音文件 |
| sunau | Sun 的 AU 语音格式的接口 |
| wave | WAV 语音格式的接口 |
| chunk | 读取 IFF 区块的模块 |
| colorsys | 转换 RGB 与其他颜色系统的函数 |
| imghdr | 决定文件或是二进制流内的图像类型 |
| sndhdr | 决定语音文件的类型 |

### 5. Python 语言服务

这个模块组提供 Python 语言相关的函数，如表 8-15 所示。

表 8-15 Python 语言服务模块组

| 模块名称 | 说 明 |
| --- | --- |
| parser | 存取 Python 程序代码的解析树 |
| symbol | 代表解析树内部节点的常量 |
| token | 代表解析树终端节点的常量 |

续表

| 模块名称 | 说明 |
|---|---|
| keyword | 测试一个字符串是否是 Python 的关键字 |
| tokenize | Python 程序代码的语法扫描仪 |
| tabnanny | 测试在文件夹树内的 Python 源文件的空白(white space)相关问题 |
| pyclbr | 支持 Python 类浏览器的数据捕捉 |
| py_compile | 将 Python 源文件转换成二进制文件 |
| compileall | 测试在文件夹树内所有 Python 源文件的编译 |
| dis | 将 Python 二进制码反编译 |

### 6. MS Windows 特定服务

这个模块组提供 MS Windows 操作系统的函数，如表 8-16 所示。

表 8-16　MS Windows 特定服务模块组

| 模块名称 | 说明 |
|---|---|
| msvcrt | 使用在 MS VC++运行期的函数 |
| _winreg | 操作 Windows 注册表的函数与对象 |
| winsound | 存取 Windows 播放语音的函数 |

## 8.9　大神解惑

小白：如何修改 sys.path？

大神：对于自定义的包含多个文件的模块包，可以将其路径添加到 sys.path 中，从而实现直接加载模块包的目的。

```
>>>import sys
>>>sys.path.append('D:\\python')
>>> sys.path
['', 'C:\\Program Files\\Python35-32\\Lib\\idlelib', 'C:\\Program
Files\\Python35-32\\python35.zip', 'C:\\Program Files\\Python35-32\\DLLs',
'C:\\Program Files\\Python35-32\\lib', 'C:\\Program Files\\Python35-32',
'C:\\Program Files\\Python35-32\\lib\\site-packages', 'D:\\python']
```

从结果可以看出，路径已经添加到 sys.path 中了。

小白：模块的文件类型都是什么？

大神：模块的文件类型如表 8-17 所示。

表 8-17　模块的文件类型

| 文件类型的数值 | 文件类型的名称字符串 | 说明 |
|---|---|---|
| 1 | PY_SOURCE | 此模块存在源文件内(.py) |
| 2 | PY_COMPILED | 此模块存在编译过的文件内(.pyc) |

续表

| 文件类型的数值 | 文件类型的名称字符串 | 说明 |
| --- | --- | --- |
| 3 | C_EXTENSION | 此模块存在 DLL 文件内(.dll) |
| 4 | PY_RESOURCE | 此模块存在 Macintosh 的资源内 |
| 5 | PKG_DIRECTORY | 此模块存在类库的文件夹内 |
| 6 | C_BUILTIN | 此模块是一个内置模块 |
| 7 | PY_FROZEN | 此模块是一个冰冻模块(frozen module) |

**小白**：有没有性能测试模块？

**大神**：解决同一问题，往往有多种方法。哪种方法性能更好呢？通过 Python 提供的度量工具 timeit 可以作一个比较。

例如，使用元组封装和拆封来交换元素与普通的方法相比哪个更有效率呢？下面来做个测试即可知道：

```
>>> from timeit import Timer
>>> Timer('a=x; x=y; y=a', 'x=10; y=20').timeit()
0.08395686735756323
>>> Timer('x,y = y,x', 'x=10; y=20').timeit()
0.05039464905515523
```

由此可见，通过元组封装和拆封来交换元素的时间更少，效率更高。

## 8.10　跟我练练手

练习 1：练习引用 sys 模块。
练习 2：练习模块和类库的基本操作。
练习 3：自定义一个模块，然后载入。
练习 4：载入和使用运行期的模块。
练习 5：载入和使用字符串处理模块。
练习 6：载入和使用附属服务模块。

# 第9章
## Python 的强大功能——迭代器和操作文件

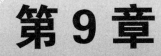

迭代是 Python 最强大的功能之一,是访问集合元素的一种方式。迭代器是一个可以记住遍历的位置的对象,在遍历字符串、列表或元组对象时非常有用。Python 提供了文件对象,通过该对象可以访问、修改和存储来自其他程序的数据。本章重点学习迭代器和文件的操作方法与技巧。

本章要点(已掌握的,在方框中打钩)

- ☐ 熟悉迭代器和生成器的含义。
- ☐ 掌握创建迭代器和生成器的方法。
- ☐ 掌握读取文件的各种方法。
- ☐ 掌握写入文件的各种方法。
- ☐ 熟悉关闭和刷新文件的方法。

## 9.1 迭代器

迭代器是一个可以记住遍历的位置的对象。迭代器对象从集合的第一个元素开始访问，直到所有的元素被访问完结束。

迭代器有两个基本的方法 iter()和 next()。其中 iter()用于创建迭代器对象，next()用于遍历对象的元素。在遍历字符串、列表或元组对象时经常会用到迭代器。例如：

```
>>>list=["苹果", "香蕉", "橘子", "桃子"]
>>> aa= iter(list)                    # 创建迭代器对象
>>> print (next(aa))
苹果
>>> print (next(aa))
香蕉
>>> print (next(aa))
橘子
>>>
```

注意　迭代器只能往前遍历元素，而不会后退。

迭代器对象可以使用常规 for 语句进行遍历。例如：

```
>>> list=["奔驰", "宝马", "奥迪", "别克"]
>>> bb= iter(list)                    # 创建迭代器对象
>>> for a in bb:
    print (a, end=" ")

奔驰 宝马 奥迪 别克
```

迭代器对象也可以和 while 语句进行遍历。例如：

```
>>> import sys                        # 引入 sys 模块
>>> list=["鸣筝金粟柱", "素手玉房前", "欲得周郎顾", "时时误拂弦"]
>>> cc= iter(list)                    # 创建迭代器对象
>>>while True:
   try:
       print (next(cc))
   except StopIteration:
       sys.exit()

鸣筝金粟柱
素手玉房前
欲得周郎顾
时时误拂弦
```

## 9.2 生 成 器

在 Python 中，使用了 yield 的函数被称为生成器。与普通函数不同的是，生成器将返回一个迭代器的函数,而且生成器只能用于迭代操作。可见,生成器是一种特殊的迭代器。

在调用生成器运行的过程中,每次遇到 yield 时函数会暂停并保存当前所有的运行信息,返回 yield 的值。并在下一次执行 next()方法时从当前位置继续运行。

下面创建一个嵌套列表,然后通过生成器打印出来:

```
>>>list=[[1,2],[3,4],[5,6],[7,8]]       # 创建一个嵌套列表
>>>def qtlb(list):                       # 创建生成器
    for aa in list:
      for bb in aa:
        yield bb

>>>
```

与 return 返回值不同的是,yield 语句每产生一个值,函数会暂停,返回 yield 值,等待被重新唤醒后从当前位置继续运行。

接着通过在生成器上迭代来输出嵌套列表:

```
>>>for nn in qtlb(list):
    print(nn)

1
2
3
4
5
6
7
8
```

## 9.3 打开文件

在 Python 中,使用 open()函数可以打开文件。语法格式如下:

```
open(name[,mode[,buffering]])
```

使用 open()函数将返回一个文件对象。可选参数 mode 表示打开文件的模式;可选参数 buffering 控制文件是否缓冲。案例如下:

```
>>>ff=open(r'D:\file\demo.txt')
```

这里的参数 r 表示以读模式打开文件。如果该文件存在,则创建一个 ff 文件对象;如果该文件不存在,则提示异常信息:

```
Traceback (most recent call last):
  File "<pyshell#29>", line 1, in <module>
    ff=open(r'D:\file\demo.txt')
FileNotFoundError: [Errno 2] No such file or directory:
'D:\\file\\demo.txt'
```

open()函数还有其他的模式参数,如表 9-1 所示。

表 9-1　open()函数中的模式参数

| 参数名称 | 说　明 |
| --- | --- |
| 'r' | 读模式 |
| 'w' | 写模式 |
| 'a' | 追加模式 |
| 'b' | 二进制模式(可以添加到其他模式中使用) |
| '+' | 读/写模式(可以添加到其他模式中使用) |

默认的模式为读模式，所以读模式和忽略不写的效果是一样的。'+'参数可以添加其他模式中，表示读和写是允许的。比如'r+'表示打开一个文件用来读/写使用。例如：

```
>>>ff=open(r'D:\file\demo.txt', 'r+')
```

'b'参数主要应用于一些二进制文件，如声音、图像等文件，可以使用'rb'表示可以读取一个二进制文件。

open()函数的可选参数 buffering 控制文件是否缓冲。如果该参数为 1 或者 True，则表示有缓冲，数据的读取操作通过内存来运行，只有使用 flush()或者 close()函数才会更新硬盘上的数据。如果该参数为 0 或者 False，则表示无缓冲，所有的读/写操作都直接更新硬盘上的数据。

```
>>>ff=open(r'D:\file\demo.txt','r+',True)
```

## 9.4　读取文件

打开文件后，即可利用 Python 提供的方法读取文件的内容。

### 9.4.1　读取文件 read()方法

read()方法用于从文件读取指定的字符数，如果未给定或为负则读取所有。read()方法语法如下：

```
fileObject.read(size)
```

其中参数 size 用于指定返回的字符数。下面举例说明。

创建一个文本文件 test.txt，内容如下：

```
红豆生南国
春来发几枝
愿君多采撷
此物最相思
```

下面逐行读取 test.txt 文件的内容，其中结果中的"\n"为换行符号：

```
>>>ff=open(r'D:\file\test.txt')        #打开文件
>>>print ("文件名为: ", ff.name)        #输出文件的名称
文件名为:  D:\file\test.txt
```

```
>>>ff.read(6)                        #读取前 6 个字符
'红豆生南国\n'
>>> ff.read(7)                       #继续读取 7 个字符
'春来发几枝\n 愿'
```

如果想读取整个文件的内容，可以不指定 size 的值或者将 size 设置为负数。

```
>>>fb=open(r'D:\file\test.txt')      #打开文件
>>>fb.read()                         #输出文件的全部内容
'红豆生南国\n 春来发几枝\n 愿君多采撷\n 此物最相思\n'
```

## 9.4.2　逐行读取 readline()方法

readline()方法用于从文件读取整行，包括"\n"字符。如果指定了一个非负数的参数，则返回指定大小的字符数，包括"\n"字符。

readline()方法的语法格式如下：

```
fileObject.readline(size)
```

其中参数 size 用于指定从文件中读取的字符数。下面举例说明。

创建一个文本文件 newtest.txt，内容如下：

美人卷珠帘
深坐蹙蛾眉
但见泪痕湿
不知心恨谁

下面逐行读取 newtest.txt 文件的内容：

```
>>>fu=open(r'D:\file\newtest.txt')   # 打开文件
>>>print ("文件名为: ", fu.name)      # 输出文件的名称
文件名为:  D:\file\newtest.txt
>>>line = fu.readline()
>>>print ("读取第一行 %s" % (line))
读取第一行 美人卷珠帘
>>>line = fu.readline(4)
>>>print ("读取的字符串为: %s" % (line))
读取的字符串为: 深坐蹙蛾
>>>fu.close()                        # 关闭文件
```

## 9.4.3　返回文件各行内容的列表 readlines()方法

readlines()方法用于读取所有行并返回列表。语法格式如下：

```
fileObject.readlines( size )
```

其中参数 size 为从文件中读取的字符数。下面举例说明。

创建一个文本文件 test2.txt，内容如下：

长相思，在长安。
络纬秋啼金井阑，微霜凄凄簟色寒。
孤灯不明思欲绝，卷帷望月空长叹。
美人如花隔云端！

上有青冥之长天，下有渌水之波澜。
天长路远魂飞苦，梦魂不到关山难。
长相思，摧心肝！

下面逐行读取 test2.txt 文件的内容：

```
>>>fy=open(r'D:\file\test2.txt')        #打开文件
>>>print ("文件名为: ", fy.name)         #输出文件的名称
文件名为:  D:\file\test2.txt
>>>line = fy.readlines()
>>>print ("读取的数据为: %s" % (line))
读取的数据为: ['长相思，在长安。\n', '络纬秋啼金井阑，微霜凄凄簟色寒。\n', '孤灯不明思欲绝，卷
帷望月空长叹。\n', '美人如花隔云端！\n', '上有青冥之长天，下有渌水之波澜。\n', '天长路
远魂飞苦，
梦魂不到关山难。\n', '长相思，摧心肝\n']
>>>line = fy.readline(4)
>>>读取的数据为:
>>>fy.close()                            # 关闭文件
```

## 9.4.4 返回文件的当前位置 tell()方法

tell()方法返回文件的当前位置，即文件指针当前位置。语法格式如下：

```
fileObject.tell()
```

下面逐行举例说明。

创建一个文本文件 test3.txt，内容如下：

```
1:www.python.com
2:www.baidu.com
3:www.baidu.com
4:www.yingda.com
5:www.changan.com
```

下面读取 test3.txt 文件的内容：

```
>>>fu=open(r'D:\file\test3.txt')         #打开文件
>>>print ("文件名为: ", fu.name)          #输出文件的名称
文件名为:  D:\file\test3.txt
>>>line = fu.readline()
>>>print ("读取数据为:%s" % (line))
读取数据为: 1:www.python.com

>>>post = fu.tell()                      #获取当前文件位置
>>>print ("当前位置为: %s" % (post))
当前位置为: 18
>>>fu.close()                            #关闭文件
```

## 9.4.5 截断文件 truncate()方法

truncate() 方法用于截断文件。语法格式如下：

```
fileObject.truncate( [ size ])
```

size 为可选参数。如果指定 size，则表示截断文件为 size 个字符。如果没有指定 size，则重置到当前位置。下面举例说明。

使用 truncate()方法截断文件内容：

```
>>>fu=open(r'D:\file\test3.txt','r+')      #打开文件
>>>print ("文件名为: ", fu.name)            #输出文件的名称
文件名为:  D:\file\test3.txt
>>>line = fu.readline()
>>>print ("读取数据为: %s" % (line))
读取数据为: 1:www.python.com

>>>fu.truncate()                            #从当前文件位置截断文件
>>>line = fu.readlines()
>>>print ("当前位置为: %s" % (line))
读取数据为: ['2:www.baidu.com\n', '3:www.baidu.com\n', '4:www.yingda.com\n',
'5:www.changan.com\n']
>>>fu.close()                               #关闭文件
```

用户也可以指定需要截断的字符数。下面举例说明：

```
>>>fu=open(r'D:\file\test3.txt','r+')      #打开文件
>>>print ("文件名为: ", fu.name)            #输出文件的名称
文件名为:  D:\file\test3.txt

>>>fu.truncate(6)                           #截断 6 字节
>>>line = fu.read()
>>>print ("读取数据为: %s" % (line))
读取数据为: 1:www.
>>>fu.close()                               #关闭文件
```

## 9.4.6　设置文件当前位置 seek()方法

seek()方法用于移动文件读取指针到指定位置。语法格式如下：

```
fileObject.seek(offset[, whence])
```

其中参数 offset 表示开始的偏移量，也就是需要移动偏移的字节数。参数 whence 为可选参数，表示从哪个位置开始偏移，默认值为 0，表示从文件的开始算起，如果指定 whence 为 1，则表示从当前位置算起，指定 whence 为 2，则表示从文件末尾算起。

使用 seek()方法设置文件的当前位置：

```
>>>fu=open(r'D:\file\test3.txt','r+')      #打开文件
>>>print ("文件名为: ", fu.name)            #输出文件的名称
文件名为:  D:\file\test3.txt
>>>line = fu.readline()
>>>print ("读取数据为: %s" % (line))
读取数据为: 1:www.python.com

>>>fu.seek(0, 0)                            # 重新设置文件读取指针到开头
0
>>>line = fu.readline()
>>>print ("读取数据为: %s" % (line))
读取数据为: 1:www.python.com
```

```
>>>fu.close()                                              #关闭文件
```

# 9.5 写入文件

Python 提供两个写入文件的方法，包括 write()和 writelines()。

## 9.5.1 将字符串写入文件

write()方法用于向文件中写入指定字符串。在文件关闭前或缓冲区刷新前，字符串内容存储在缓冲区中，此时在文件中看不到写入的内容。

write()方法的语法规则如下：

```
fileObject.write( [ str ])
```

其中参数 str 为需要写入文件中的字符串。下面举例说明。

创建一个文本文件 test4.txt，内容如下：

不知香积寺，数里入云峰。

下面将字符串的内容添加到 test.txt 文件中：

```
>>>fu=open(r'D:\file\test4.txt','r+')    #打开文件
>>>print ("文件名为: ", fu.name)          #输出文件的名称
文件名为:   D:\file\test4.txt
>>>str="古木无人径，深山何处钟。"
>>>fu.seek(0,2)                          #设置位置为文件末尾处
24
>>>line=fu.write(str)                    #将字符串内容添加到文件末尾处
>>>fu.seek(0,0)                          #设置位置为文件开始处
0
>>>print(fu.read())
不知香积寺，数里入云峰。古木无人径，深山何处钟。

>>>fu.close()                            #关闭文件
```

如果用户需要换行输入内容，可以使用"\n"。举例如下：

```
>>>fu=open(r'D:\file\test4.txt','r+')    #打开文件
>>>print ("文件名为: ", fu.name)          #输出文件的名称
文件名为:   D:\file\test4.txt
>>>str="\n 泉声咽危石，日色冷青松。薄暮空潭曲，安禅制毒龙。"
>>>fu.seek(0,2)                          #设置位置为文件末尾处
74
>>>line=fu.write(str)                    #将字符串内容添加到文件末尾处
>>>fu.seek(0,0)                          #设置位置为文件开始处
0
>>>print(fu.read())
不知香积寺，数里入云峰。古木无人径，深山何处钟。
泉声咽危石，日色冷青松。薄暮空潭曲，安禅制毒龙。
>>>fu.close()                            #关闭文件
```

## 9.5.2 写入多行 writelines()

writelines()方法可以向文件写入一个序列字符串列表，如果需要换行则要加入每行的换行符。语法格式如下：

```
file.writelines([str])
```

其中参数 str 为写入文件的字符串序列。下面举例说明。

创建一个空白内容的文本文件 test5.txt。将字符串列表的内容写入 test5.txt 文件中：

```
>>>fu=open(r'D:\file\test5.txt','w')      #打开文件
>>>print ("文件名为: ", fu.name)           #输出文件的名称
文件名为:  D:\file\test5.txt
>>>sq=["相思似海深,旧事如天远。\n", "泪滴千千万万行,更使人、愁肠断。\n","要见无因见，了拼终难拼。\n", "若是前生未有缘,待重结、来生愿。"]
>>>fu.writelines(sq)                       #将字符串列表内容添加到文件中
>>>fu.close()
```

写入完成后，查看 test5.txt 的内容如下：

```
相思似海深,旧事如天远。
泪滴千千万万行,更使人、愁肠断。
要见无因见,了拼终难拼。
若是前生未有缘,待重结、来生愿。
```

## 9.5.3 修改文件内容

使用 writelines()方法还可以修改文件的内容。

定义一个文本文件 test6.txt，内容如下：

```
清明时节雨纷纷
借问酒家何处有？
借问酒家何处有？
牧童遥指杏花村。
```

使用 writelines()方法修改文本内容：

```
>>>fu=open(r'D:\file\test6.txt')           #打开文件
>>>lines=fu.readlines()
>>>fu.close()
>>>lines[1]= '路上行人欲断魂。\n '
>>>fu=open(r'D:\file\test6.txt','w')       #打开文件
>>>fu.writelines(lines)
>>>fu.close()
```

写入完成后，查看 test6.txt 的内容如下：

```
清明时节雨纷纷
路上行人欲断魂。
借问酒家何处有？
牧童遥指杏花村。
```

## 9.5.4 附加到文件

用户可以将一个文件的内容全部附加到另外一个文件中。下面介绍其操作方法。

创建一个文本文件 test7.txt，内容如下：

煮豆燃豆萁，豆在釜中泣。

创建一个文本文件 test8.txt，内容如下：

本是同根生，相煎何太急？

这里将 test8 的内容附加到 test7 文件内容的结尾处。

首先将 test8 的内容赋值给变量 content，命令如下：

```
>>>file = open(r"D:\file\test8.txt","r" )
>>>content = file.read()
>>> file.close()
```

然后以追加模式打开 test7.txt 文件，将变量 content 的内容添加到 test7.txt 文件内容的结尾处。命令如下：

```
>>> fileadd = open( r"D:\file\test7.txt","a" )
>>> fileadd.write(content)
12
>>>fileadd.close()
```

> 注意：如果打开 test7 时不是以附加的模式，而是以写模式(w)，则结果会发现，test7.txt 文件的原始内容被覆盖了。

查看 test7.txt 文件的内容：

```
>>> fileadd = open( r"D:\file\test7.txt","r" )
>>> fileadd.read()
'煮豆燃豆萁，豆在釜中泣。本是同根生，相煎何太急？'
>>>fileadd.close()
```

从结果可以看出，test8.txt 文件的内容已经被附加到 test7.txt 文件中。

# 9.6 关闭和刷新文件

下面介绍有关关闭和刷新文件的操作方法与技巧。

## 9.6.1 关闭文件

close()方法用于关闭一个已打开的文件。关闭后的文件不能再进行读/写操作，否则会触发 ValueError 错误。close()方法允许调用多次。使用 close()方法关闭文件是一个好的习惯。

close()方法的语法规则如下：

```
fileObject.close()
```

举例如下：

```
>>>fu=open(r'D:\file\test8.txt','r+')      #打开文件
>>>print ("文件名为: ", fu.name)           #输出文件的名称
文件名为:  D:\file\test8.txt
>>> fu.close()                              # 关闭文件
```

当 file 对象被引用到操作另外一个文件时，Python 会自动关闭之前的 file 对象。

## 9.6.2 刷新文件

flush()方法是用来刷新缓冲区的，即将缓冲区中的数据立刻写入文件，同时清空缓冲区，不需要被动地等待输出缓冲区写入。

一般情况下，文件关闭后会自动刷新缓冲区，但有时需要在关闭前刷新它，这时就可以使用 flush()方法。

flush()方法的语法规则如下：

```
fileObject.flush()
```

举例如下：

```
>>>fu=open(r'D:\file\test8.txt','r+')      #打开文件
>>>print ("文件名为: ", fu.name)           #输出文件的名称
文件名为:  D:\file\test8.txt
>>>str="煮豆燃豆萁，豆在釜中泣。\n "
>>>fu.write(str)                            #将字符串内容添加到文件中
14
>>>fu.flush()                               #刷新缓冲区
>>>fu.close()                               #关闭文件
```

## 9.7 大神解惑

**小白**：使用生成器如何输出斐波那契数列？
**大神**：通过生成器可以输出斐波那契数列，案例代码如下：

```
import sys

def fibonacci(n):                           # 生成器函数 - 斐波那契
    a, b, counter = 0, 1, 0
    while True:
        if (counter > n):
            return
        yield a
        a, b = b, a + b
        counter += 1
f = fibonacci(10)                           # f 是一个迭代器，由生成器返回生成

while True:
```

```
    try:
        print (next(f), end=" ")
    except StopIteration:
        sys.exit()
```

保存并运行程序，结果如下：

```
C:\Users\Administrator>python d:\python\ch09\9.1.py
0 1 1 2 3 5 8 13 21 34 55
```

小白：如果不知道几层循环时如何创建生成器？

大神：在 9.2 节中讲述了两层嵌套列表的处理方法。如果要处理的嵌套层数还不确定，可以使用递归生成器来操作。案例如下：

```
>>>def qtlb(list):                          # 创建生成器
    try:
        for aa in list:
            for bb in qtlb(aa):
                yield bb
    except TypeError:
        yield list
```

## 9.8　跟我练练手

练习 1：创建一个迭代器，用于遍历一个字符串序列。

练习 2：创建一个生成器，用于遍历一个两层嵌套的列表。

练习 3：使用 read()方法读取文件内容。

练习 4：使用 readline()方法读取文件内容。

练习 5：使用 readlines()方法读取文件内容。

练习 6：使用 tell()方法返回当前的位置，然后使用 seek()方法设置当前为文件内容的结尾处。

练习 7：使用 truncate()方法截取指定文件的内容。

练习 8：使用各种方法写入文件中。

练习 9：将指定的文件的全部内容添加到另外一个文件内容的结尾处，注意这里不能覆盖原始的内容。

# 第 10 章
## 图形用户界面

Python 本身并没有包含操作图形模式(GUI)的模块,而是使用 tkinter 来做图形化的处理。tkinter 是 Python 的标准 GUI 库,应用非常广泛。本章重点学习 tkinter 的使用方法和 tkinter 中的控件的具体操作方法。通过本章的学习,读者可以轻松地制作出符合要求的图形用户界面。

**本章要点(已掌握的,在方框中打钩)**

- ☐ 熟悉常用的 Python GUI。
- ☐ 掌握使用 tkinter 创建 GUI 程序的方法。
- ☑ 熟悉认识 tkinter 的常用控件。
- ☐ 掌握控件几何位置的设置方法。
- ☑ 掌握 Button 控件的使用方法。
- ☐ 掌握 Checkbutton 控件的使用方法。
- ☐ 掌握 Canvas 控件的使用方法。
- ☐ 掌握 Entry 控件的使用方法。
- ☐ 掌握 Label 控件的使用方法。
- ☐ 掌握 Listbox 控件的使用方法。
- ☐ 掌握 Menu 控件的使用方法。
- ☐ 掌握 Message 控件的使用方法。
- ☐ 掌握 Radiobutton 控件的使用方法。
- ☐ 掌握 Scale 控件的使用方法。
- ☐ 掌握 Scrollbar 控件的使用方法。
- ☐ 掌握 Text 控件的使用方法。
- ☐ 掌握 Toplevel 控件的使用方法。
- ☐ 掌握对话框的使用方法。

## 10.1 常用的 Python GUI

图形用户界面(Graphical User Interface，GUI，又称图形用户接口)是指采用图形方式显示的计算机操作用户界面。Python 提供了多个图形开发界面的库，几个常用 Python GUI 库如下。

### 1. tkinter

tkinter 是 Python 的标准 GUI 接口。它不仅可以运行在 Windows 系统里，还可以在大多数 UNIX 平台下使用。由于 tkinter 库使用非常广泛，所以本章将重点讲述 tkinter 模块的使用方法和技巧。

### 2. wxPython

wxPython 是一款开源软件，是 Python 语言的一套优秀的 GUI 图形库，允许 Python 程序员很方便地创建完整的、功能健全的 GUI 用户界面。

wxPython 是使用 Python 语言写的 GUI 工具程序，它是 wxWindows C++函数库的转换器，wxPython 可以跨平台。

### 3. Jython

Jython 程序可以和 Java 无缝集成。除了一些标准模块外，Jython 使用 Java 的模块。Jython 几乎拥有标准的 Python 中不依赖于 C 语言的全部模块。比如，Jython 的用户界面将使用 Swing、AWT 或者 SWT。Jython 可以被动态或静态地编译成 Java 字节码。

## 10.2 使用 tkinter 创建 GUI 程序

tkinter 是 Python 的标准 GUI 库。Python 使用 tkinter 可以快速地创建 GUI 应用程序。由于 tkinter 是内置到 Python 的安装包中的，只要安装好 Python 之后就能加载 tkinter 库。对于简单的图形界面，使用 tkinter 库可以轻松完成。

当安装好 Python 3.5 后，tkinter 也会随之安装。所以用户要使用 tkinter 的功能，只需加载 tkinter 模块即可。如下所示：

```
>>>import tkinter
```

下面使用 tkinter 库创建一个简单的图形用户界面。

【案例 10-1】 创建简单的图形用户界面(代码 10.1.py)。

```
1. import tkinter
2. win = tkinter.Tk()
3. win.title(string = "古诗鉴赏")
4. b = tkinter.Label(win, text="花间一壶酒，独酌无相亲。举杯邀明月，对影成三人。")
5. b.pack()
6. win.mainloop()
```

保存并运行程序,结果如图 10-1 所示。

```
C:\Users\Administrator>python d:\python\ch10\10.1.py
```

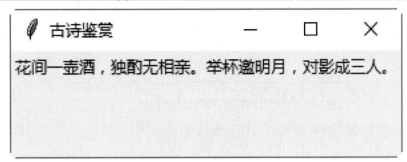

图 10-1  程序运行结果

【案例剖析】

上述代码的含义分析如下。

(1) 第 1 行:加载 tkinter 模块。

(2) 第 2 行:使用 tkinter 模块的 Tk()方法来创建一个主窗口。参数 win 是该窗口的句柄。如果用户调用多次 Tk()方法,就可以创建多个主窗口。

(3) 第 3 行:把用户界面的标题设置为"古诗鉴赏"。

(4) 第 4 行:使用 tkinter 模块的 Label()方法,在窗口内创建一个 Label 控件。参数 win 是该窗口的句柄,参数 text 是 Label 控件的文字。Label()方法返回此标签控件的句柄。注意 tkinter 也支持 Unicode 字符串。

(5) 第 5 行:调用标签控件的 pack()方法,来设置窗口的位置、大小等选项。后面章节将会详细讲述 pack()的使用方法。

(6) 第 6 行:开始窗口的事件循环。

如果想要关闭此窗口,只要单击窗口右上方的【关闭】按钮即可。

如果要让 GUI 应用程序能够在 Windows 下单独执行,必须将程序代码存储成.pyw 文件。这样就可以使用 pythonw.exe 来执行 GUI 应用程序,而不必打开 Python 解释器。如果将程序代码存储成.py 文件,必须使用 pythonw.exe 来执行 GUI 应用程序,如此会打开一个 MS-DOS 窗口。

【案例 10-2】 包含关闭按钮的图形界面(代码 10.2.pyw)。

```
from tkinter import *
win = Tk()
win.title(string = "古诗鉴赏")
Label(win, text="山气日夕佳,飞鸟相与还。此中有真意,欲辨已忘言。").pack()
Button(win, text="关闭", command=win.quit).pack(side="bottom")
win.mainloop()
```

保存 10.2.pyw 文件后,直接双击运行该文件,结果如图 10-2 所示。

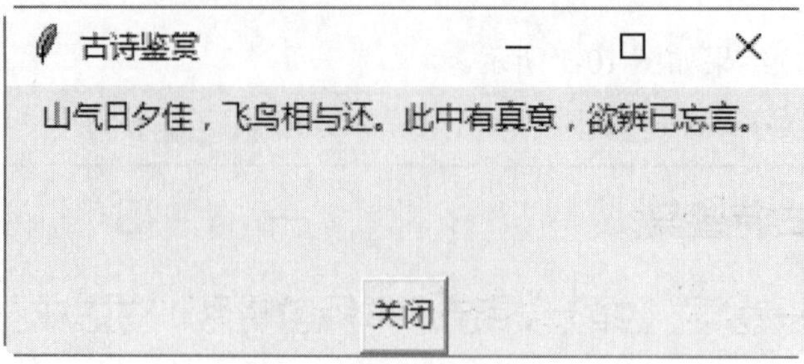

图 10-2　程序运行结果

单击【关闭】按钮，即可将该用户界面窗口关闭。

【案例剖析】

上述代码的含义分析如下。

(1) 第 1 行：加载 tkinter 模块的所有属性，如此可以直接使用 tkinter 模块的属性名称。
(2) 第 2 行：使用 tkinter 模块的 Tk()方法来创建一个主窗口。参数 win 是该窗口的句柄。
(3) 第 3 行：把用户界面的标题设置为"古诗鉴赏"。
(4) 第 4 行：使用 tkinter 模块的 Label()方法，在窗口内创建一个 Label 控件。参数 win 是该窗口的句柄，参数 text 是 Label 控件的文字。并且调用 Label 控件的 pack()方法，来设置 Label 控件的位置在窗口的顶端(默认值)。
(5) 第 5 行：使用 tkinter 模块的 Button()方法，在窗口内创建一个 Button 控件。参数 win 是该窗口的句柄，参数 text 是 Button 控件的文字，参数 command 是单击该按钮后结束窗口。并且调用 Button 控件的 pack()方法，来设置 Button 控件的位置在窗口的底端。
(6) 第 6 行：开始窗口的事件循环。

## 10.3　认识 tkinter 的控件

tkinter 包含有 15 个 tkinter 控件，如表 10-1 所示。

表 10-1　tkinter 的控件

| 控件名称 | 说明 |
| --- | --- |
| Button | 按钮控件；在程序中显示按钮 |
| Canvas | 画布控件；用来画图形，如线条、多边形等 |
| Checkbutton | 多选框控件；用于在程序中提供多项选择框 |
| Entry | 输入控件；定义一个简单的文字输入字段 |
| Frame | 框架控件；定义一个窗体，以作为其他控件的容器 |
| Label | 标签控件；定义一个文字或是图片标签 |
| Listbox | 列表框控件；此控件定义一个下拉方块 |
| Menu | 菜单控件；定义一个菜单栏、下拉菜单和弹出菜单 |
| Menubutton | 菜单按钮控件；用于显示菜单项 |

续表

| 控件名称 | 说  明 |
|---|---|
| Message | 消息控件；定义一个对话框 |
| Radiobutton | 单选按钮控件；定义一个单选按钮 |
| Scale | 范围控件；定义一个滑动条，来帮助用户设置数值 |
| Scrollbar | 滚动条控件；定义一个滚动条 |
| Text | 文本控件；定义一个文本框 |
| Toplevel | 此控件与 Frame 控件类似，可以作为其他控件的容器。但是此控件有自己的最上层窗口，可以提供窗口管理接口 |

1. 颜色名称常量

如果用户是在 Windows 操作系统内使用 tkinter，可以使用表 10-2 所定义的颜色名称常量。

表 10-2  Windows 操作系统的颜色名称常量

| SystemActiveBorder | SystemActiveCaption | SystemAppWorkspace |
|---|---|---|
| SystemBackground | SystemButtonFace | SystemButtonHighlight |
| SystemButtonShadow | SystemButtonText | SystemCaptionText |
| SystemDisabledText | SystemHighlight | SystemHighlightText |
| SystemInavtiveBorder | SystemInavtiveCaption | SystemInactiveCaptionText |
| SystemMenu | SystemMenuText | SystemScrollbar |
| SystemWindow | SystemWindowFrame | SystemWindowText |

2. 大小的测量单位

一般测量 tkinter 控件内的大小时，是以像素为单位。下列案例定义 Button 控件的文字与边框之间的水平距离是 20 像素：

```
from tkinter import *
win = Tk()
Button(win, padx=20, text="关闭", command=win.quit).pack()
win.mainloop()
```

不过也可以使用其他测量单位，如 c(厘米)、mm(公厘)、i(英寸)、p(点，1p = 1 / 72 英寸)。

【案例 10-3】 包含关闭按钮的图形界面(代码 10.3.pyw)。

```
from tkinter import *
win = Tk()
Button(win, padx=20, text="关闭", command=win.quit).pack()
Button(win, padx="2c", text="关闭", command=win.quit).pack()
Button(win, padx="8m", text="关闭", command=win.quit).pack()
Button(win, padx="2i", text="关闭", command=win.quit).pack()
Button(win, padx="20p", text="关闭", command=win.quit).pack()
win.mainloop()
```

保存 10.3.pyw 文件后，直接双击运行该文件，结果如图 10-3 所示。

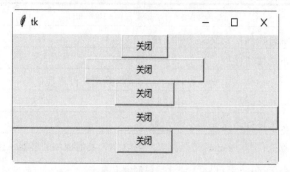

图 10-3　程序运行结果

【案例剖析】

本案例添加了 5 个【关闭】按钮，每个按钮将采用不同的测量单位。

3．共同属性

每一个 tkinter 控件都有下列共同的属性。

（1）anchor：定义控件在窗口内的位置或者文字信息在控件内的位置。可以是 N、NE、E、SE、S、SW、W、NW 或是 CENTER。

（2）background(bg)：定义控件的背景颜色，颜色值可以是表 10-2 所列的名称，也可以是 "#rrggbb" 形式的数字。用户可以使用 background 或者 bg。

下列案例定义一个背景颜色为绿色的文字标签，以及一个背景颜色为 SystemHighlight 的文字标签。

【案例 10-4】　设置控件背景颜色(代码 10.4.pyw)。

```
from tkinter import *
win = Tk()
Label(win, background="#00ff00", text="花近高楼伤客心，万方多难此登临。").pack()
Label(win, background="SystemHighlight", text="锦江春色来天地，玉垒浮云变古今。").pack()
win.mainloop()
```

保存 10.4.pyw 文件后，直接双击运行该文件，结果如图 10-4 所示。

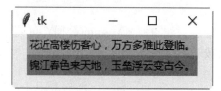

图 10-4　程序运行结果

（3）bitmap：定义显示在控件内的 bitmap 图片文件。

（4）borderwidth：定义控件的边框宽度，单位是像素。下列案例定义一个边框宽度为 10 个像素的按钮。

**【案例 10-5】** 设置控件边框(代码 10.5.pyw)。

```
from tkinter import *
win = Tk()
Button(win, relief=RIDGE, borderwidth=10, text="关闭", command=win.quit).pack()
win.mainloop()
```

保存 10.5.pyw 文件后，直接双击运行该文件，结果如图 10-5 所示。

图 10-5　程序运行结果

(5) command：当控件有特定的动作发生时，例如按下按钮，此属性定义动作发生时所调用的 Python 函数。

下列案例定义按下按钮时即调用窗口的 quit()函数来结束程序：

```
from tkinter import *
win =Tk()
Button(win, text="关闭", command=win.quit).pack()
win.mainloop()
```

(6) cursor：定义当鼠标指针移经控件上时鼠标指针的类型。下列是可使用的鼠标指针类型：crosshair、watch、xterm、fleur、arrow。

下列案例定义鼠标指针的类型是一个十字。

**【案例 10-6】** 设置鼠标指针的类型(代码 10.6.pyw)。

```
from tkinter import *
win = Tk()
Button(win, cursor="crosshair", text="关闭", command=win.quit).pack()
win.mainloop()
```

保存 10.6.pyw 文件后，直接双击运行该文件，结果如图 10-6 所示。

图 10-6　程序运行结果

(7) font：如果控件支持标题文字，你可以使用此属性来定义标题文字的字体格式。此属性是一个元组格式：(字体、大小、字体样式)，字体样式可以是 bold、italic、underline 及 overstrike。你可以同时设置多个字体样式，中间以空白隔开。

下列案例定义 3 个文字标签的字体。

**【案例 10-7】** 设置文字标签的字体(代码 10.7.pyw)。

```
from tkinter import *
win=Tk()
Label(win, font=("Times", 8, "bold"), text="关山三五月，客子忆秦川。").pack()
Label(win, font=("Symbol", 16, "bold overstrike"), text="思妇高楼上，当窗应未眠。"). pack()
Label(win, font=("细明体", 24, "bold italic underline"), text="星旗映疏勒，云阵上祁连。"). pack()
win.mainloop()
```

保存 10.7.pyw 文件后，直接双击运行该文件，结果如图 10-7 所示。

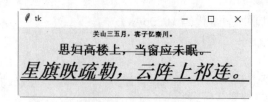

图 10-7　程序运行结果

(8) foreground(fg)：定义控件的前景(文字)颜色，颜色值可以是表 10-2 所列的名称，也可以是"#rrggbb"形式的数字。可以使用 foreground 或者 fg。

下列案例定义一个文字颜色为红色的按钮，以及一个文字颜色为绿色的文字标签。

【案例 10-8】 设置文本的颜色(代码 10.8.pyw)。

```
from tkinter import *
win = Tk()
Button(win, foreground="#ff0000", text="关闭", command=win.quit).pack()
Label(win, foreground="SystemHighlightText", text="海上生明月，天涯共此时。情人怨遥夜，竟夕起相思。").pack()
win.mainloop()
```

保存 10.8.pyw 文件后，直接双击运行该文件，结果如图 10-8 所示。

图 10-8　程序运行结果

(9) height：如果是 Button、Label 或者 Text 控件，此属性定义以字符数目为单位的高度。其他的控件，则是定义以像素(pixel)为单位的高度。

下列案例定义一个 5 个字符高度的按钮：

```
from tkinter import *
win = Tk()
Button(win, height=5, text="关闭", command=win.quit).pack()
win.mainloop()
```

(10) highlightbackground：定义控件在没有键盘焦点时，画 highlight 区域的颜色。

(11) highlightcolor：定义控件在有键盘焦点时，画 highlight 区域的颜色。

(12) highlightthickness：定义 highlight 区域的宽度，以像素为单位。

(13) image：定义显示在控件内的图片文件。请参考 8.4 节 Button 控件的 image()方法。

(14) justify：定义多行的文字标题的排列方式，此属性可以是 LEFT、CENTER 或者 RIGHT。

(15) padx，pady：定义控件内的文字或者图片与控件的边框之间的水平与垂直距离。下列案例定义按钮内的文字与边框之间的水平距离是 20 像素，垂直距离是 40 像素：

```
from tkinter import *
win = Tk()
```

```
Button(win, padx=20, pady=40, text="关闭", command=win.quit).pack()
win.mainloop()
```

(16) relief：定义控件的边框形式。所有的控件都有边框，不过有些控件的边框默认是不可见的。如果是 3D 形式的边框，此属性可以是 SUNKEN、RIDGE、RAISED 或者 GROOVE。如果是 2D 形式的边框，此属性可以是 FLAT 或者 SOLID。下列案例定义一个平面的按钮：

```
from tkinter import *
win = Tk()
Button(win, relief=FLAT, text="关闭", command=win.quit).pack()
win.mainloop()
```

(17) text：定义控件的标题文字。

(18) variable：将控件的数值映像到一个变量。当控件的数值改变时，此变量也会跟着改变。同样的当变量改变时，控件的数值也会跟着改变。此变量是下列类的实例变量：StringVar、IntVar、DoubleVar 或者 BooleanVar。这些实例变量可以分别使用 get()与 set()方法来读取与设置变量。

(19) width：如果是 Button、Label 或者 Text 控件，此属性定义以字符数目为单位的宽度。其他的控件，则是定义以像素(pixel)为单位的宽度。下列案例定义一个 16 个字符宽度的按钮：

```
from tkinter import *
win = Tk()
Button(win, width=16, text="关闭", command=win.quit).pack()
win.mainloop()
```

## 10.4 几何位置的设置

所有 tkinter 控件都可以使用下列方法来设置控件在窗口内的几何位置。
(1) pack()：将控件放置在父控件内之前，规划此控件在区块内的位置。
(2) grid()：将控件放置在父控件内之前，规划此控件成一个表格类型的架构。
(3) place()：将控件放置在父控件内的特定位置。

### 10.4.1 pack()方法

pack()方法依照其内的属性设置，将控件放置在 Frame 控件(窗体)或者窗口内。当用户创建了一个 Frame 控件后，就可以将控件开始放入，Frame 控件内存储控件的地方叫作 parcel。

如果用户想要将一群控件依照顺序放入，必须将这些控件的 anchor 属性设成相同。如果没有设置任何选项，则这些控件会从上而下排列。

pack()方法有下列选项。

(1) expand：此选项让控件使用所有剩下的空间。如此当窗口改变大小时，才能让控件使用多余的空间。如果 expand 等于 1，当窗口改变大小时窗体会占满整个窗口剩余的空间。如果 expand 等于 0，当窗口改变大小时窗体保持不变。

(2) fill：此选项决定控件如何填满 parcel 的空间，可以是 X、Y、BOTH 或者 NONE，此选项必须在 expand 等于 1 时才有作用。当 fill 等于 X 时，窗体会占满整个窗口 X 方向剩余的空间。当 fill 等于 Y 时，窗体会占满整个窗口 Y 方向剩余的空间。当 fill 等于 BOTH 时，窗体会占满整个窗口剩余的空间。当 fill 等于 NONE 时，窗体保持不变。

(3) ipadx，ipady：此选项与 fill 选项共同使用，来定义窗体内的控件与窗体边界之间的距离。此选项的单位是像素，也可以是其他测量单位，如厘米、英寸等。

(4) padx，pady：此选项定义控件之间的距离。此选项的单位是像素，也可以是其他测量单位，如厘米、英寸等。

(5) side：此选项定义控件放置的位置，可以是 TOP(靠上对齐)、BOTTOM(靠下对齐)、LEFT(靠左对齐)与 RIGHT(靠右对齐)。

下面的案例在窗口内创建 4 个窗体，在每一个窗体内创建 3 个按钮。使用不同的参数，来创建这些窗体与按钮。

【案例 10-9】 使用 pack()方法(代码 10.9.pyw)。

```
1.  from tkinter import *
2.  #主窗口
3.  win = Tk()
4.
5.  #第 1 个窗体
6.  frame1 = Frame(win, relief=RAISED, borderwidth=2)
7.  frame1.pack(side=TOP, fill=BOTH, ipadx=10, ipady=10, expand=0)
8.  Button(frame1, text="Button 1").pack(side=LEFT, padx=10, pady=10)
9.  Button(frame1, text="Button 2").pack(side=LEFT, padx=10, pady=10)
10. Button(frame1, text="Button 3").pack(side=LEFT, padx=10, pady=10)
11.
12. #第 2 个窗体
13. frame2 = Frame(win, relief=RAISED, borderwidth=2)
14. frame2.pack(side=BOTTOM, fill=NONE, ipadx="1c", ipady="1c", expand=1)
15. Button(frame2, text="Button 4").pack(side=RIGHT, padx="1c", pady="1c")
16. Button(frame2, text="Button 5").pack(side=RIGHT, padx="1c", pady="1c")
17. Button(frame2, text="Button 6").pack(side=RIGHT, padx="1c", pady="1c")
18.
19. #第 3 个窗体
20. frame3 = Frame(win, relief=RAISED, borderwidth=2)
21. frame3.pack(side=LEFT, fill=X, ipadx="0.1i", ipady="0.1i", expand=1)
22. Button(frame3, text="Button 7").pack(side=TOP, padx="0.1i", pady="0.1i")
23. Button(frame3, text="Button 8").pack(side=TOP, padx="0.1i", pady="0.1i")
24. Button(frame3, text="Button 9").pack(side=TOP, padx="0.1i", pady="0.1i")
25.
26. #第 4 个窗体
27. frame4 = Frame(win, relief=RAISED, borderwidth=2)
28. frame4.pack(side=RIGHT, fill=Y, ipadx="10p", ipady="10p", expand=1)
29. Button(frame4, text="Button 10").pack(side=BOTTOM, padx="10p",
pady="10p")
30. Button(frame4, text="Button 11").pack(side=BOTTOM, padx="10p",
pady="10p")
31. Button(frame4, text="Button 12").pack(side=BOTTOM, padx="10p",
pady="10p")
32.
```

```
33. #开始窗口的事件循环
34. win.mainloop()
```

保存 10.9.pyw 文件后，直接双击运行该文件，结果如图 10-9 所示。

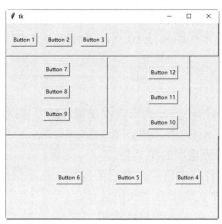

图 10-9　程序运行结果

【案例剖析】

上述代码的含义分析如下。

(1) 第 6 行：创建第 1 个 Frame 控件来作为窗体。此窗体的外形突起，边框厚度为 2 个像素。

(2) 第 7 行：此窗体在窗口的顶端(side=TOP)，当窗口改变大小时窗体本应会占满整个窗口剩余的空间(fill=BOTH)，但因设置 expand=0，所以窗体保持不变。控件与窗体边界之间的水平距离是 10 个像素，垂直距离是 10 个像素。

(3) 第 8～10 行：在第 1 个窗体内创建 3 个按钮。这 3 个按钮从窗体的左边开始排列(side=LEFT)，控件之间的水平距离是 10 个像素，垂直距离是 10 个像素。

(4) 第 13 行：创建第 2 个 Frame 控件来作为窗体。此窗体的外形突起，边框厚度为 2 个像素。

(5) 第 14 行：此窗体在窗口的底端(side=BOTTOM)，当窗口改变大小时窗体不会占满整个窗口剩余的空间(fill=NONE)。控件与窗体边界之间的水平距离是 1 厘米，垂直距离是 1 厘米。

(6) 第 15～17 行：在第 1 个窗体内创建 3 个按钮。这 3 个按钮从窗体的右边开始排列(side=RIGHT)，控件之间的水平距离是 1 厘米，垂直距离是 1 厘米。

(7) 第 20 行：创建第 3 个 Frame 控件来作为窗体。此窗体的外形突起，边框厚度为 2 个像素。

(8) 第 21 行：此窗体在窗口的左边(side=LEFT)，当窗口改变大小时窗体会占满整个窗口剩余的水平空间(fill=X)。控件与窗体边界之间的水平距离是 0.1 英寸，垂直距离是 0.1 英寸。

(9) 第 22～24 行：在第 1 个窗体内创建 3 个按钮。这 3 个按钮从窗体的顶端开始排列(side=TOP)，控件之间的水平距离是 0.1 英寸，垂直距离是 0.1 英寸。

(10) 第 27 行：创建第 4 个 Frame 控件来作为窗体。此窗体的外形突起，边框厚度为 2 个像素。

(11) 第 28 行：此窗体在窗口的右边(side=RIGHT)，当窗口改变大小时窗体会占满整个窗口剩余的垂直空间(fill=Y)。控件与窗体边界之间的水平距离是 10 点(1 点等于 1/72 英寸)，垂直距离是 10 点。

(12) 第 29～31 行：在第 1 个窗体内创建 3 个按钮。这 3 个按钮从窗体的底端开始排列(side=BOTTOM)，控件之间的水平距离是 10 点，垂直距离是 10 点。

### 10.4.2 grid()方法

grid()方法将控件依照表格的栏列方式来放置在窗体或者窗口内。grid()方法有下列选项。

(1) row：设置控件在表格中的第几列。
(2) column：设置控件在表格中的第几栏。
(3) columnspan：设置控件在表格中合并栏的数目。
(4) rowspan：设置控件在表格中合并列的数目。

下面使用 grid()方法创建一个 5×5 的按钮数组。

【案例 10-10】 使用 grid()方法(代码 10.10.pyw)。

```
1.  from tkinter import *
2.  #主窗口
3.  win = Tk()
4.
5.  #创建窗体
6.  frame = Frame(win, relief=RAISED, borderwidth=2)
7.  frame.pack(side=TOP, fill=BOTH, ipadx=5, ipady=5, expand=1)
8.
9.  #创建按钮数组
10. for i in range(5):
11.     for j in range(5):
12.         Button(frame, text="(" + str(i) + "," + str(j)+ ")").grid(row=i, column=j)
13.
14. #开始窗口的事件循环
15. win.mainloop()
```

保存 10.10.pyw 文件后，直接双击运行该文件，结果如图 10-10 所示。

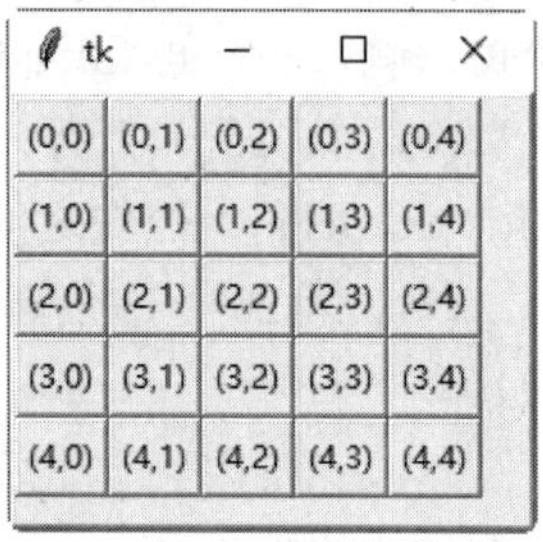

【案例剖析】

上述代码的含义分析如下。

(1) 第 6 行：创建一个 Frame 控件来作为窗体。此窗体的外形突起，边框厚度为 2 个像素。

(2) 第 7 行：此窗体在窗口的顶端(side=TOP)，当窗口改变大小时窗体会占满整个窗口剩余的空间(fill=BOTH)。控件与窗体边界之间的水平距离是 5 个像素，垂直距离是 5 个像素。

图 10-10 程序运行结果

(3) 第 10～12 行：创建一个按钮数组，按钮上的文字是(row, column)。str(i)是将数字类型的变量 i 转换成字符串类型。str(j)是将数字类型的变量 j 转换成字符串类型。

## 10.4.3  place()方法

place()方法设置控件在窗体或者窗口内的绝对地址或者相对地址。place()方法有下列选项。

(1) anchor：定义控件在窗体或者窗口内的方位。可以是 N、NE、E、SE、S、SW、W、NW 或者 CENTER。默认值是 NW，表示在左上角方位。

(2) bordermode：定义控件的坐标是否要考虑边界的宽度。此选项可以是 OUTSIDE 或者 INSIDE，默认值是 INSIDE。

(3) height：定义控件的高度，单位是像素。

(4) width：定义控件的宽度，单位是像素。

(5) in(in_)：定义控件相对于参考控件的位置。

(6) relheight：定义控件相对于参考控件(使用 in_选项)的高度。

(7) relwidth：定义控件相对于参考控件(使用 in_选项)的宽度。

(8) relx：定义控件相对于参考控件(使用 in_选项)的水平位移。如果没有设置 in_选项，则是相对于父控件。

(9) rely：定义控件相对于参考控件(使用 in_选项)的垂直位移。如果没有设置 in_选项，则是相对于父控件。

(10) x：定义控件的绝对水平位置，默认值是 0。

(11) y：定义控件的绝对垂直位置，默认值是 0。

下面使用 place()方法创建 2 个按钮。第 1 个按钮的位置在距离窗体左上角的(40, 40)坐标处，第 2 个按钮的位置在距离窗体左上角的(140, 80)坐标处。按钮的宽度是 80 个像素，按钮的高度是 40 个像素。

【案例 10-11】  使用 place()方法(代码 10.11.pyw)。

```
1.  from tkinter import *
2.  #主窗口
3.  win = Tk()
4.
5.  #创建窗体
6.  frame = Frame(win, relief=RAISED, borderwidth=2, width=400, height=300)
7.  frame.pack(side=TOP, fill=BOTH, ipadx=5, ipady=5, expand=1)
8.
9.  #第1个按钮的位置在距离窗体左上角的(40, 40)坐标处
10. button1 = Button(frame, text="Button 1")
11. button1.place(x=40, y=40, anchor=W, width=80, height=40)
12.
13. #第2个按钮的位置在距离窗体左上角的(140, 80)坐标处
14. button2 = Button(frame, text="Button 2")
15. button2.place(x=140, y=80, anchor=W, width=80, height=40)
16.
17. #开始窗口的事件循环
18. win.mainloop()
```

保存 10.11.pyw 文件后，直接双击运行该文件，结果如图 10-11 所示。

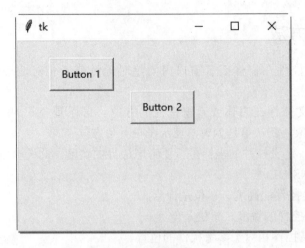

图 10-11　程序运行结果

【案例剖析】

上述代码的含义分析如下。

(1) 第 6 行：创建一个 Frame 控件，来作为窗体。此窗体的外形突起，边框厚度为 2 个像素。窗体的宽度是 400 个像素，高度是 300 个像素。

(2) 第 7 行：此窗体在窗口的顶端(side=TOP)，当窗口改变大小时窗体会占满整个窗口剩余的空间(fill=BOTH)。widget 与窗体边界之间的水平距离是 5 个像素，垂直距离是 5 个像素。

(3) 第 10～11 行：创建第 1 个按钮。位置在距离窗体左上角的(40, 40)坐标处，宽度是 80 个像素，高度是 40 个像素。

(4) 第 14～15 行：创建第 2 个按钮。位置在距离窗体左上角的(140, 80)坐标处，宽度是 80 个像素，高度是 40 个像素。

## 10.5　tkinter 的事件

当使用 tkinter 创建图形模式应用程序时，有时候需要处理一些事件，如键盘、鼠标等的动作。只要设置好事件处理例程(此函数称为 callback)，就可以在控件内处理这些事件。使用的语法如下：

```
def function(event):
    ...
widget.bind("<event>", function)
```

参数的含义如下。

(1) widget 是 tkinter 控件的实例变量。

(2) <event>是事件的名称。

(3) function 是事件处理例程。tkinter 会传给事件处理例程一个 event 变量，此变量内含事件发生时的 x、y 坐标(鼠标事件)，以及 ASCII 码(键盘事件)等。

## 10.5.1 事件的属性

当有事件发生时,tkinter 会传给事件处理例程一个 event 变量,此变量包含下列属性。

(1) char:键盘的字符码,例如 A 键的 char 属性等于 A,F1 键的 char 属性无法显示。

(2) keycode:键盘的 ASCII 码,例如 A 键的 keycode 属性等于 65。

(3) keysym:键盘的符号,例如 A 键的 keysym 属性等于 A,F1 键的 keysym 属性等于 F1。

(4) height,width:控件的新高度与宽度,单位是像素。

(5) num:事件发生时的鼠标按键码。

(6) widget:事件发生所在的控件实例变量。

(7) x,y:目前的鼠标光标位置。

(8) x_root,y_root:相对于屏幕左上角的目前鼠标光标位置。

(9) type:显示事件的种类。

## 10.5.2 事件绑定方法

用户可以使用下列 tkinter 控件的方法将控件与事件绑定起来。

(1) after(milliseconds [, callback [, arguments]]):在 milliseconds 时间后,调用 callback 函数,arguments 是 callback 函数的参数。此方法返回一个 identifier 值,可以应用在 after_cancel()方法。

(2) after_cancel(identifier):取消 callback 函数,identifier 是 after()函数的返回值。

(3) after_idle(callback, arguments):当系统在 idle 状态(无事可做)时,调用 callback 函数。

(4) bindtags():返回控件所使用的绑定搜索顺序。返回值是一个元组,包含搜索绑定所用的命名空间。

(5) bind(event, callback):设置 event 事件的处理函数 callback。可以使用下列格式来设置多个 callback 函数:bind(event, callback, "+")。

(6) bind_all(event, callback):设置应用程序阶层的 event 事件的处理函数 callback。可以使用下列格式来设置多个 callback 函数:bind_all(event, callback, "+")。此方法可以设置公用的快捷键。

(7) bind_class(widgetclass, event, callback):设置 event 事件的处理函数 callback,此 callback 函数由 widgetclass 类而来。可以使用下列格式来设置多个 callback 函数:bind_class(widgetclass, event, callback, "+")。

(8) <Configure>:此实例变量可以用来指示控件的大小改变或者移到新的位置。

(9) unbind(event):删除 event 事件与 callback 函数的绑定。

(10) unbind_all(event):删除应用程序附属的 event 事件与 callback 函数的绑定。

(11) unbind_class(event):删除 event 事件与 callback 函数的绑定,此 callback 函数由 widgetclass 类而来。

### 10.5.3 鼠标事件

当处理鼠标事件时，1 代表鼠标左键，2 代表鼠标中间键，3 代表鼠标右键。下列是鼠标事件。

(1) <Enter>：此事件在鼠标指针进入控件时发生。

(2) <Leave>：此事件在鼠标指针离开控件时发生。

(3) <Button-1>、<ButtonPress-1>或者<1>：此事件在控件上左击时发生。同理<Button-2>是在控件上单击鼠标中间键时发生，<Button-3>是在控件上右击时发生。

(4) <B1-Motion>：此事件在左击、移经控件时发生。

(5) <ButtonRelease-1>：此事件在释放鼠标左键时发生。

(6) <Double-Button-1>：此事件在双击鼠标左键时发生。

在窗口内创建一个窗体，在窗体内创建 3 个文字标签。在窗体内处理所有的鼠标事件，将事件的种类写入第 1 个文字标签内，将事件发生时的 x 坐标写入第 2 个文字标签内，将事件发生时的 y 坐标写入第 3 个文字标签内。

【案例 10-12】 使用 tkinter 事件(代码 10.12.pyw)。

```
from tkinter import *

#处理鼠标光标进入窗体时的事件
def handleEnterEvent(event):
    label1["text"] = "You enter the frame"
    label2["text"] = ""
    label3["text"] = ""

#处理鼠标光标离开窗体时的事件
def handleLeaveEvent(event):
    label1["text"] = "You leave the frame"
    label2["text"] = ""
    label3["text"] = ""

#处理在窗体内左击的事件
def handleLeftButtonPressEvent(event):
    label1["text"] = "You press the left button"
    label2["text"] = "x = " + str(event.x)
    label3["text"] = "y = " + str(event.y)

#处理在窗体内单击鼠标中间键的事件
def handleMiddleButtonPressEvent(event):
    label1["text"] = "You press the middle button"
    label2["text"] = "x = " + str(event.x)
    label3["text"] = "y = " + str(event.y)

#处理在窗体内右击的事件
def handleRightButtonPressEvent(event):
    label1["text"] = "You press the right button"
    label2["text"] = "x = " + str(event.x)
```

```python
    label3["text"] = "y = " + str(event.y)

#处理在窗体内左击,然后移动鼠标光标的事件
def handleLeftButtonMoveEvent(event):
    label1["text"] = "You are moving mouse with the left button pressed"
    label2["text"] = "x = " + str(event.x)
    label3["text"] = "y = " + str(event.y)

#处理在窗体内释放鼠标左键的事件
def handleLeftButtonReleaseEvent(event):
    label1["text"] = "You release the left button"
    label2["text"] = "x = " + str(event.x)
    label3["text"] = "y = " + str(event.y)

#处理在窗体内连续按两下鼠标左键的事件
def handleLeftButtonDoubleClickEvent(event):
    label1["text"] = "You are double clicking the left button"
    label2["text"] = "x = " + str(event.x)
    label3["text"] = "y = " + str(event.y)

#创建主窗口
win = Tk()

#创建窗体
frame = Frame(win, relief=RAISED, borderwidth=2, width=300, height=200)

frame.bind("<Enter>", handleEnterEvent)
frame.bind("<Leave>", handleLeaveEvent)
frame.bind("<Button-1>", handleLeftButtonPressEvent)
frame.bind("<ButtonPress-2>", handleMiddleButtonPressEvent)
frame.bind("<3>", handleRightButtonPressEvent)
frame.bind("<B1-Motion>", handleLeftButtonMoveEvent)
frame.bind("<ButtonRelease-1>", handleLeftButtonReleaseEvent)
frame.bind("<Double-Button-1>", handleLeftButtonDoubleClickEvent)

#文字标签,显示鼠标事件的种类
label1 = Label(frame, text="No event happened", foreground="#0000ff", \
  background="#00ff00")
label1.place(x=16, y=20)

#文字标签,显示鼠标事件发生时的x坐标
label2 = Label(frame, text="x = ", foreground="#0000ff", background=
"#00ff00")
label2.place(x=16, y=40)

#文字标签,显示鼠标事件发生时的y坐标
label3 = Label(frame, text="y = ", foreground="#0000ff", background=
"#00ff00")
label3.place(x=16, y=60)

#设置窗体的位置
frame.pack(side=TOP)
```

```
#开始窗口的事件循环
win.mainloop()
```

保存 10.12.pyw 文件后，直接双击运行该文件，结果如图 10-12 所示。

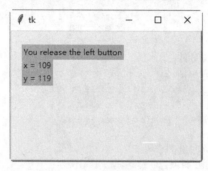

图 10-12　程序运行结果

### 10.5.4　键盘事件

可以处理所有的键盘事件，包括 Ctrl、Alt、F1、Home 等特殊键。

下列是键盘事件。

(1) <Key>：此事件在按下 ASCII 码为 48～90 时发生，即数字键、字母键，以及+、～等符号。

(2) <Control-Up>：此事件在按 Ctrl+Up 组合键时发生。同理可以使用类似的名称在 Alt、Shift 再加上 Up、Down、Left 与 Right 键。

(3) 其他按键，则使用其按键名称。包括：<Return>、<Escape>、<F1>、<F2>、<F3>、<F4>、<F5>、<F6>、<F7>、<F8>、<F9>、<F10>、<F11>、<F12>、<Num_Lock>、<Scroll_Lock>、<Caps_Lock>、<Print>、<Insert>、<Delete>、<Pause>、<Prior>(Page Up)、<Next>(Page Down)、<BackSpace>、<Tab>、<Cancel>(Break)、<Control_L>(任何的 Ctrl 键)、<Alt_L>(任何的 Alt 键)、<Shift_L>(任何的 Shift 键)、<End>、<Home>、<Up>、<Down>、<Left>、<Right>。

下面在窗口内创建一个窗体，在窗体内创建一个文字标签。在主窗口内处理所有的键盘事件，当有按键时将键盘的符号与 ASCII 码写入文字标签内。

【案例 10-13】　使用 tkinter 事件(代码 10.13.pyw)。

```
from tkinter import *

#处理在窗体内按下键盘按键(非功能键)的事件
def handleKeyEvent(event):
    label1["text"] = "You press the " + event.keysym + " key\n"
    label1["text"] += "keycode = " + str(event.keycode)

#创建主窗口
win = Tk()

#创建窗体
```

```
frame = Frame(win, relief=RAISED, borderwidth=2, width=300, height=200)

#将主窗口与键盘事件联结
eventType = ["Key", "Control-Up", "Return", "Escape", "F1", "F2", "F3",
"F4", "F5",
 "F6", "F7", "F8", "F9", "F10", "F11", "F12", "Num_Lock", "Scroll_Lock",
 "Caps_Lock", "Print", "Insert", "Delete", "Pause", "Prior", "Next",
"BackSpace",
 "Tab", "Cancel", "Control_L", "Alt_L", "Shift_L", "End", "Home", "Up",
"Down",
 "Left", "Right"]

for type in eventType:
    win.bind("<" + type + ">", handleKeyEvent)

#文字标签,显示键盘事件的种类
label1 = Label(frame, text="No event happened", foreground="#0000ff", \
 background="#00ff00")
label1.place(x=16, y=20)

#设置窗体的位置
frame.pack(side=TOP)

#开始窗口的事件循环
win.mainloop()
```

保存 10.13.pyw 文件后，直接双击运行该文件，结果如图 10-13 所示。

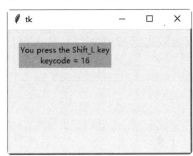

图 10-13　程序运行结果

## 10.5.5　系统协议

tkinter 提供拦截系统信息的机制，用户可以拦截这些系统信息，然后设置成自己的处理例程，这个机制称为协议处理例程(protocol handler)。

通常处理的协议如下。

(1) WM_DELETE_WINDOW：当系统要关闭该窗口时发生。

(2) WM_TAKE_FOCUS：当应用程序得到焦点时发生。

(3) WM_SAVE_YOURSELF：当应用程序需要存储内容时发生。

虽然这个机制是由 X system 所成立，Tk 函数库可以在所有的操作系统上处理这个机制。要将协议与处理例程联结，其语法如下：

```
widget.protocol(protocol, function_handler)
```

注意    widget 必须是一个 Toplevel 控件。

下列案例拦截系统信息 WM_DELETE_WINDOW。当用户使用窗口右上角的【关闭】按钮来关闭打开的此窗口时，应用程序会显示一个对话框来询问是否真的要结束应用程序。

【案例 10-14】 使用系统协议(代码 10.14.pyw)。

```
from tkinter import *
import tkinter.messagebox

#处理 WM_DELETE_WINDOW 事件
def handleProtocol():
    #打开一个[确定/取消]对话框
    if tkinter.messagebox.askokcancel("提示", "你确定要关闭窗口吗？"):
        #确定要结束应用程序
        win.destroy()

#创建主窗口
win = Tk()

#创建协议
win.protocol("WM_DELETE_WINDOW", handleProtocol)

#开始窗口的事件循环
win.mainloop()
```

保存 10.14.pyw 文件后，直接双击运行该文件。单击窗口右上角的【关闭】按钮，【提示】对话框如图 10-14 所示。

图 10-14　程序运行结果

## 10.6　Button 控件

Button 控件用来创建按钮，按钮内可以显示文字或者图片。

下列是 Button 控件的方法。
(1) flash()：将前景与背景颜色互换来产生闪烁的效果。
(2) invoke()：执行 command 属性所定义的函数。

下列是 Button widget 的属性。
(1) activebackground：当按钮在作用中时的背景颜色。
(2) activeforeground：当按钮在作用中时的前景颜色。例如：

```
from tkinter import *
win = Tk()
Button(win, activeforeground="#ff0000", activebackground="#00ff00", \
    text="关闭", command=win.quit).pack()
win.mainloop()
```

(3) bitmap：显示在按钮上的位图，此属性只有在忽略 image 属性时才有用。此属性一般可设置成 gray12、gray25、gray50、gray75、hourglass、error、questhead、info、warning 与 question。也可以直接使用 XBM(X Bitmap)文件，在 XBM 文件名称之前加上一个@符号，例如 bitmap=@hello.xbm。例如：

```
from tkinter import *
win = Tk()
Button(win, bitmap="question", command=win.quit).pack()
win.mainloop()
```

(4) default：如果设置此属性，则此按钮为默认按钮。
(5) disabledforeground：当按钮在无作用时的前景颜色。
(6) image：显示在按钮上的图片，此属性的顺序在 text 与 bitmap 属性之前。
(7) state：定义按钮的状态，可以是 NORMAL、ACTIVE 或者 DISABLED。
(8) takefocus：定义用户是否可以使用 Tab 键，来改变按钮的焦点。
(9) text：显示在按钮上的文字。如果定义了 bitmap 或者 image 属性，text 属性就不会被使用。
(10) underline：一个整数偏移值，表示按钮上的文字哪一个字符要加底线，第一个字符的偏移值是 0。

下列案例在按钮上的第一个文字上添加底线。

【案例 10-15】 文字上添加底线(代码 10.15.pyw)。

```
from tkinter import *
win = Tk()
Button(win, text="公司主页面", underline=0, command=win.quit).pack()
win.mainloop()
```

保存 10.15.pyw 文件后，直接双击运行该文件，结果如图 10-15 所示。

(11) wraplength：一个以屏幕单位(screen unit)为单位的距离值，用来决定按钮上的文字在哪里需要换成多行。默认值是不换行。

图 10-15　程序运行结果

## 10.7 Canvas 控件

Canvas 控件用来创建与显示图形,如弧形、位图、图片、线条、椭圆形、多边形、矩形等。

下列是 Canvas 控件的方法。

(1) create_arc(coord, start, extent, fill):创建一个弧形。参数 coord 定义画弧形区块的左上角与右下角坐标;参数 start 定义画弧形区块的起始角度(逆时针方向);参数 extent 定义画弧形区块的结束角度(逆时针方向);参数 fill 定义填满弧形区块的颜色。

下列案例在窗口客户区的(10, 50)与(240, 210)坐标间画一个弧形,起始角度是 0 度,结束角度是 270 度,使用红色来填满弧形区块。

【案例 10-16】 绘制一个弧形(代码 10.16.pyw)。

```
from tkinter import *
win = Tk()
coord = 10, 50, 240, 210
canvas = Canvas(win)
canvas.create_arc(coord, start=0, extent=270, fill="red")
canvas.pack()
win.mainloop()
```

保存 10.16.pyw 文件后,直接双击运行该文件,结果如图 10-16 所示。

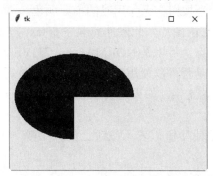

图 10-16  程序运行结果

(2) create_bitmap(x, y, bitmap):创建一个位图。参数 x 与 y 定义位图的左上角坐标,参数 bitmap 定义位图的来源,可为 gray12、gray25、gray50、gray75、hourglass、error、questhead、info、warning 与 question。也可以直接使用 XBM(X Bitmap)文件,在 XBM 文件名称之前加上一个@符号,例如 bitmap=@hello.xbm。

下列案例在窗口客户区的(40, 40)坐标处,画上一个 warning 位图。

【案例 10-17】 绘制一个位图(代码 10.17.pyw)。

```
from tkinter import *
win =Tk()
canvas = Canvas(win)
canvas.create_bitmap(40, 40, bitmap="warning")
```

```
canvas.pack()
win.mainloop()
```

保存 10.17.pyw 文件后，直接双击运行该文件，结果如图 10-17 所示。

(3) create_image(x, y, image)：创建一个图片。参数 x 与 y 定义图片的左上角坐标；参数 image 定义图片的来源，必须是 tkinter 模块的 BitmapImage 或者 PhotoImage 类的实例变量。

下列案例在窗口客户区的(40, 140)坐标处，加载一个 10.1.gif 图片文件。

图 10-17　程序运行结果

【案例 10-18】　创建一个图片(代码 10.18.pyw)。

```
from tkinter import *
win = Tk()
img = PhotoImage(file="10.1.gif")
canvas = Canvas(win)
canvas.create_image(40, 140, image=img)
canvas.pack()
win.mainloop()
```

保存 10.18.pyw 文件后，直接双击运行该文件，结果如图 10-18 所示。

图 10-18　程序运行结果

(4) create_line(x0, y0, x1, y1, ... , xn, yn, options)：创建一个线条。参数 x0，y0，x1，y1，...，xn, yn 定义线条的坐标；参数 options 可以是 width 或者 fill。width 定义线条的宽度，默认值是 1 个像素。fill 定义线条的颜色，默认值是 black。

下列案例从窗口客户区的(10, 10)坐标处，画一条线到(40, 120)坐标处，再从(40, 120)坐标处，画一条线到(230, 270)坐标处，线条的宽度是 3 个像素，线条的颜色是绿色。

【案例 10-19】　绘制一个线条(代码 10.19.pyw)。

```
from tkinter import *
win = Tk()
canvas = Canvas(win)
canvas.create_line(10, 10, 40, 120, 230, 270, width=3, fill="green")
canvas.pack()
win.mainloop()
```

保存 10.19.pyw 文件后，直接双击运行该文件，结果如图 10-19 所示。

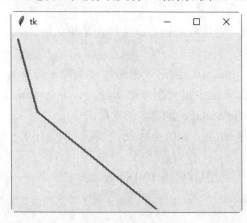

图 10-19　程序运行结果

(5) create_oval(x0, y0, x1, y1, options)：创建一个圆形或者椭圆形。参数 x0 与 y0 定义绘图区域的左上角坐标；参数 x1 与 y1 定义绘图区域的右下角坐标；参数 options 可以是 fill 或者 outline。fill 定义填满圆形或者椭圆形的颜色，默认值是 empty(透明)。outline 定义圆形或者椭圆形的外围颜色。

下列案例在窗口客户区的(10, 10)到(240, 240)坐标处，画一个圆形，圆形的填满颜色是绿色，外围颜色是蓝色。

【案例 10-20】　绘制一个圆(代码 10.20.pyw)。

```
from tkinter import *
win = Tk()
canvas = Canvas(win)
canvas.create_oval(10, 10, 240, 240, fill="green", outline="blue")
canvas.pack()
win.mainloop()
```

保存 10.20.pyw 文件后，直接双击运行该文件，结果如图 10-20 所示。

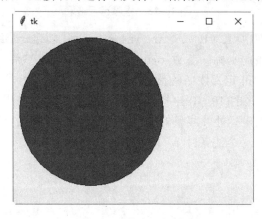

图 10-20　程序运行结果

(6) create_polygon(x0, y0, x1, y1, ... , xn, yn, options)：创建一个至少 3 个点的多边形。参数 x0，y0，x1，y1，...，xn，yn 定义多边形的坐标；参数 options 可以是 fill、outline 或者 splinesteps。fill 定义填满多边形的颜色，默认值是 black。outline 定义多边形的外围颜色，默认值是 black。splinesteps 是一个整数，定义曲线的平滑度。

下列案例在窗口客户区的(10, 10)、(320, 80)、(210, 230)坐标处，画一个三角形，多边形的填满颜色是绿色，多边形的外围颜色是蓝色，多边形的曲线平滑度是 1。

【案例 10-21】 绘制一个三角形(代码 10.21.pyw)。

```
from tkinter import *
win =Tk()
canvas = Canvas(win)
canvas.create_polygon(10, 10, 320, 80, 210, 230, outline="blue",
splinesteps=1,fill="green")
canvas.pack()
win.mainloop()
```

保存 10.21.pyw 文件后，直接双击运行该文件，结果如图 10-21 所示。

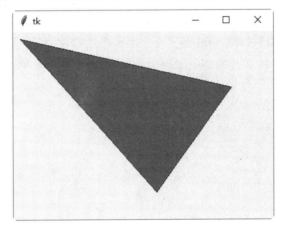

图 10-21　程序运行结果

(7) create_rectangle(x0, y0, x1, y1, options)：创建一个矩形。参数 x0 与 y0 定义矩形的左上角坐标，参数 x1 与 y1 定义矩形的右下角坐标。参数 options 可以是 fill 或是 outline。fill 定义填满矩形的颜色，默认值是 empty(透明)。outline 定义矩形的外围颜色，默认值是 black。

下列案例在窗口客户区的(10, 10)到(220, 220)坐标处，画一个矩形，矩形的填满颜色是红色，矩形的外围颜色是空字符串，表示不画矩形的外围。

【案例 10-22】 绘制一个矩形(代码 10.22.pyw)。

```
from tkinter import *
win = Tk()
canvas = Canvas(win)
canvas.create_rectangle(10, 10, 220, 220, fill="red", outline="")
canvas.pack()
win.mainloop()
```

保存 10.22.pyw 文件后，直接双击运行该文件，结果如图 10-22 所示。

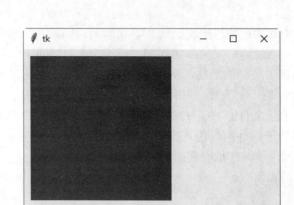

图 10-22　程序运行结果

(8) create_text(x0, y0, text, options)：创建一个文字字符串。参数 x0 与 y0 定义文字字符串的左上角坐标；参数 text 定义文字字符串的文字；参数 options 可以是 anchor 或者 fill。anchor 定义(x0, y0)在文字字符串内的位置，默认值是 CENTER，可以是 N、NE、E、SE、S、SW、W、NW 或者 CENTER。fill 定义文字字符串的颜色，默认值是 empty(透明)。

下列案例在窗口客户区的(40, 40)坐标处，画一个文字字符串，文字字符串的颜色是红色，(40, 40)坐标是在文字字符串的左边。

【案例 10-23】　创建一个文字字符串(代码 10.23.pyw)。

```
from tkinter import *
win = Tk()
canvas = Canvas(win)
canvas.create_text(40, 40, text="秋风起兮白云飞，草木黄落兮雁南归。", fill="red", anchor=W)
canvas.pack()
win.mainloop()
```

保存 10.23.pyw 文件后，直接双击运行该文件，结果如图 10-23 所示。

图 10-23　程序运行结果

## 10.8　Checkbutton 控件

Checkbutton 控件用来创建复选框。下列是 Checkbutton 控件的属性。

(1) onvalue，offvalue：设置 Checkbutton 控件的 variable 属性所指定的变量所要存储的数值。如果复选框没有被勾选，此变量的值为 offvalue。如果复选框被勾选，此变量的值为

onvalue。

(2) indicatoron：将此属性设置成 0，可以将整个控件变成复选框。

下列是 Checkbutton 控件的方法。

(1) select()：选择复选框，并且设置变量的值为 onvalue。

下列案例在窗口客户区内创建 3 个复选框，并且将此 3 个复选框靠左对齐，然后勾选第一个复选框。

**【案例 10-24】** 创建 3 个复选框(代码 10.24.pyw)。

```
from tkinter import *
win = Tk()
check1 = Checkbutton(win, text="苹果")
check2 = Checkbutton(win, text="香蕉")
check3 = Checkbutton(win, text="橘子")
check1.select()
check1.pack(side=LEFT)
check2.pack(side=LEFT)
check3.pack(side=LEFT)
win.mainloop()
```

保存 10.24.pyw 文件后，直接双击运行该文件，结果如图 10-24 所示。

图 10-24　程序运行结果

(2) flash()：将前景与背景颜色互换来产生闪烁的效果。

(3) invoke()：执行 command 属性所定义的函数。

(4) toggle()：改变核取按钮的状态，如果核取按钮现在的状态是 on，就改成 off。反之亦然。

## 10.9　Entry 控件

Entry 控件用来在窗体或者窗口内创建一个单行的文本框。

下列是 Entry 控件的属性。

textvariable：此属性为用户输入的文字或者要显示在 Entry 控件内的文字。

下列是 Entry 控件的方法。

get()：此方法可以读取 Entry widget 内的文字。

下面在窗口内创建一个窗体，在窗体内创建一个文本框，让用户输入一个表达式。在窗体内创建一个按钮，按下此按钮后即计算文本框内所输入的表达式。在窗体内创建一个文字标签，将表达式的计算结果显示在此文字标签上。

【案例 10-25】 创建一个简单计算器(代码 10.25.pyw)。

```python
from tkinter import *
win = Tk()
#创建窗体
frame = Frame(win)

#创建一个计算式
def calc():
    #将用户输入的表达式,计算结果后转换成字符串
    result = "= " + str(eval(expression.get()))
    #将计算的结果显示在 Label 控件上
    label.config(text = result)

#创建一个 Label 控件
label = Label(frame)
#创建一个 Entry 控件
entry = Entry(frame)

#读取用户输入的表达式
expression = StringVar()
#将用户输入的表达式显示在 Entry 控件上
entry["textvariable"] = expression

#创建一个 Button 控件.当用户输入完毕后,单击此按钮即计算表达式的结果
button1 = Button(frame, text="等于", command=calc)

#设置 Entry 控件为焦点所在
entry.focus()
frame.pack()
#Entry 控件位于窗体的上方
entry.pack()
#Label 控件位于窗体的左方
label.pack(side=LEFT)
#Button 控件位于窗体的右方
button1.pack(side=RIGHT)

#开始程序循环
frame.mainloop()
```

保存 10.25.pyw 文件后，直接双击运行该文件。在文本框中输入需要计算的公式，单击【等于】按钮，即可查看运算结果，如图 10-25 所示。

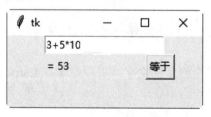

图 10-25　程序运行结果

## 10.10　Label 控件

Label 控件用来创建一个显示方块，可以在这个显示方块内放置文字或者图片。当用户在 Entry 控件内输入数值时，其值会存储在 tkinter 的 StringVar 类内。可以将 Entry 控件的 textvariable 属性设置成 StringVar 类的实例变量，让用户输入的数值自动显示在 Entry 控件上。

```
expression = StringVar()
entry = Entry(frame, textvariable=expression)
entry.pack()
```

此方式也适用在 Label 控件上。可以使用 StringVar 类的 set()方法，直接写入 Label 控件要显示的文字。例如：

```
expression = StringVar()
Label(frame, textvariable=expression).pack()
expression.set("Hello Python")
```

在窗口内创建一个 3×3 的窗体表格，在每一个窗体内创建一个 Label 控件。在每一个 Label 控件内加载一张图片。其中图片的名称为 a0～a8.gif，共 9 个图片文件。

【案例 10-26】　创建一个窗体表格(代码 10.26.pyw)。

```
from tkinter import *
win = Tk()

#设置图片文件的路径
path = "D:\\python\\ch10\\"
img = []
#将 9 张图片放入一个列表中
for i in range(9):
    img.append(PhotoImage(file=path + "a" + str(i) + ".gif"))

#创建 9 个窗体
frame = []
for i in range(3):
    for j in range(3):
        frame.append(Frame(win, relief=RAISED, borderwidth=1,
width=158,height=112))
        #创建 9 个 Label 控件
        Label(frame[j+i*3], image=img[j+i*3]).pack()
        #将窗体编排成 3×3 的表格
        frame[j+i*3].grid(row=j, column=i)

#开始程序循环
win.mainloop()
```

保存 10.26.pyw 文件后，直接双击运行该文件，结果如图 10-26 所示。

图 10-26　程序运行结果

在案例 10-25 中，还可以添加清除表达式与文字标签的内容的功能。下列案例中将新增一个按钮，单击此新增按钮后，会清除表达式与文字标签的内容。

【**案例 10-27**】　创建一个优化计算器(代码 10.27.pyw)。

```python
from tkinter import *
win = Tk()
#创建窗体
frame = Frame(win)

#创建一个计算式
def calc():
    #将用户输入的表达式,计算结果后转换成字符串
    result = "= " + str(eval(expression.get()))
    #将计算的结果显示在Label widget上
    label.config(text = result)

#清除文本框与文字标签的内容
def clear():
    expression.set("")
    label.config(text = "")

#创建一个Label控件
label = Label(frame)
#读取用户输入的表达式
expression = StringVar()
#创建一个Entry控件，Entry控件位于窗体的上方
entry = Entry(frame, textvariable=expression)
entry.pack()

#创建一个Button控件.当用户输入完毕后,单击此按钮即计算表达式的结果
button1 = Button(frame, text="等于", command=calc)
button2 = Button(frame, text="清除", command=clear)
```

```
#设置 Entry 控件为焦点所在
entry.focus()
frame.pack()
#Label 控件位于窗体的左方
label.pack(side=LEFT)
#Button 控件位于窗体的右方
button1.pack(side=RIGHT)
button2.pack(side=RIGHT)

#开始程序循环
frame.mainloop()
```

保存 10.27.pyw 文件后，直接双击运行该文件。在文本框中输入需要计算的公式，单击【等于】按钮，即可查看运算结果，如图 10-27 所示。

单击【清除】按钮，即可清除文本框中的表达式和文字标签的内容，如图 10-28 所示。

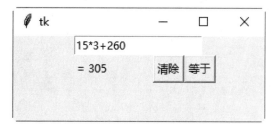

图 10-27　查看运算结果

图 10-28　清除表达式和文字标签的内容

## 10.11　Listbox 控件

Listbox 控件用来创建一个列表框。列表框内可以包含许多选项，用户可以只选择一项或者选择多项。

下列是 Listbox 控件的属性。

（1）height：列表框的行数目。如果此属性为 0，则自动设置成能找到的最大选择项数目。

（2）selectmode：设置列表框的种类，可以是 SINGLE、EXTENDED、MULTIPLE 或者 BROWSE。

（3）width：设置每一行的字符数目。如果此属性为 0，则自动设置成能找到的最大字符数目。

下列是 Listbox 控件的方法。

（1）delete(row [, lastrow])：删除指定行 row，或者删除 row 到 lastrow 之间的行。

（2）get(row)：取得指定行 row 内的字符串。

（3）insert(row , string)：在指定列 row 插入字符串 string。

（4）see(row)：将指定行 row 变成可视。

（5）select_clear()：清除选择项。

（6）select_set(startrow , endrow)：选择 startrow 与 endrow 之间的行。

下列案例将创建一个列表框,并且插入 8 个选项。

【案例 10-28】 创建一个列表框(代码 10.28.pyw)。

```
from tkinter import *
win = Tk()

#创建窗体
frame = Frame(win)

#创建列表框选项列表
name = ["香蕉", "苹果", "橘子", "西瓜", "桃子", "菠萝", "柚子", "橙子"]

#创建 Listbox 控件
listbox = Listbox(frame)
#清除 Listbox 控件的内容
listbox.delete(0, END)
#在 Listbox 控件内插入选项
for i in range(8):
    listbox.insert(END, name[i])

listbox.pack()
frame.pack()

#开始程序循环
win.mainloop()
```

保存 10.28.pyw 文件后,直接双击运行该文件,结果如图 10-29 所示。

图 10-29　程序运行结果

## 10.12　Menu 控件

Menu 控件用来创建 3 种类型的菜单:pop-up(快捷式菜单)、toplevel(主目录)和 pull-down(下拉式菜单)。下列是 Menu 控件的方法。

(1) add_command(options):新增一个菜单项。

(2) add_radiobutton(options):创建一个选择钮菜单项。

(3) add_checkbutton(options):创建一个复选框菜单项。
(4) add_cascade(options):将一个指定的菜单与其父菜单联结,创建一个新的级联菜单。
(5) add_separator():新增一个分隔线。
(6) add(type, options):新增一个特殊类型的菜单项。
(7) delete(startindex [, endindex]):删除 startindex 到 endindex 之间的菜单项。
(8) entryconfig(index, options):修改 index 菜单项。
(9) index(item):返回 index 索引值的菜单项标签。

下列是 Menu 控件方法的选项。
(1) accelerator:设置菜单项的快捷键,快捷键会显示在菜单项的右边。注意此选项并不会自动将快捷键与菜单项联结在一起,必须另行设置。
(2) command:当选择菜单项时执行的 callback 函数。
(3) indicatorOn:设置此属性,可以让菜单项选择 on 或者 off。
(4) label:定义菜单项内的文字。
(5) menu:此属性与 add_cascade()方法一起使用,用来新增菜单项的子菜单项。
(6) selectColor:菜单项 on 或者 off 的颜色。
(7) state:定义菜单项的状态,可以是 normal、active 或者 disabled。
(8) onvalue,offvalue:存储在 variable 属性内的数值。当选择菜单项时,将 onvalue 内的数值复制到 variable 属性内。
(9) tearOff:如果此选项为 true,在菜单项的上面显示一个可按的分隔线。按下此分隔线,会将此菜单项分离出来成为一个新的窗口。
(10) underline:设置菜单项中的哪一个字符要有底线。
(11) value:选择钮菜单项的值。
(12) variable:用来存储数值的变量。

下列案例将创建一个主目录(toplevel) 菜单,并且新增 5 个菜单项。

**【案例 10-29】** 创建一个主目录菜单(代码 10.29.pyw)。

```
from tkinter import *
import tkinter.messagebox
#创建主窗口
win = Tk()

#执行菜单命令,显示一个对话框
def doSomething():
    tkinter.messagebox.askokcancel("菜单", "你正在选择菜单命令")

#创建一个主目录(toplevel)
mainmenu = Menu(win)
#新增菜单项
mainmenu.add_command(label="文件", command=doSomething)
mainmenu.add_command(label="编辑", command=doSomething)
mainmenu.add_command(label="视图", command=doSomething)
mainmenu.add_command(label="窗口", command=doSomething)
mainmenu.add_command(label="帮助", command=doSomething)
```

```
#设置主窗口的菜单
win.config(menu=mainmenu)

#开始程序循环
win.mainloop()
```

保存 10.29.pyw 文件后,直接双击运行该文件,结果如图 10-30 所示。
选择任意一个菜单,将会弹出提示对话框,如图 10-31 所示。

图 10-30　程序运行结果

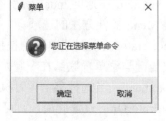

图 10-31　提示对话框

下列案例将创建一个下拉式菜单(pull-down),并且在菜单项内加入快捷键。

【案例 10-30】　创建一个下拉式菜单(代码 10.30.pyw)。

```
from tkinter import *
import tkinter.messagebox

#创建主窗口
win = Tk()

#执行【文件/新建】命令,显示一个对话框
def doFileNewCommand(*arg):
    tkinter.messagebox.askokcancel("菜单", "你正在选择【新建】命令")

#执行【文件/打开】命令,显示一个对话框
def doFileOpenCommand(*arg):
    tkinter.messagebox.askokcancel ("菜单", "你正在选择【打开】命令")

#执行【文件/保存】命令,显示一个对话框
def doFileSaveCommand(*arg):
    tkinter.messagebox.askokcancel ("菜单", "你正在选择【保存】命令")

#执行【帮助/文档】命令,显示一个对话框
def doHelpContentsCommand(*arg):
    tkinter.messagebox.askokcancel ("菜单", "你正在选择【保存】命令")

#执行【帮助/文关于】命令,显示一个对话框
def doHelpAboutCommand(*arg):
    tkinter.messagebox.askokcancel ("菜单", "你正在选择【关于】命令")

#创建一个下拉式菜单(pull-down)
mainmenu = Menu(win)

#新增"文件"菜单的子菜单
filemenu = Menu(mainmenu, tearoff=0)
#新增"文件"菜单的菜单项
```

```
filemenu.add_command(label="新建", command=doFileNewCommand,
accelerator="Ctrl-N")
filemenu.add_command(label="打开",
command=doFileOpenCommand,accelerator="Ctrl-O")
filemenu.add_command(label="保存",
command=doFileSaveCommand,accelerator="Ctrl-S")
filemenu.add_separator()
filemenu.add_command(label="退出", command=win.quit)
#新增"文件"菜单
mainmenu.add_cascade(label="文件", menu=filemenu)

#新增"帮助"菜单的子菜单
helpmenu = Menu(mainmenu, tearoff=0)
#新增"帮助"菜单的菜单项
helpmenu.add_command(label="文档",
command=doHelpContentsCommand,accelerator="F1")
helpmenu.add_command(label="关于",
command=doHelpAboutCommand,accelerator="Ctrl-A")
#新增"帮助"菜单
mainmenu.add_cascade(label="帮助", menu=helpmenu)

#设置主窗口的菜单
win.config(menu=mainmenu)

win.bind("<Control-n>", doFileNewCommand)
win.bind("<Control-N>", doFileNewCommand)
win.bind("<Control-o>", doFileOpenCommand)
win.bind("<Control-O>", doFileOpenCommand)
win.bind("<Control-s>", doFileSaveCommand)
win.bind("<Control-S>", doFileSaveCommand)
win.bind("<F1>", doHelpContentsCommand)
win.bind("<Control-a>", doHelpAboutCommand)
win.bind("<Control-A>", doHelpAboutCommand)

#开始程序循环
win.mainloop()
```

保存 10.30.pyw 文件后，直接双击运行该文件，选择【文件】下拉菜单，如图 10-32 所示。选择【打开】子菜单，将会弹出提示对话框，如图 10-33 所示。

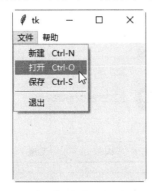

图 10-32　程序运行结果

图 10-33　提示对话框

下列案例将创建一个快捷式菜单(pop-up)。

【案例 10-31】 创建一个快捷式菜单(代码 10.31.pyw)。

```
from tkinter import *
import tkinter.messagebox
#创建主窗口
win = Tk()

#执行菜单命令,显示一个对话框
def doSomething():
    tkinter.messagebox.askokcancel ("菜单", "你正在选择快捷式菜单命令")

#创建一个快捷式菜单(pop-up)
popupmenu = Menu(win, tearoff=0)

#新增快捷式菜单的项目
popupmenu.add_command(label="复制", command=doSomething)
popupmenu.add_command(label="粘贴", command=doSomething)
popupmenu.add_command(label="剪切", command=doSomething)
popupmenu.add_command(label="删除", command=doSomething)

#在右击的窗口(x,y)坐标处,显示此快捷式菜单
def showPopUpMenu(event):
    popupmenu.post(event.x_root, event.y_root)

#设置右击后,显示此快捷式菜单
win.bind("<Button-3>", showPopUpMenu)

#开始程序循环
win.mainloop()
```

保存 10.31.pyw 文件后，直接双击运行该文件，右击，弹出快捷式菜单，如图 10-34 所示。

选择【粘贴】命令，将会弹出提示对话框，如图 10-35 所示。

图 10-34 程序运行结果

图 10-35 提示对话框

## 10.13　Message 控件

Message 控件用来显示多行不可编辑的文字。Message 控件会自动分行，并且编排文字的位置。Message 控件与 Label 控件的功能类似，但是 Message 控件多了自动编排的功能。

下列案例创建一个简单的 Message 控件。

【案例 10-32】　创建一个 Message 控件(代码 10.32.pyw)。

```
from tkinter import *

#创建主窗口
win = Tk()

txt = "暮云收尽溢清寒，银汉无声转玉盘。此生此夜不长好，明月明年何处看。"
msg = Message(win, text=txt)
msg.pack()

#开始程序循环
win.mainloop()
```

保存 10.32.pyw 文件后，直接双击运行该文件，结果如图 10-36 所示。

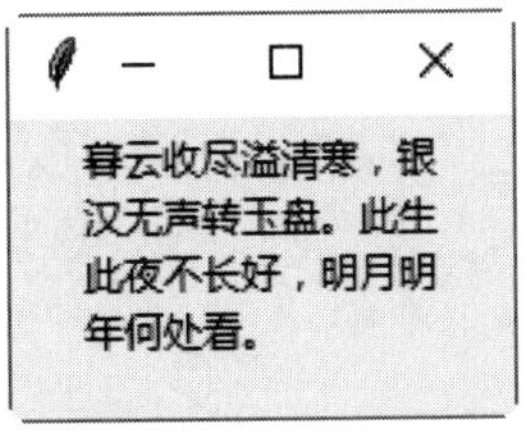

图 10-36　程序运行结果

## 10.14　Radiobutton 控件

Radiobutton 控件用来创建一个单选按钮。为了让一群单选按钮可以执行相同的功能，必须设置这群单选按钮的 variable 属性为相同值，value 属性值则是各单选按钮的数值。

下列是 Radiobutton 控件的属性。

(1) command：当用户选中此单选按钮时，所调用的函数。
(2) variable：当用户选中此单选按钮时，要更新的变量。
(3) width：当用户选中此单选按钮时，要存储在变量内的值。

下列是 Radiobutton 控件的方法。

(1) flash()：将前景与背景颜色互换来产生闪烁的效果。
(2) invoke()：执行 command 属性所定义的函数。
(3) select()：选中此单选按钮，将 variable 变量的值设置成 value 属性值。

下列案例将创建 5 个运动项目的单选按钮以及一个文字标签，将用户的选择显示在文字标签上。

【案例 10-33】 创建单选按钮(代码 10.33.pyw)。

```
from tkinter import *
#创建主窗口
win = Tk()

#运动项目列表
sports = ["棒球", "篮球", "足球", "网球", "排球"]

#将用户的选择显示在 Label 控件上
def showSelection():
    choice = "你的选择是：" + sports[var.get()]
    label.config(text = choice)

#读取用户的选择值,是一个整数
var = IntVar()
#创建单选按钮,靠右边对齐
Radiobutton(win, text=sports[0], variable=var,
value=0,command=showSelection).pack(anchor=W)
Radiobutton(win, text=sports[1], variable=var,
value=1,command=showSelection).pack(anchor=W)
Radiobutton(win, text=sports[2], variable=var,
value=2,command=showSelection).pack(anchor=W)
Radiobutton(win, text=sports[3], variable=var,
value=3,command=showSelection).pack(anchor=W)
Radiobutton(win, text=sports[4], variable=var,
value=4,command=showSelection).pack(anchor=W)

#创建文字标签,用来显示用户的选择
label = Label(win)
label.pack()

#开始程序循环
win.mainloop()
```

保存 10.33.pyw 文件后，直接双击运行该文件，选中不同的单选按钮，将提示不同的信息，如图 10-37 所示。

下列案例将创建命令型单选按钮。

【案例 10-34】 创建命令型单选按钮(代码 10.34.pyw)。

```
from tkinter import *
#创建主窗口
win = Tk()

#运动项目列表
sports = ["棒球", "篮球", "足球", "网球", "排球"]

#将用户的选择显示在 Label 控件上
def showSelection():
    choice = "你的选择是：" + sports[var.get()]
    label.config(text = choice)
```

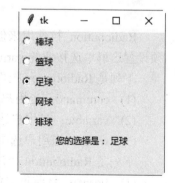

图 10-37 程序运行结果

```
#读取用户的选择值,是一个整数
var = IntVar()
#创建单选按钮
radio1 = Radiobutton(win, text=sports[0],
variable=var,value=0,command=showSelection)
radio2 = Radiobutton(win, text=sports[1], variable=var, value=1,
command=showSelection)
radio3 = Radiobutton(win, text=sports[2], variable=var, value=2,
command=showSelection)
radio4 = Radiobutton(win, text=sports[3], variable=var,
value=3,command=showSelection)
radio5 = Radiobutton(win, text=sports[4], variable=var,
value=4,command=showSelection)

#将单选按钮的外形设置成命令型按钮
radio1.config(indicatoron=0)
radio2.config(indicatoron=0)
radio3.config(indicatoron=0)
radio4.config(indicatoron=0)
radio5.config(indicatoron=0)

#将单选按钮靠左边对齐
radio1.pack(anchor=W)
radio2.pack(anchor=W)
radio3.pack(anchor=W)
radio4.pack(anchor=W)
radio5.pack(anchor=W)

#创建文字标签,用来显示用户的选择
label = Label(win)
label.pack()

#开始程序循环
win.mainloop()
```

保存 10.34.pyw 文件后,直接双击运行该文件,选择不同的命令按钮,将提示不同的信息,如图 10-38 所示。

图 10-38 程序运行结果

## 10.15 Scale 控件

Scale 控件用来创建一个标尺式的滑动条对象,让你可以移动标尺上的光标来设置数值。下列是 Scale 控件的方法。

(1) get():取得目前标尺上的光标值。
(2) set(value):设置目前标尺上的光标值。

下列案例将创建 3 个 Scale 控件,分别用来选择 R、G、B 三原色的值。移动 Scale 控件到显示颜色的位置后,按下 Show color 按钮即可以将 RGB 的颜色显示在一个 Label 控件上。

【案例 10-35】 创建滑块控件(代码 10.35.pyw)。

```python
from tkinter import *
from string import *

#创建主窗口
win = Tk()

#将标尺上的0~100范围的数字,转换成0~255范围的十六进位数字,
#再转换成2个字符的字符串,如果数字只有1位,就在前面加1个零
def getRGBStr(value):
    #将标尺上的0~100范围的数字,转换成0~255范围的十六进位数字,
    #再转换成字符串
    ret = str(hex(int(value/100*255)))
    #将十六进位数字前面的0x去掉
    ret = ret[2:4]
    #转换成2个字符的字符串,如果数字只有1位,就在前面加1个零
    ret = zfill(ret, 2)
    return ret

#将RGB颜色的字符串,转换成#rrggbb类型的字符串
def showRGBColor():
    #读取#rrggbb字符串的rr部分
    strR = getRGBStr(var1.get())
    #读取#rrggbb字符串的gg部分
    strG = getRGBStr(var2.get())
    #读取#rrggbb字符串的bb部分
    strB = getRGBStr(var3.get())
    #转换成#rrggbb类型的字符串
    color = "#" + strR + strG + strB
    #将颜色字符串,设置给Label控件的背景颜色
    colorBar.config(background = color)

#分别读取3个标尺的值,是一个双精度浮点数
var1 = DoubleVar()
var2 = DoubleVar()
var3 = DoubleVar()

#创建标尺
scale1 = Scale(win, variable=var1)
scale2 = Scale(win, variable=var2)
scale3 = Scale(win, variable=var3)

#将选择钮靠左对齐
scale1.pack(side=LEFT)
scale2.pack(side=LEFT)
scale3.pack(side=LEFT)

#创建一个标签,用来显示颜色字符串
colorBar = Label(win, text=" "*40, background="#000000")
colorBar.pack(side=TOP)

#创建一个按钮,按下后即将标尺上的RGB颜色显示在Label控件上
button = Button(win, text="查看颜色", command=showRGBColor)
button.pack(side=BOTTOM)
```

```
#开始程序循环
win.mainloop()
```

保存 10.35.pyw 文件后，直接双击运行该文件。拖动滑块选择不同的 RGB 值，然后单击【查看颜色】按钮，即可查看对应的颜色效果，如图 10-39 所示。

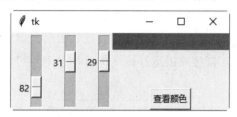

图 10-39　程序运行结果

## 10.16　Scrollbar 控件

Scrollbar 控件用来创建一个水平或者垂直滚动条，可与 Listbox、Text、Canvas 等控件共同使用来移动显示的范围。下列是 Scrollbar 控件的方法。

(1) set(first, last)：设置目前的显示范围，其值在 0 与 1 之间。
(2) get()：返回目前的滚动条设置值。

下列案例将创建一个 60 个选项的列表框、一个水平滚动条以及一个垂直滚动条。当移动水平或者垂直滚动条时，改变列表框的水平或垂直方向可见范围。

【案例 10-36】　创建滚动条控件(代码 10.36.pyw)。

```
from tkinter import *

#创建主窗口
win = Tk()

#创建一个水平滚动条
scrollbar1 = Scrollbar(win, orient=HORIZONTAL)
#水平滚动条位于窗口底端,当窗口改变大小时会在 X 方向填满窗口
scrollbar1.pack(side=BOTTOM, fill=X)

#创建一个垂直滚动条
scrollbar2 = Scrollbar(win)
#垂直滚动条位于窗口右端,当窗口改变大小时会在 Y 方向填满窗口
scrollbar2.pack(side=RIGHT, fill=Y)

#创建一个列表框,x 方向的滚动条指令是 scrollbar1 对象的 set()方法,
#y 方向的滚动条指令是 scrollbar2 对象的 set()方法
mylist = Listbox(win, xscrollcommand=scrollbar1.set,
yscrollcommand=scrollbar2.set)
#在列表框内插入 60 个选项
for i in range(60):
    mylist.insert(END, "火树银花合，星桥铁锁开。暗尘随马去，明月逐人来。" + str(i))
#列表框位于窗口左端,当窗口改变大小时会在 X 与 Y 方向填满窗口
mylist.pack(side=LEFT, fill=BOTH)
```

```
#移动水平滚动条时,改变列表框的x方向可见范围
scrollbar1.config(command=mylist.xview)
#移动垂直滚动条时,改变列表框的y方向可见范围
scrollbar2.config(command=mylist.yview)

#开始程序循环
win.mainloop()
```

保存 10.36.pyw 文件后，直接双击运行该文件。拖动滑块可以查看对应的内容，如图 10-40 所示。

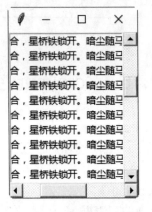

图 10-40　程序运行结果

## 10.17　Text 控件

Text 控件用来创建一个多行、格式化的文本框。用户可以改变文本框内的字体、文字颜色。

下列是 Text 控件的属性。

(1) state：此属性值可以是 normal 或者 disabled。state 等于 normal 表示此文本框可以编辑内容；state 等于 disabled 表示此文本框可以不编辑内容。

(2) tabs：此属性值为一个 tab 位置的列表。列表中的元素是 tab 位置的索引值，再加上一个调整字符：l、r、c。l 代表 left；r 代表 right；c 代表 center。

下列是 Text 控件的方法。

(1) delete(startindex [, endindex])：删除特定位置的字符，或者一个范围内的文字。

(2) get(startindex [, endindex])：返回特定位置的字符，或者一个范围内的文字。

(3) index(index)：返回指定索引值的绝对值。

(4) insert(index [, string]...)：将字符串插入指定索引值的位置。

(5) see(index)：如果指定索引值的文字是可见的就返回 True。

Text 控件支持 3 种类型的特殊结构：Mark、Tag、Index。

Mark 用来当作书签，书签可以帮助用户快速找到文本框内容的指定位置。tkinter 提供两种类型的书签：INSERT 与 CURRENT。INSERT 书签指定光标插入的位置，CURRENT 书签

指定光标最近的位置。

下列是 Text 控件用来操作书签的方法。

(1) index(mark)：返回书签的行与列的位置。

(2) mark_gravity(mark [, gravity])：返回书签的 gravity。如果指定了 gravity 参数，则设置此书签的 gravity。此方法用在要将插入的文字准确地放在书签的位置时。

(3) mark_names()：返回 Text 控件的所有书签。

(4) mark_set(mark, index)：设置书签的新位置。

(5) mark_unset(mark)：删除 Text 控件的指定书签。

tag 用来将一个范围内的文字，指定为一个标签名称。如此就可以很容易地将此范围内的文字同时修改其设置值。tag 也可以用来将一个范围与一个 callback 函数联结。tkinter 提供一种类型的 tag：SEL。SEL 指定符合目前的选择范围。

下列是 Text 控件用来操作 tag 的方法。

(1) tag_add(tagname, startindex [, endindex]...)：将 startindex 位置或者 startindex 到 endindex 之间的范围指定为 tagname 名称。

(2) tag_config()：用来设置 tag 属性的选项。选项可以是 justify，justify 值可以是 left、right 或者 center。选项可以是 tabs，tabs 与 Text 控件的 tag 属性功能相同。选项可以是 underline，underline 用来在标签文字内加底线。

(3) tag_delete(tagname)：删除指定的 tag 标签。

(4) tag_remove(tagname, startindex [, endindex]...)：将 startindex 位置或者 startindex 到 endindex 之间的范围指定的 tag 标签删除。

index 用来指定字符的真实位置。tkinter 提供下列类型的 index：INSERT，CURRENT，END，line/column("line.column")，line end("line.end")，用户定义书签，用户定义标签("tag.first", "tag.last")，选择范围(SEL_FIRST，SEL_LAST)，窗口的坐标("@x,y")，嵌入对象的名称(窗口，图像)，以及表达式。

下列案例创建一个 Text 控件，在 Text 控件分别插入一段文字，以及一个按钮。

**【案例 10-37】** 创建多行文本框控件(代码 10.37.pyw)。

```
from tkinter import *

#创建主窗口
win = Tk()
win.title(string = "文本控件")

#创建一个 Text 控件
text = Text(win)

#在 Text 控件内插入一段文字
text.insert(INSERT, "晴明落地犹惆怅，何况飘零泥土中。:\n\n")

#跳下一行
text.insert(INSERT, "\n\n")

#在 Text 控件内插入一个按钮
button = Button(text, text="关闭", command=win.quit)
```

```
text.window_create(END, window=button)

text.pack(fill=BOTH)

#在第一行文字的第 10 个字符到第 14 个字符处插入标签,标签名称为"print"
text.tag_add("print", "1.10", "1.15")
#将插入的按钮,设置其标签名称为"button"
text.tag_add("button", button)

#改变标签"print"的前景与背景颜色,并且加底线
text.tag_config("print", background="yellow", foreground="blue",
underline=1)
#设置标签"button"的居中排列
text.tag_config("button", justify="center")

#开始程序循环
win.mainloop()
```

保存 10.37.pyw 文件后,直接双击运行该文件,结果如图 10-41 所示。

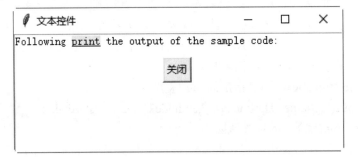

图 10-41　程序运行结果

## 10.18　Toplevel 控件

Toplevel widget 用来创建一个独立窗口,此独立窗口可以不必有父控件。Toplevel 控件拥有与 tkinter.Tk()方法所打开窗口的所有特性,同时还拥有下列方法。

(1) deiconify():在使用 iconify()或者 withdraw()方法后,显示该窗口。
(2) frame():返回一个系统特定的窗口识别码。
(3) group(window):将此窗口加入 window 窗口群组中。
(4) iconify():将窗口缩小成小图标。
(5) protocol(name, function):将 function 函数登记成 callback 函数。
(6) state():返回目前窗口的状态,可以是 normal、iconic、withdrawn 或者 icon。
(7) transient([master]):将此窗口转换成 master,或者父窗口的暂时窗口。当 master 变成小图标的时候,此窗口也会跟着隐藏起来。
(8) withdraw():将此窗口从屏幕上关闭,但是不删除它。

下列方法用来存取窗口特定信息。

(1) aspect(minNumber, minDenom, maxNumber, maxDenom):设置窗口的宽度与长度的比

值。此比值必须在 minNumber/minDenom 与 maxNumber / maxDenom 之间。如果忽略这些参数，则返回这 4 个值的元组。

(2) client(name)：使用在 X Windows 系统，用来定义 WM_CLIENT_MACHINE 属性。

(3) colormapwindows(wlist...)：这个方法是使用在 X Windows 系统上，用来定义 WM_COLORMAP_WINDOWS 属性。

(4) command(value)：使用在 X Windows 系统，用来定义 WM_COMMAND 属性。

(5) focusmodel(model)：设置焦点模型。

(6) geometry(geometry)：这个方法使用下列格式来改变窗口的几何设置："widthxheight+xoffset+yoffset"。

(7) iconbitmap(bitmap)：定义窗口变成小图标时，所使用的单色位图图标。

(8) iconmask(bitmap)：定义窗口变成小图标时，所使用的单色位图屏蔽。

(9) iconname(newName=None)：定义窗口变成小图标时，所使用的图标名称。

(10) iconposition(x, y)：定义窗口变成小图标时，窗口的 x，y 位置。

(11) iconwindow(window)：定义窗口变成小图标时，所使用的图标窗口。

(12) maxsize(width, height)：定义窗口大小的最大值。

(13) minsize(width, height)：定义窗口大小的最小值。

(14) overrideredirect(flag)：定义一个非零的标志。

(15) position(who)：定义位置控制器。

(16) resizable(width, height)：定义是否可以改变窗口大小的标志。

(17) sizefrom(who)：定义大小控制器。

(18) title(string)：定义窗口的标题。

## 10.19 对 话 框

tkinter 提供下列不同类型的对话框，这些对话框的功能存放在 tkinter 的不同子模块中。主要包括 messagebox 模块、filedialog 模块和 colorchooser 模块。

### 10.19.1 messagebox 模块

messagebox 模块提供下列方法来打开供用户选择项目的对话框。

(1) askokcancel(title=None, message=None)：打开一个【确定/取消】对话框。
案例如下：

```
>>> import tkinter.messagebox
>>> tkinter.messagebox.askokcancel("提示", "你确定要关闭窗口吗？")
True
```

打开的对话框如图 10-42 所示。如果单击【确定】按钮，就返回 True。如果单击【取消】按钮，就返回 False。

(2) askquestion(title=None, message=None)：打开一个【是/否】对话框。

案例如下：

```
>>> import tkinter.messagebox
>>> tkinter.messagebox.askquestion("提示", "你确定要关闭窗口吗？")
'yes'
```

打开的对话框如图 10-43 所示。如果单击【是】按钮，就返回 yes。如果单击【否】按钮，就返回 no。

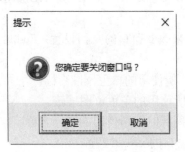

图 10-42 【确定/取消】对话框

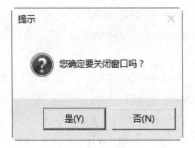

图 10-43 【是/否】对话框

(3) askretrycancel(title=None, message=None)：打开一个【重试/取消】对话框。

案例如下：

```
>>> import tkinter.messagebox
>>> tkinter.messagebox.askretrycancel ("提示", "你确定要关闭窗口吗？")
True
```

打开的对话框如图 10-44 所示。如果单击【重试】按钮，就返回 True。如果单击【取消】按钮，就返回 False。

(4) askyesno(title=None, message=None)：打开一个【是/否】对话框。

案例如下：

```
>>> import tkinter.messagebox
>>> tkinter.messagebox. askyesno ("提示", "你确定要关闭窗口吗？")
True
```

打开的对话框如图 10-45 所示。如果单击【是】按钮，就返回 True。如果单击【否】按钮，就返回 False。

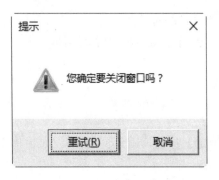

图 10-44 【重试/取消】对话框

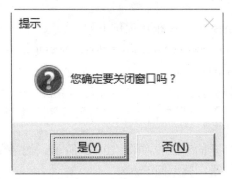

图 10-45 【是/否】对话框

(5) showerror(title=None, message=None)：打开一个错误提示对话框。

```
>>> import tkinter.messagebox
>>> tkinter.messagebox.showerror ("提示", "你确定要关闭窗口吗？")
'ok'
```

打开的对话框如图 10-46 所示。如果按单击【确定】按钮，就返回 ok。

(6) showinfo(title=None, message=None)：打开一个信息提示对话框。

```
>>> import tkinter.messagebox
>>> tkinter.messagebox.showinfo("提示", "你确定要关闭窗口吗？")
'ok'
```

打开的对话框如图 10-47 所示。如果单击【确定】按钮，就返回 ok。

(7) showwarning(title=None, message=None)：打开一个警告提示对话框。

```
>>> import tkinter.messagebox
>>> tkinter.messagebox.showwarning("提示", "你确定要关闭窗口吗？")
'ok'
```

打开的对话框如图 10-48 所示。如果单击【确定】按钮，就返回"ok"。

图 10-46　错误提示对话框

图 10-47　信息提示对话框

图 10-48　警告提示对话框

## 10.19.2　filedialog 模块

tkinter.filedialog 模块可以打开【打开】对话框，或者【另存为】对话框。

Open(master=None, filetypes=None)：打开一个【打开】对话框。filetypes 是要打开的文件类型，为一个列表。

SaveAs(master=None, filetypes=None)：打开一个【另存为】对话框。filetypes 是要保存的文件类型，为一个列表。

创建两个按钮，第一个按钮打开一个【打开】对话框，第二个按钮打开一个【另存为】对话框。

【案例 10-38】　创建两种对话框(代码 10.38.pyw)。

```
from tkinter import *
import tkinter.filedialog

#创建主窗口
win = Tk()
win.title(string = "打开文件和保存文件")
```

```python
#打开一个【打开】对话框
def createOpenFileDialog():
    myDialog1.show()

#打开一个【另存为】对话框
def createSaveAsDialog():
    myDialog2.show()

#单击按钮后,即打开对话框
Button(win, text="打开文件", command=createOpenFileDialog).pack(side=LEFT)
Button(win, text="保存文件",command=createSaveAsDialog).pack(side=LEFT)

#设置对话框打开或保存的文件类型
myFileTypes = [('Python files', '*.py *.pyw'), ('All files', '*')]

#创建一个【打开】对话框
myDialog1 = tkinter.filedialog.Open(win, filetypes=myFileTypes)
#创建一个【另存为】对话框
myDialog2 = tkinter.filedialog.SaveAs(win, filetypes=myFileTypes)

#开始程序循环
win.mainloop()
```

保存 10.38.pyw 文件后，直接双击运行该文件，结果如图 10-49 所示。

图 10-49　程序运行结果

单击【打开文件】按钮，弹出【打开】对话框，如图 10-50 所示。单击【保存文件】按钮，弹出【另存为】对话框，如图 10-51 所示。

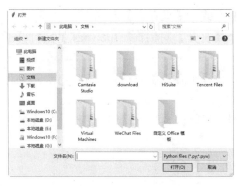

图 10-50　【打开】对话框

图 10-51　【另存为】对话框

### 10.19.3　colorchooser 模块

colorchooser 模块用于打开【颜色】对话框。

(1) skcolor(color=None)：直接打开一个【颜色】对话框，不需要父控件与 show()方法。返回值是一个元组，其格式为((R, G, B), "#rrggbb")。

(2) Chooser(master=None)：打开一个【颜色】对话框。返回值是一个元组，其格式为((R, G, B), "#rrggbb")。

下列案例创建一个按钮，单击按钮后即打开一个【颜色】对话框。

【案例 10-39】 创建两种对话框(代码 10.39.pyw)。

```
from tkinter import *
import tkinter.colorchooser, tkinter.messagebox

#创建主窗口
win = Tk()
win.title(string = "颜色对话框")

#打开一个【颜色】对话框
def openColorDialog():
    #显示【颜色】对话框
    color = colorDialog.show()
    #显示所选择颜色的 RGB 值
    tkinter.messagebox.showinfo("提示", "你选择的颜色是：" + color[1] + "\n" + \
        "R = " + str(color[0][0]) + " G = " + str(color[0][1]) + " B = " + str(color[0][2]))

#单击按钮后,即打开对话框
Button(win, text="打开【颜色】对话框", \
    command=openColorDialog).pack(side=LEFT)

#创建一个【颜色】对话框
colorDialog = tkinter.colorchooser.Chooser(win)

#开始程序循环
win.mainloop()
```

保存 10.39.pyw 文件后，直接双击运行该文件，结果如图 10-52 所示。单击【打开颜色对话框】按钮，弹出【颜色】对话框，如图 10-53 所示。

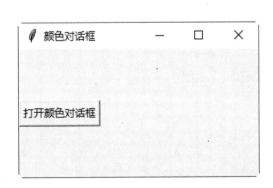

图 10-52  程序运行结果

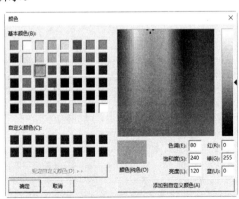

图 10-53  【颜色】对话框

选择一个颜色后，单击【确定】按钮，弹出【提示】对话框，显示选择的颜色值和 RGB 值，如图 10-54 所示。

图 10-54 【提示】对话框

## 10.20 大神解惑

小白：Frame 控件有什么用？

大神：Frame 控件用来创建窗体。窗体是很重要的控件，因为它可以将一群控件组合在一个矩形区域内。用户可以在这个矩形区域内编排控件的位置。

小白：如何使用 tkinter 实现简单的聊天窗口？

大神：通过 tkinter 可以轻松实现简单的聊天窗口。

【案例 10-40】 创建聊天窗口(代码 10.40.pyw)。

```
from tkinter import *
import datetime
import time
root = Tk()
root.title('与×××聊天中')
#发送按钮事件
def sendmessage():
    #在聊天内容上方加一行 显示发送人及发送时间
    msgcontent ='我:' + time.strftime("%Y-%m-%d %H:%M:%S",time.localtime()) + '\n'
    text_msglist.insert(END, msgcontent, 'green')
    text_msglist.insert(END, text_msg.get('0.0', END))
    text_msg.delete('0.0', END)

#创建几个 Frame 作为容器
frame_left_top    = Frame(width=380, height=270, bg='white')
frame_left_center = Frame(width=380, height=100, bg='white')
frame_left_bottom = Frame(width=380, height=20)
frame_right       = Frame(width=170, height=400, bg='white')
#创建需要的几个元素
text_msglist   = Text(frame_left_top)
text_msg       = Text(frame_left_center);
button_sendmsg = Button(frame_left_bottom, text=('发送'), command=sendmessage)
#创建一个绿色的 tag
text_msglist.tag_config('green', foreground='#008B00')
```

```
#使用grid设置各个容器位置
frame_left_top.grid(row=0, column=0, padx=2, pady=5)
frame_left_center.grid(row=1, column=0, padx=2, pady=5)
frame_left_bottom.grid(row=2, column=0)
frame_right.grid(row=0, column=1, rowspan=3, padx=4, pady=5)
frame_left_top.grid_propagate(0)
frame_left_center.grid_propagate(0)
frame_left_bottom.grid_propagate(0)
#把元素填充进Frame
text_msglist.grid()
text_msg.grid()
button_sendmsg.grid(sticky=E)
#主事件循环
root.mainloop()
```

保存 10.40.pyw 文件后，直接双击运行该文件。在窗口的下方输入内容后，单击【发送】按钮，即可将内容发送到聊天窗口中，如图 10-55 所示。

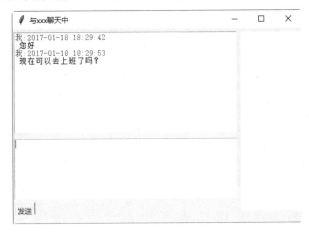

图 10-55　聊天窗口

## 10.21　跟我练练手

练习 1：上网查询常用的 Python GUI，并比较它们的优缺点。

练习 2：使用 tkinter 创建一个简单的图形用户界面。

练习 3：创建一个背景颜色为红色、边框为蓝色的按钮。

练习 4：使用 3 种不同的方法设置多个按钮在窗口中的位置。

练习 5：创建一个包含闪烁效果的按钮。

练习 6：绘制一个弧形和三角形。

练习 7：创建 4 个复选框。

练习 8：创建一个单行文本框。

练习 9：创建各种不同类型的菜单。

练习 10：创建各种不同类型的对话框。

# 第 11 章 流行的 Python 开发工具

在开发 Python 语言的过程中，经常会使用各种开发工具。包括程序代码编辑工具、IDLE 调试器、反编译二进制码、Python 性能分析器、传输 Python 应用程序等。

**本章要点(已掌握的，在方框中打钩)**

- ☐ 熟悉程序代码编辑工具。
- ☑ 掌握 IDLE 调试器的使用方法。
- ☐ 掌握编译 Python 文件的方法。
- ☑ 掌握 pdb 模块的使用方法。
- ☐ 掌握 Python 性能分析器的使用方法。
- ☑ 掌握传输 Python 应用程序的方法。

## 11.1 程序代码编辑工具

Python 提供了集成开发环境——IDLE。这个集成开发环境不但提供用户编辑 Python 程序代码，而且还有调试的功能。IDLE 是使用 Python 语言写成的图形化的集成应用程序。IDLE 适用于所有支持 tkinter 的操作系统。由于 IDLE 是使用 Python 写成的，所以可将用户定义的模块加入来扩展它的功能。

IDLE 集成环境如图 11-1 所示。IDLE 包含数个独特的模块，每一个模块负责集成环境的部分功能。有的模块负责复原引擎，有的负责自动缩排，还有类浏览器、调试器及许多其他特性。

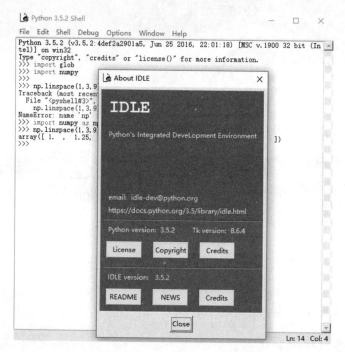

图 11-1　IDLE 集成环境

Python Shell 窗口是 Python 的交互模式接口，可以在命令行提示符号(>>>)之后输入 Python 程序代码。

### 1. 快捷键

可以在 Python Shell 窗口内使用下列快捷键。

(1) Ctrl + C 组合键：产生键盘中断(KeyboardInterrupt)。中断任何正在运行的指令。并且回到命令行提示(>>>)。

(2) Ctrl + D 组合键：立即结束 IDLE。

(3) Alt + P 组合键：显示上一个指令。

(4) Alt + N 组合键：显示下一个指令。

## 2. 颜色分类

IDLE 依照语法的定义与逻辑的意义，将输入的程序代码以不同的颜色标注。使用不同的颜色标注程序代码，有助于用户分辨。下列是 IDLE 所使用的颜色。

(1) 关键字：橙色。
(2) 字符串：绿色。
(3) 注释文字：红色。
(4) 定义函数：蓝色。

## 3. 自动缩排

IDLE 支持程序代码的自动缩排。当用户编写的程序代码是区块式的定义，如定义函数 def 或定义类 class。当按 Enter 键之后，IDLE 会自动缩排下一行。按 Backspace 键，则可以回到缩排架构的上一层。

缩排的宽度默认值是 4 个字符，在某些关键字之后，如 break、continue、return、pass 等，缩排自动结束。如果用户想设置新的缩排宽度，可以在 IDLE 主界面中选择 Options→Configure IDLE 选项，在打开的 Settings 对话框中拖动滑块设置新的缩排宽度(1～16 个字符)，如图 11-2 所示。

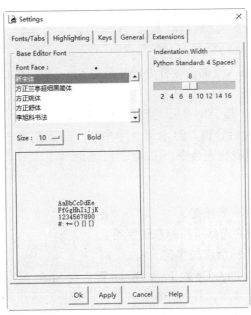

图 11-2  Settings 对话框

## 4. 提示方框

在 IDLE 的命令列提示之后，输入 Python 标准函数库内的函数或者方法名称。当输入函数或者方法名称的左边小括号字符时，IDLE 会出现一个黄色方框来提示该函数或者方法的完整语法，如图 11-3 所示。

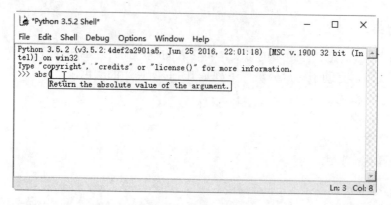

图 11-3 提示方框

此提示方框并不限定出现在 Python 标准函数库内的函数或者方法，也会出现在用户定义函数内。如果函数或者方法有文件字符串，该文件字符串也会一并出现在提示方框内。若要关闭出现的提示方框，用鼠标单击别的地方即可。

**5. 自动显示指令**

当用户在 IDLE 内已经有输入命令时，例如：

```
>>> file = open("demo.txt", "w")
>>> file.write("This is first line\n")
>>> file.close()
```

只要将鼠标指针移到输入过的命令行处，然后按 Enter 键，IDLE 会在 Shell 窗口的最新一行处，完整复制用户刚刚按下的那一行命令。

用户也可以使用 Alt+P 与 Alt+N 组合键来浏览输入过的命令。使用 Alt+P 组合键，显示上一个命令；使用 Alt+N 组合键，显示下一个命令。在浏览命令的过程中发现所要的命令时，只要按 Enter 键就可以取出该命令。

**6. 键盘命令**

在 IDLE 内，可以使用下列按键。

(1) Backspace 键：删除光标所在的左边字符。
(2) Delete 键：删除光标所在的字符。
(3) 上、下、左、右、Page Up 及 Page Down 键：在 Shell 窗口内移动光标。
(4) Home 键：将光标移到该行的开头。
(5) End 键：将光标移到该行的结尾。
(6) Ctrl + Home 组合键：将光标移到 Shell 窗口的开头。
(7) Ctrl + End 组合键：将光标移到 Shell 窗口的结尾。

**7. File 菜单**

选择 File 菜单，打开其下拉菜单项，如图 11-4 所示。

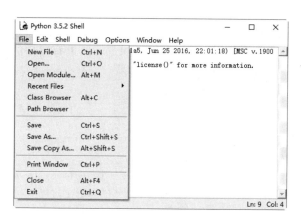

图 11-4　File 菜单

各个菜单项的含义如下。

(1) New File：打开一个新的编辑窗口，用来创建新的文件。

(2) Open...：打开已存在的文件。

(3) Open Module...：打开已存在的模块源文件。该模块源文件的路径需要在 sys.path 中。

(4) Recent Files：最近打开的文件。

(5) Class Browser：类浏览器。显示所打开文件的类与方法。类浏览器定义在 Python 目录下的\Tools\idle\ClassBrowser.py 文件内。

(6) Path Browser：sys.path 路径浏览器，如图 11-5 所示。使用路径浏览器可以浏览文件夹、模块、类和方法。sys.path 路径浏览器定义在 Python 目录下的\Tools\idle\ PathBrowser.py 文件内。

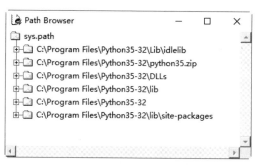

图 11-5　sys.path 路径浏览器

(7) Save：存储目前窗口内的文件。如果目前窗口的内容已经修改而尚未存储，窗口标题的两边会有一个星号(*)。

(8) Save As...：将目前窗口内的文件存储成其他文件名。窗口标题会改成文件名称。

(9) Save Copy As...：将目前窗口内的文件存储成其他文件名。窗口标题不会改成文件名称。

(10) Print Window：打印目前窗口的内容。

(11) Close：关闭目前窗口。如果目前窗口的内容已经修改而尚未存储，会出现一个对话框来询问用户是否存储该文件。

(12) Exit：关闭所有打开的窗口，然后结束 IDLE。如果有窗口的内容已经修改而尚未存储，会出现一个对话框来询问用户是否存储该文件。

### 8. Edit 菜单

选择 Edit 菜单，打开其下拉菜单项，如图 11-6 所示。

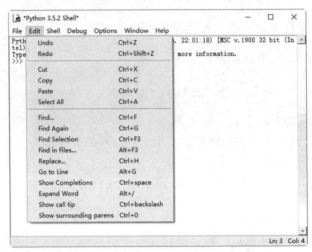

图 11-6　Edit 菜单

各个菜单项的含义如下。

(1) Undo：复原目前窗口的上一次改变，IDLE 支持 1000 个 Undo。

(2) Redo：重复目前窗口的上一次改变。

(3) Cut：剪切选择的内容。

(4) Copy：复制选择的内容。

(5) Paste：粘贴选择的内容。

(6) Select All：选择编辑缓冲区的所有内容。

(7) Find...：打开【查找】对话框。在【查找】对话框内，可以使用文字表示模式(regular expression)。

(8) Find Again：重复上一次的查找。

(9) Find Selection：查找选择范围内的指定字符串。

(10) Find in Files...：打开一个对话框。在对话框内输入要查找的字符串，以及查找该字符串所需的文件名称。

(11) Replace...：打开一个【查找/替换】对话框。

(12) Go to Line：打开一个对话框，在对话框内输入要到的行号，即可以移至该行处。

(13) Show Completions：显示自动完成列表。

(14) Expand Word：将用户输入的字扩展，从而对应编辑缓冲区内的字。

(15) Show call tip：显示提示信息。

(16) Show surrounding parens：显示周围的括弧。

### 9. Debug 菜单

选择 Debug 菜单，打开其下拉菜单项，如图 11-7 所示。

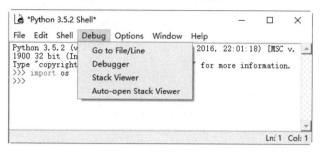

图 11-7　Debug 菜单

各个菜单项的含义如下。

（1）Go to File/Line：查找插入点附近的文件名称与行号，打开该文件并且显示该行。

（2）Debugger：打开调试器。用户可以在 Python Shell 窗口内运行指令，然后在调试器内调试。

（3）Stack Viewer：打开堆栈浏览器。显示上一次异常的堆栈追踪结果。

（4）Auto-open Stack Viewer：当有异常产生时，自动打开堆栈浏览器。要结束自动打开堆栈浏览器，只要再次单击此菜单项即可。

### 10. Window 菜单

选择 Window 菜单，打开其下拉菜单项，如图 11-8 所示。

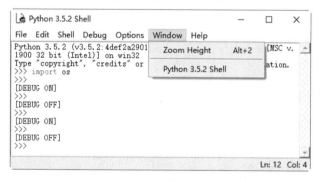

图 11-8　Window 菜单

各个菜单项的含义如下。

（1）Zoom Height：改变窗口大小，在正常大小(24×80)与最大高度之间转换。快捷键为 Alt＋F2 组合键。

（2）Python 3.5.2 Shell：显示所有打开窗口的名称，包括 Python Shell 窗口。

### 11. Help 菜单

选择 Help 菜单，打开其下拉菜单项，如图 11-9 所示。

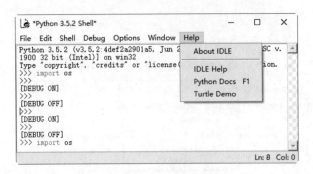

图 11-9　Help 菜单

各个菜单项的含义如下。

(1) About IDLE：关于 IDLE 的介绍，包含 IDLE 版本与作者的信息。

(2) IDLE Help：打开 Python 目录下的\Tools\idle\help.txt 文件，此文件包含菜单栏与 Python Shell 窗口的使用说明。

(3) Python Docs F1：Python 语言的帮助文档。

(4) Turtle Demo：海龟绘图演示案例。

## 11.2　IDLE 的调试器

在 IDLE 主界面中选择 Debug 菜单，在打开的下拉菜单中选择 Debugger 菜单项，打开 Debug Control 窗口，如图 11-10 所示。

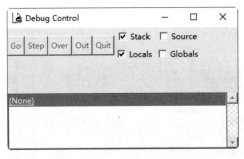

图 11-10　Debug Control 窗口

Debug Control 窗口中各个参数的含义如下。

(1) Go 按钮：运行整个程序直到程序结尾，或者遇到断点。

(2) Step 按钮：运行程序直到下一个语句。

(3) Over 按钮：完整运行目前的语句，不需要运行内部程序。

(4) Out 按钮：完整运行目前的函数。

(5) Quit 按钮：结束目前程序的运行，但不会结束调试器。

(6) Stack 复选框：选中后显示调用堆栈，调试器的中间会出现一个堆栈窗口。

(7) Source 复选框：选中后打开一个编辑窗口，来显示调试过程中的每一个文件。目前调试的行，会反黑显示。

(8) Locals 复选框：勾选后显示目前局部命名空间内的区域变量的值。这些区域变量的值会显示在调试器下方的状态列中。

(9) Globals 复选框：勾选后显示所有的全局变量的值，包括 IDLE 所使用的内部变量。这些全局变量的值会显示在调试器下方的状态列中。

**step 01** 在 IDLE 的 Python Shell 窗口内输入下列程序代码：

```
>>> x = 10
>>> y = 20
>>> def showXY(x, y):
    for z in range(5):
        x = x + z
        y = y + z
        print (x, y)
>>>
```

**step 02** 在 IDLE 主界面中选择 Debug 菜单，在打开的下拉菜单中选择 Debugger 菜单项，打开 Debug Control 窗口，勾选所有的复选框。Python Shell 窗口会出现[DEBUG ON]的信息：

```
>>>
[DEBUG ON]
>>>
```

**step 03** 在 IDLE 的 Python Shell 窗口内输入下列程序代码，然后按 Enter 键：

```
>>> showXY(x, y)
```

此时调试器开始调试。在调试器的中间信息窗内，会出现下列文字。__main__是程序代码入口，调试器的下方会显示 x 与 y 全局变量的值，如图 11-11 所示。

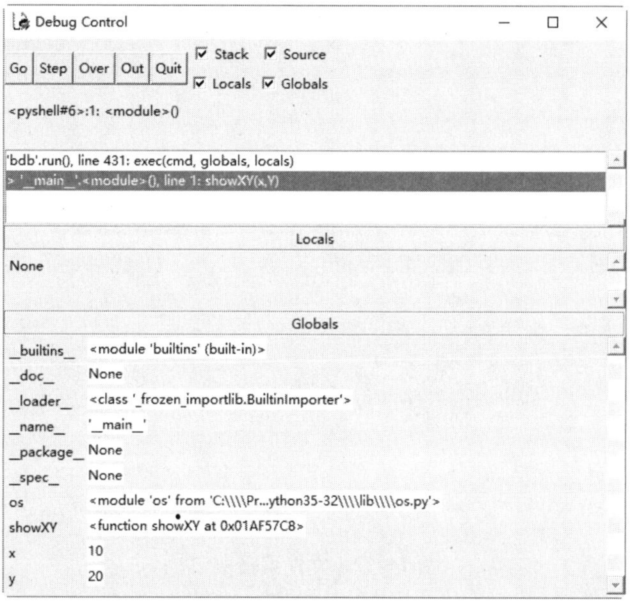

图 11-11　调试案例

step 04 在调试器内单击 Step 按钮，即调试第 1 行程序代码：

```
__main__, line 1:showXY(x, y)
```

step 05 在调试器内再单击 Step 按钮，即调试第 2 行程序代码：

```
__main__, line 1:showXY(x, y)
>__main__.showXY(), line 2: for z in xrange(5):
```

step 06 在调试器内再单击 Step 按钮，即调试第 3 行程序代码：

```
__main__, line 1:showXY(x, y)
>__main__.showXY(), line 3: x = x + z
```

step 07 在调试器内再单击 Step 按钮，即调试第 4 行程序代码：

```
__main__, line 1:showXY(x, y)
>__main__.showXY(), line 4: y = y + z
```

step 08 在调试器内再单击 Step 按钮，即调试第 5 行程序代码：

```
__main__, line 1:showXY(x, y)
>__main__.showXY(), line 5: print x, y
```

step 09 在调试器内再单击 Step 按钮。由于勾选了 Source 复选框，所以调试器会打开一个编辑窗口显示 PyShell.py 文件。如图 11-12 所示，调试停在 def write() 的那一行：

```
__main__, line 1:showXY(x, y)
__main__.showXY(), line 5: print x, y
PyShell.write(), line 675: def write(self, s):
```

图 11-12 文件编辑窗口

step 10 如果继续单击 Step、Over 或者 Out 按钮，则会继续往下调试。此时用户直接单击 Go 按钮，则会运行到程序结尾并且在 Python Shell 窗口内显示运行的结果。如下所示：

```
>>> showXY(x, y)
10 20
11 21
13 23
16 26
20 30
[DEBUG ON]
>>>
```

step 11 在 IDLE 主界面中选择 Debug 菜单，在打开的下拉菜单中选择 Debugger 菜单项，从而关闭调试器。如下所示：

```
[DEBUG OFF]
>>>
```

## 11.3 编译 Python 文件

当用户加载一个模块的时候，Python 会先试图加载已经编译过的模块(.pyc 或者.pyo 二进制文件)。如果 Python 找不到已经编译过的模块文件，Python 会自动编译该模块。

用户可以使用 py_compile 模块的 compile()函数，将原始文件(.py)编译成.pyc 文件。compile()函数的语法如下：

```
compile(file [, cfile] [, dfile])
```

上述参数的含义如下。
(1) file 是源文件名称。
(2) cfile 是编译后的文件名称。默认值是源文件名称的扩展名加 c(.pyc)。
(3) dfile 是用来存储错误信息的文件名称，默认值使用源文件名称。

pyc 是一种二进制文件，是由 py 文件经过编译后生成的文件。py 文件变成 pyc 文件后，加载的速度有所提高，而且 pyc 是一种跨平台的字节码，是由 Python 的虚拟机来执行的。pyc 文件的内容和 Python 的版本相关，不同版本编译后的 pyc 文件是不同的。

例如，将指定的原始文件(.py)编译成.pyc 文件：

```
import py_compile
py_compile.compile("D:\python\ch11\11.1.py")
'D:\\python\\ch11\\__pycache__\\11.1.cpython-35.pyc'
```

从结果可知，编译后的文件名称为 11.1.cpython-35.pyc。

可能有的读者会问，为什么要编译 Python 文件呢？主要原因是 py 文件是可以直接看到源码的，而 pyc 文件则不会，这样会提高源码的安全性。

一般情况下，用户的项目会放在一个目录下，需要把整个文件夹下的 py 文件都编译成 pyc 文件，这就需要批量生成 pyc 文件，需要一个重要的模块 compileall，该模块会调用 compile_dir()函数。举例如下：

```
>>> compileall.compile_dir("D:\python\ch11")
Listing 'D:\\python\\ch11'...
2
```

结果会把 ch11 文件夹下的所有 .py 文件编译成 .pyc 文件。

## 11.4 Python 的调试器——pdb 模块

在 Python 标准函数库内，有一个作为调试用途的 pdb(Python Debugger)模块。调用 pdb 模块的方法如下。

### 1. 在命令行启动目标程序

在命令行中加入-m 参数，即可调用 pdb 模块调试程序，此时默认的断点为程序的第一行。例如，调试 11.1.py 文件，命令如下：

```
C:\Users\Administrator>python -m pdb D:\python\ch11\11.1.py
> d:\python\ch11\11.1.py(1)<module>()
-> a = "泉眼无声惜细流，"
(Pdb)
```

此时程序进入 pdb 调试命令中。

### 2. 在 Python 交互环境中启用调试

加载 pdb 模块后，通过执行 run()、runeval()、runcall()或者 set_trace()函数，可以调试 Python 程序。

下列案例使用 pdb 模块的 runcall()函数来调试用户自定义函数 myFunc()：

```
>>> import pdb
>>> def myFunc(n):
    for i in range(n):
        print (i)

        
>>> debug = pdb.Pdb()
>>> debug.runcall(myFunc, 10)
> <pyshell#10>(2)myFunc()
(Pdb)
```

此时程序进入 pdb 调试命令中。

下列案例使用 pdb 模块的 run()函数来调试命令字符串'print(string.capwords("how are you"))'：

```
>>> import pdb
>>> import string
>>> pdb.run('print (string.capwords("how are you"))')
> <string>(1)<module>()
(Pdb)
```

下列案例使用 pdb 模块的 runeval()函数来调试表达式'12 > 5'：

```
>>> import pdb
```

```
>>> pdb.runeval('12 > 5')
> <string>(1)<module>()
(Pdb)
```

在调试中如果发送异常，该异常会存储在 sys.last_traceback 属性所指的 traceback 对象内。下列案例使用 pdb 模块的 pm()函数来调试该 traceback 对象：

```
>>> import pdb
>>> import string
>>> string.capwords(12)
Traceback (most recent call last):
  File "<pyshell#43>", line 1, in <module>
    string.capwords(12)
  File "C:\Program Files\Python35-32\lib\string.py", line 48, in capwords
    return (sep or ' ').join(x.capitalize() for x in s.split(sep))
AttributeError: 'int' object has no attribute 'split'
>>> pdb.pm()
> c:\program files\python35-32\lib\string.py(48)capwords()
-> return (sep or ' ').join(x.capitalize() for x in s.split(sep))
(Pdb)
```

### 3. 直接在程序中设置调试断点

在需要设置断点的地方添加 set_trace()函数，即可调试 Python 程序。举例如下。

11.2.py 的内容如下：

```
import pdb
a = "泉眼无声惜细流，"
b = "树阴照水爱晴柔。"
print("a + b 输出结果： ", a + b)
print("a * 2 输出结果： ", a * 2)
print("a[1] 输出结果： ", a[1])
print("a[1:4] 输出结果： ", a[1:4])
#使用 in 关键字
pdb.set_trace()
if( "泉眼" in a ) :
    print("泉眼在变量 a 中")
else :
    print("泉眼不在变量 a 中")
#使用 not in 关键字
if( "小池" not in a ) :
    print("小池不在变量 a 中")
else :
    print("小池在变量 a 中")
```

运行 11.2.py 文件，结果如下：

```
C:\Users\Administrator>python d:\python\ch11\11.2.py
a + b 输出结果：  泉眼无声惜细流，树阴照水爱晴柔。
a * 2 输出结果：  泉眼无声惜细流，泉眼无声惜细流，
a[1] 输出结果：  眼
a[1:4] 输出结果：  眼无声
> d:\python\ch11\11.2.py(10)<module>()
-> if( "泉眼" in a ) :
(Pdb)
```

从结果可知，当程序运行到 pdb.set_trace()时，将进入调试阶段。

进入调试阶段后，需要使用 pdb 模块的调试命令。在(pdb)提示符号之后输入调试命令来控制调试的过程。调试命令可以使用简称或者完整名称。

pdb 模块的常用调试命令如下：

1) 查看命令

h(elp)命令用于输出当前可用的命令。如果在 h(elp)之后加上命令的名称，则只显示该命令的帮助信息。

2) 断点设置命令

(1) b(reak)：设置断点的位置。举例如下。

断点设置在第 10 行，命令如下：

```
(Pdb)b 10
```

断点设置到 11.2.py 第 5 行，命令如下：

```
(Pdb)b 11.2.py:5
```

(2) cl(ear)：删除指定的断点。

删除第 2 个断点，命令如下：

```
(Pdb)cl 2
```

3) 运行命令

(1) n(ext)：继续执行到目前函数的下一行。
(2) s(tep)：执行目前的行。
(3) c(ont(inue))：继续执行到遇到断点为止。
(4) r(eturn)：继续执行到目前函数的 return 为止。

4) 查看命令

(1) l(ist) [first [, last]]：列出目前文件的源代码。如果没有参数，则列出 11 行源代码。如果有一个参数，则列出该行开始 11 行源代码。如果有两个参数，则列出该范围内的源代码。举例如下：

```
C:\Users\Administrator>python -m pdb D:\python\ch11\11.1.py
> d:\python\ch11\11.1.py(1)<module>()
-> a = "泉眼无声惜细流，"
(Pdb)l
  1  -> a = "泉眼无声惜细流，"
  2     b = "树阴照水爱晴柔。"
  3     print("a + b 输出结果：", a + b)
  4     print("a * 2 输出结果：", a * 2)
  5     print("a[1] 输出结果：", a[1])
  6     print("a[1:4] 输出结果：", a[1:4])
  7     #使用 in 关键字
  8     if( "泉眼" in a) :
  9         print("泉眼在变量 a 中")
 10     else :
 11             print("泉眼不在变量 a 中")
(Pdb)
```

(2) p：查看当前变量值。
(3) q(uit)：结束调试器。

## 11.5　反编译二进制码

Python 有一个 dis 模块，可以用来反编译二进制码。
dis.dis([bytesource])：反编译 bytesource 对象。
举例如下：

```
>>> import dis
>>> def myFunc():
    for i in range(5):
        print (i)

>>> dis.dis(myFunc)
  2           0 SETUP_LOOP              30 (to 33)
              3 LOAD_GLOBAL              0 (range)
              6 LOAD_CONST               1 (5)
              9 CALL_FUNCTION            1 (1 positional, 0 keyword pair)
             12 GET_ITER
        >>   13 FOR_ITER                16 (to 32)
             16 STORE_FAST               0 (i)

  3          19 LOAD_GLOBAL              1 (print)
             22 LOAD_FAST                0 (i)
             25 CALL_FUNCTION            1 (1 positional, 0 keyword pair)
             28 POP_TOP
             29 JUMP_ABSOLUTE           13
        >>   32 POP_BLOCK
        >>   33 LOAD_CONST               0 (None)
             36 RETURN_VALUE
```

## 11.6　Python 性能分析器

通过使用 profile 模块，用户可以分析 Python 程序执行时的性能。

### 11.6.1　加载 profile 模块

通过加载 profile 模块，然后调用 run() 函数。举例如下：

```
>>> import profile
>>> def myFunc():
    for i in range(5):
        print (i)
```

```
>>> profile.run('myFunc()')
0
1
2
3
4
         490 function calls in 0.016 seconds

   Ordered by: standard name

   ncalls  tottime  percall  cumtime  percall filename:lineno(function)
       10    0.000    0.000    0.000    0.000 :0(_acquire_restore)
       10    0.000    0.000    0.000    0.000 :0(_is_owned)
       10    0.000    0.000    0.000    0.000 :0(_release_save)
       30    0.000    0.000    0.000    0.000 :0(acquire)
       10    0.000    0.000    0.000    0.000 :0(allocate_lock)
       10    0.000    0.000    0.000    0.000 :0(append)
       10    0.000    0.000    0.000    0.000 :0(dump)
        1    0.000    0.000    0.000    0.000 :0(exec)
       10    0.000    0.000    0.000    0.000 :0(get)
       20    0.000    0.000    0.000    0.000 :0(get_ident)
       10    0.000    0.000    0.000    0.000 :0(getvalue)
       20    0.000    0.000    0.000    0.000 :0(isinstance)
       30    0.000    0.000    0.000    0.000 :0(len)
       10    0.000    0.000    0.000    0.000 :0(pack)
        5    0.000    0.000    0.000    0.000 :0(print)
       10    0.000    0.000    0.000    0.000 :0(release)
       10    0.000    0.000    0.000    0.000 :0(select)
       10    0.000    0.000    0.000    0.000 :0(send)
        1    0.016    0.016    0.016    0.016 :0(setprofile)
        1    0.000    0.000    0.000    0.000 <pyshell#24>:1(myFunc)
        1    0.000    0.000    0.000    0.000 <string>:1(<module>)
       10    0.000    0.000    0.000    0.000 PyShell.py:1336(write)
        1    0.000    0.000    0.016    0.016 profile:0(myFunc())
        0    0.000             0.000           profile:0(profiler)
       70    0.000    0.000    0.000    0.000 rpc.py:150(debug)
       10    0.000    0.000    0.000    0.000 rpc.py:213(remotecall)
       10    0.000    0.000    0.000    0.000 rpc.py:223(asynccall)
       10    0.000    0.000    0.000    0.000 rpc.py:243(asyncreturn)
       10    0.000    0.000    0.000    0.000 rpc.py:249(decoderesponse)
       10    0.000    0.000    0.000    0.000 rpc.py:287(getresponse)
       10    0.000    0.000    0.000    0.000 rpc.py:295(_proxify)
       10    0.000    0.000    0.000    0.000 rpc.py:303(_getresponse)
       10    0.000    0.000    0.000    0.000 rpc.py:325(newseq)
       10    0.000    0.000    0.000    0.000 rpc.py:329(putmessage)
       10    0.000    0.000    0.000    0.000 rpc.py:551(__getattr__)
       10    0.000    0.000    0.000    0.000 rpc.py:57(dumps)
       10    0.000    0.000    0.000    0.000 rpc.py:592(__init__)
       10    0.000    0.000    0.000    0.000 rpc.py:597(__call__)
       20    0.000    0.000    0.000    0.000 threading.py:1224(current_thread)
       10    0.000    0.000    0.000    0.000 threading.py:213(__init__)
```

```
        10    0.000    0.000    0.000    0.000 threading.py:261(wait)
        10    0.000    0.000    0.000    0.000 threading.py:72(RLock)
```

结果分析如下。

(1) 490 function calls in 0.016 seconds：表示总共有 490 个函数被调用，总共花了 0.016 秒。

(2) Ordered by: standard name：表示使用输出结果的最右一栏来排序输出结果。

(3) ncalls  tottime  percall  cumtime  percall filename:lineno(function)：ncalls 是调用次数；tottime 是在此函数内所花的时间(不包含子函数)；percall 等于 tottime / ncalls；cumtime 是在此函数内所花的时间(包含子函数)；percall 等于 cumtime / ncalls；filename:lineno(function) 是每一个函数的位置以及名称。

## 11.6.2 pstats 模块

pstats 模块用来分析 profile 模块所产生的数据。要使用 pstats 模块时，必须先创建 Stats 类的实例变量。Stats 类将 Profile 类所产生的数据创建成报告，语法如下：

```
class Stats(filename[, ...])
```

下列案例将使用 profile.run()函数的输出结果，创建一个 Stats 类的实例变量：

```
>>> import profile, pstats
>>> def myFunc():
    for i in range(5):
        print (i)

>>> p = profile.Profile()
>>> p.run('myFunc')
<profile.Profile object at 0x00E42670>
>>> s = pstats.Stats(p)
>>> s.sort_stats('time', 'name').print_stats()
       4 function calls in 0.000 seconds

   Ordered by: internal time, function name

   ncalls  tottime  percall  cumtime  percall filename:lineno(function)
        1    0.000    0.000    0.000    0.000 <string>:1(<module>)
        1    0.000    0.000    0.000    0.000 :0(exec)
        1    0.000    0.000    0.000    0.000 profile:0(myFunc)
        0    0.000             0.000          profile:0(profiler)
        1    0.000    0.000    0.000    0.000 :0(setprofile)
```

## 11.6.3 校正性能分析

用户可以使用 profile 模块的 calibrate()函数来校正性能分析器调用函数时所花掉的时间。calibrate()函数会返回一个常量：

```
>>> import profile
>>> p = profile.Profile()
```

```
>>> p.calibrate(100)
0.0
```

calibrate()函数的参数是性能分析器调用案例函数来取得内部时间的调用次数。如果用户的计算机速度很快，可能需要使用：

```
>>> p.calibrate(1000)
```

甚至：

```
>>> p.calibrate(10000)
```

## 11.7 传输 Python 应用程序

在传输用户所写的 Python 程序时，如果想要隐藏源代码，最好的方法是将 Python 程序转换成 C，然后传输编译过的执行文件。Python 需要知道模块文件的路径，这些路径信息存储在 sys.path 内。

如果用户的 Python 应用程序是使用在 Windows 操作系统上，可以用下列方式来包装应用程序。

(1) 创建一个文件夹。

(2) 将下列文件放置在新建的文件夹内：python.exe、pythonw.exe、_tkinter.pyd、python21.dll、tcl83.dll、tk83.dll，以及应用程序所要用到的模块。

(3) 在此文件夹内创建 3 个子文件夹：\LIB、\TCL 以及\TK，复制必要的文件到这 3 个文件夹内。

(4) 创建一个批处理文件来设置下列环境变量：PYTHONPATH、TCL_LIBRARY 以及 TK_LIBRARY。如果在执行应用程序时不想激活 Python 解释器，应该使用 pythonw.exe 来执行应用程序。

通过 Python 的标准函数库 distutils，可以创建原始文件与二进制文件的包装。distutils 类库会自动检测操作系统，识别编译器，编译 C 扩展模块，以及安装在正确的文件夹内。

如果想使用 distutils 类库，用户需要执行下列指令：

```
python setup.py install
```

当然，用户需要自己编写 setup.py 文件。下列是一个简单的案例：

```
from distutils.core import setup
setup(name = "myapp", version = "1.0", py_modules = ["bikes", "cars"])
```

## 11.8 大 神 解 惑

**小白**：如何修改 IDLE 的字体和大小？

**大神**：在 IDLE 主界面中选择 Options→Configure IDLE 选项，打开 Settings 对话框，在 Font Face 列表中可以选择字体，在 Size 右侧可以设置字体大小，设置完成后，单击 Ok 按钮即可，如图 11-13 所示。

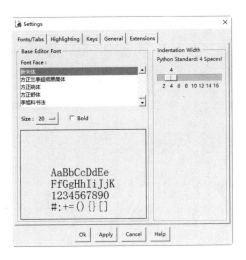

图 11-13　Settings 对话框

**小白**：性能分析有什么限制吗？

**大神**：Python 的性能分析器有下列几个限制。

(1) 性能分析器必须依赖 Python 解释器，来分派"call" "return"以及"exception"等事件。编译过的 C 程序代码并不会被直译，所以性能分析器无法看到。所有花在这些 C 程序代码的时间，都会算在调用者的 Python 函数身上。

(2) 性能分析器的内部时钟只以 0.001 秒的速率运作，所以无法正确量出小于这个速率的时间。

(3) 性能分析器调用函数时，本身需要花掉一些时间。计算内部时钟也需要花掉一些时间。

## 11.9　跟我练练手

练习 1：查看 IDLE 编辑的使用方法和各个菜单的含义。

练习 2：使用 IDLE 的调速器调试一段简单的程序。

练习 3：编译一个 Python 文件。

练习 4：使用 pdb 模块调试一个 Python 文件。

练习 5：反编译一个二进制文件。

练习 6：使用性能分析器分析一个程序的性能。

# 第 III 篇

## 高级应用

- 第 12 章　Python 的高级技术
- 第 13 章　数据库的应用
- 第 14 章　网络编程的应用
- 第 15 章　CGI 程序设计
- 第 16 章　处理网页数据

在 Python 语言中，包含一些常用的高级技术，本章将学习这些高级技术。主要包括处理图像模块、处理语音模块、科学计算模块、正则表达式、线程等。

本章要点(已掌握的，在方框中打钩)

- ☐ 熟悉下载与安装 pillow 模块。
- ☐ 掌握使用 pillow 模块处理图像的方法。
- ☐ 掌握处理语音的方法。
- ☐ 掌握 numpy 模块的使用方法。
- ☐ 掌握正则表达式的使用方法。
- ☐ 掌握 Python 线程的使用方法。

## 12.1 图像的处理

虽然 tkinter 模块的 BitmapImage 与 PhotoImage 类，可以用来处理两种颜色的位图，以及 GIF 文件，不过这两个类处理图像的能力实在有限。当想要更强的图像处理功能，如能够处理 JPEG、TIFF、FLI、MPEG 文件，以及转换图像文件内的颜色模式等，就需要使用 Python 图像函数库 pillow。

### 12.1.1 下载与安装 pillow

由于 pillow 模块并没有附在 Python 3.5 的安装程序内，需要用户自行下载并安装 pillow，然后才能使用 pillow。

下载 Pillow 的网址是：https://pypi.python.org/pypi/Pillow/，在该页面中用户可以看到 pillow 的 3 个版本，这里选择最新的版本 Pillow 4.0.0，如图 12-1 所示。

进入 Pillow 下载程序列表页面，根据系统的版本和安装 Python 的版本选择最终的软件版本，这里选择 Pillow-4.0.0 win32-py3.5.exe(md5)版本，如图 12-2 所示。

 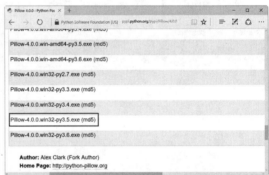

图 12-1　pillow 下载页面　　　　　　图 12-2　选择合适的 pillow 版本

pillow 下载安装后，即可进行安装操作，具体操作步骤如下。

**step 01** 双击 Pillow-4.0.0 win32-py3.5.exe(md5)安装文件，进入 pillow 模块介绍窗口，单击【下一步】按钮，如图 12-3 所示。

**step 02** 进入 Python 版本选择窗口，pillow 会自动查询系统中已经安装的 Python 软件的安装路径，这里直接单击【下一步】按钮，如图 12-4 所示。

**step 03** 进入准备安装窗口，单击【下一步】按钮，如图 12-5 所示。

**step 04** 开始自动安装 pillow 模块，并显示安装的进度，如图 12-6 所示。

**step 05** 安装完成后，单击【完成】按钮即可完成 pillow 模块的安装工作，如图 12-7 所示。

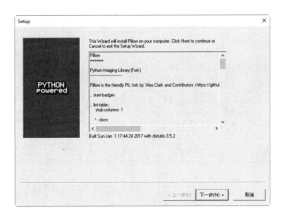

图 12-3　pillow 模块介绍窗口　　　　图 12-4　Python 版本选择窗口

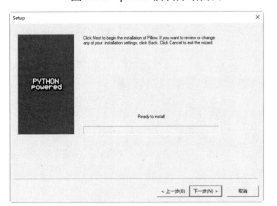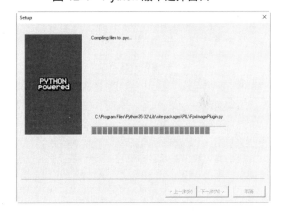

图 12-5　准备安装窗口　　　　图 12-6　开始安装 pillow 模块

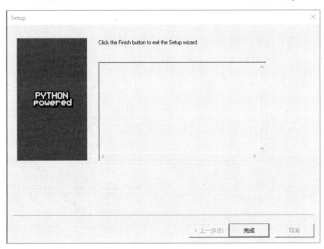

图 12-7　pillow 模块安装完成

## 12.1.2　加载图像文件

要打开图像文件，需要使用 image 模块的 open()函数。语法格式如下：

```
open(infile [, mode])
```

(1) infile 是要打开图像文件的路径。

(2) mode 是文件打开的模式，与一般文件的模式相同。

下列案例加载"12.1.jpg"文件：

```
>>>from PIL import Image
>>>img= Image.open("D:\\python\\ch12\\12.1.jpg")
```

加载成功后，将返回一个 Image 对象，可以通过使用示例属性查看文件内容：

```
>>>print(img.format, img.size, img.mode)
JPEG (198, 181) RGB
```

只要有了 image 类的实例，用户就可以通过类的方法处理图像。比如，下列方法可以显示图像：

```
>>>im.show()
```

当用户使用 image 模块的 open()函数打开一个图像文件后，如果想使用 tkinter 控件来显示该图像，必须先使用 ImageTk 模块的 PhotoImage 类来加载该打开的图像。

代码如下：

```
from PIL import Image, ImageTk
imgFile = Image.open("D:\\python\\ch12\\12.1.jpg")
img = ImageTk.PhotoImage(imgFile)
canvas = Canvas(win, width=400, height=360)
canvas.create_image(40, 40, image=img, anchor=NW)
canvas.pack(fill=BOTH)
```

下列案例将使用 pillow 加载 4 个图像文件：demo.gif、demo.jpg、demo.bmp、demo.tif，并且使用 Canvas 控件来显示这 4 个图像。

【案例 12-1】 使用 Pillow 加载图像文件(代码 12.1.py)。

```
from tkinter import *
from PIL import Image, ImageTk

#创建主窗口
win = Tk()
win.title(string = "加载图像文件")

path = "D:\\python\\ch12\\"
imgFile1 = Image.open(path + "12.1.gif")
imgFile2 = Image.open(path + "12.1.jpg")
imgFile3 = Image.open(path + "12.1.bmp")
imgFile4 = Image.open(path + "12.1.tif")

img1 = ImageTk.PhotoImage(imgFile1)
img2 = ImageTk.PhotoImage(imgFile2)
img3 = ImageTk.PhotoImage(imgFile3)
img4 = ImageTk.PhotoImage(imgFile4)

canvas = Canvas(win, width=400, height=360)
canvas.create_image(40, 40, image=img1, anchor=NW)
```

```
canvas.create_image(220, 40, image=img2, anchor=NW)
canvas.create_image(40, 190, image=img3, anchor=NW)
canvas.create_image(220, 190, image=img4, anchor=NW)
canvas.pack(fill=BOTH)

#开始程序循环
win.mainloop()
```

保存并运行程序，结果如图 12-8 所示。

```
C:\Users\Administrator>python d:\python\ch12\12.1.py
```

图 12-8　程序运行结果

## 12.1.3　图像文件的属性

使用 image 模块的 open()函数所打开的图像文件都有下列属性。

(1) format：图像文件的格式，如 JPEG、GIF、BMP、TIFF 等。

(2) mode：图像文件的色彩表示模式，如 RGB、P 等。图像文件的色彩表示模式如表 12-1 所示。

表 12-1　图像文件的色彩表示模式

| 模　　式 | 说　　明 |
| --- | --- |
| 1 | 1 位的像素，黑与白，存储成 8 位的像素 |
| L | 8 位的像素，黑与白 |
| P | 8 位的像素，使用颜色对照表(color palette) |
| RGB | 3×8 位的像素，真实颜色 |
| RGBA | 4×8 位的像素，真实颜色加上屏蔽 |
| CMYK | 4×8 位的像素，颜色分离 |
| YCbCr | 3×8 位的像素，颜色图像格式 |
| I | 32 位的整数像素 |
| F | 32 位的浮点数像素 |

(3) size:图像文件的大小,以像素为单位。返回值是一个含两个元素的元组,格式为(width, height)。

(4) palette:图像文件的 color palette table。

(5) info:图像文件的字典集。

下列案例将使用【打开】对话框来打开图像文件,并且显示该图像文件的所有属性。

【案例 12-2】 显示图像文件的属性(代码 12.2.py)。

```python
from tkinter import *
import tkinter.filedialog
from PIL import Image

#创建主窗口
win = Tk()
win.title(string = "图像文件的属性")

#打开一个【打开】对话框
def createOpenFileDialog():
    #返回打开的文件名
    filename = myDialog.show()
    #打开该文件
    imgFile = Image.open(filename)
    #填入该文件的属性
    label1.config(text = "format = " + imgFile.format)
    label2.config(text = "mode = " + imgFile.mode)
    label3.config(text = "size = " + str(imgFile.size))
    label4.config(text = "info = " + str(imgFile.info))

#创建 Label 控件,用来填入图像文件的属性
label1 = Label(win, text = "format = ")
label2 = Label(win, text = "mode = ")
label3 = Label(win, text = "size = ")
label4 = Label(win, text = "info = ")
#靠左边对齐
label1.pack(anchor=W)
label2.pack(anchor=W)
label3.pack(anchor=W)
label4.pack(anchor=W)

#按下按钮后,即打开对话框
Button(win, text="打开图像文件
",command=createOpenFileDialog).pack(anchor=CENTER)

#设置对话框打开的文件类型
myFileTypes = [('Graphics Interchange Format', '*.gif'), ('Windows bitmap','*.bmp'),
    ('JPEG format', '*.jpg'), ('Tag Image File Format', '*.tif'),
    ('All image files', '*.gif *.jpg *.bmp *.tif')]

#创建一个【打开】对话框
myDialog = tkinter.filedialog.Open(win, filetypes=my FileTypes)

#开始程序循环
```

```
win.mainloop()
```

保存并运行程序 12.2.py，在打开的窗口中单击【打开图像文件】按钮，然后在弹出的对话框中选择需要查看的图像文件，即可查看图像的属性信息，结果如图 12-9 所示。

```
C:\Users\Administrator>python d:\python\ch12\12.2.py
```

图 12-9　程序运行结果

## 12.1.4　复制与粘贴图像

可以使用 Image 模块的 copy()方法复制该图像；使用 Image 模块的 paste()方法粘贴该图像；使用 Image 模块的 crop()方法剪下该图像中的一个矩形方块。这 3 个方法的语法如下：

```
copy()
paste(image, box)
crop(box)
```

box 是该图像中的一个矩形方块，是一个含有 4 个元素元组：(left, top, right, bottom)，表示矩形左上角与右下角的坐标。如果是 paste()方法，box 也可以是一个含有两个元素的元组：((left, top), (right, bottom))。

下列案例将创建使用相同图文件的左右两个图像。右边的图像是将原来图像的上半部旋转 180 度后复制、粘贴到上半部。

【案例 12-3】　复制与粘贴图像(代码 12.3.py)。

```
from tkinter import *
from PIL import Image, ImageTk

#创建主窗口
win = Tk()
win.title(string = "复制与粘贴图像")

#打开图像文件
path = "D:\\python\\ch12\\"
imgFile = Image.open(path + "12.2.jpg")

#创建第一个图像实例变量
img1 = ImageTk.PhotoImage(imgFile)

#读取图像文件的宽与高
width, height = imgFile.size
#设置剪下的区块范围
```

```
box1 = (0, 0, width, int(height/2))

#将图像的上半部剪下
part = imgFile.crop(box1)
part= part.transpose(Image.ROTATE_180)
#将图像的上半部粘贴到上半部
imgFile.paste(part, box1)

#创建第二个图像实例变量
img2 = ImageTk.PhotoImage(imgFile)

#创建 Label 控件,来显示图像
label1 = Label(win, width=400, height=400, image=img1, borderwidth=1)
label2 = Label(win, width=400, height=400, image=img2, borderwidth=1)
label1.pack(side=LEFT)
label2.pack(side=LEFT)

#开始程序循环
win.mainloop()
```

保存并运行程序 12.3.py,结果如图 12-10 所示。

```
C:\Users\Administrator>python d:\python\ch12\12.3.py
```

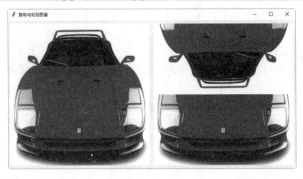

图 12-10　程序运行结果

## 12.1.5　图像的几何转换

图像的几何转换的操作主要包括以下几个方面。
(1)　改变图像大小。可以使用 resize()方法改变图像的大小。语法如下:

```
resize((width, height))
```

(2)　旋转图像。可以使用 rotate()方法把图像旋转一定的角度。语法如下:

```
rotate(angle)
```

(3)　颠倒图像。可以使用 transpose()方法颠倒图像。语法如下:

```
transpose(method)
```

参数 method 可以是:FLIP_LEFT_RIGHT、FLIP_TOP_BOTTOM、ROTATE_90、ROTATE_180 或者 ROTATE_270。

下列案例将创建 4 个图形，从左至右分别是原始图形，使用 rotate()方法旋转 45°角，使用 transpose()方法旋转 90°角，以及使用 resize()方法改变图像大小为原来的 1／4。

**【案例 12-4】** 图像的几何转换(代码 12.4.py)。

```
from tkinter import *
from PIL import Image, ImageTk

#创建主窗口
win = Tk()
win.title(string = "图像的几何转换")

#打开图像文件
path = "D:\\python\\ch12\\"
imgFile1 = Image.open(path + "12.3.gif")

#创建第一个图像实例变量
img1 = ImageTk.PhotoImage(imgFile1)

#创建 Label 控件,来显示原始图像
label1 = Label(win, width=162, height=160, image=img1)
label1.pack(side=LEFT)

#旋转图像成 45°角
imgFile2 = imgFile1.rotate(45)
img2 = ImageTk.PhotoImage(imgFile2)
#创建 Label 控件,来显示原始图像
label2 = Label(win, width=162, height=160, image=img2)
label2.pack(side=LEFT)

#旋转图像成 90°角
imgFile3 = imgFile1.transpose(Image.ROTATE_90)
img3 = ImageTk.PhotoImage(imgFile3)
#创建 Label 控件,来显示原始图像
label3 = Label(win, width=162, height=160, image=img3)
label3.pack(side=LEFT)

#改变图像大小为 1 / 4 倍
width, height = imgFile1.size
imgFile4 = imgFile1.resize((int(width/2), int(height/2)))
img4 = ImageTk.PhotoImage(imgFile4)
#创建 Label 控件,来显示原始图像
label4 = Label(win, width=162, height=160, image=img4)
label4.pack(side=LEFT)

#开始程序循环
win.mainloop()
```

保存并运行程序 12.4.py，结果如图 12-11 所示。

```
C:\Users\Administrator>python d:\python\ch12\12.4.py
```

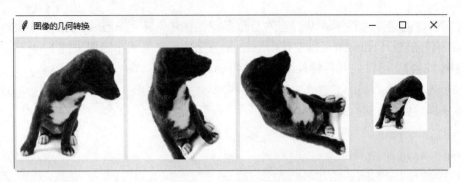

图 12-11 程序运行结果

### 12.1.6 存储图像文件

可以使用 save()方法存储图像文件。语法如下：

```
save(outfile [, options])
```

Pillow 的 open()函数使用文件内容而非扩展名来识别文件格式。save()方法则是使用扩展名来识别文件格式，options 参数为文件格式的名称。

下列案例将"12.1.gif"文件另存成"12.4.bmp"文件：

```
from PIL import Image
im = Image.open("D:\\python\\ch12\\12.1.gif")
im.save("D:\\python\\ch12\\12.4.bmp", "BMP")
```

## 12.2 语音的处理

Python 提供许多处理语音的模块，不仅可以收听 CD，而且可以读/写各种语音文件的格式，如.wav、.aifc 等。

### 12.2.1 winsound 模块

winsound 模块提供 Windows 操作系统的语音播放接口。winsound 模块的 PlaySound()函数可以播放.wav 语音文件。PlaySound()函数的语法如下：

```
PlaySound(sound, flags)
```

sound 可以是 wave 文件名称、字符串类型的语音数据或者 None。flags 是语音变量的参数，可以取变量值如下。

(1) SND_FILENAME：表示一个 wav 文件名。
(2) SND_ALIAS：表示一个注册表中指定的别名。
(3) SND_LOOP：重复播放语音，必须与 SND_ASYNC 共同使用。
(4) SND_MEMORY：表示 wave 文件的内存图像(memory image)，是一个字符串。
(5) SND_PURGE：停止所有播放的语音。

(6) SND_ASYNC：PlaySound()函数立即返回，语音在背景播放。
(7) SND_NOSTOP：不会中断目前播放的语音。
(8) SND_NOWAIT：如果语音驱动程序忙碌，则立即返回。

下列案例将创建两个按钮，一个按钮用来打开语音文件并且重复播放；另一个按钮则是停止播放该语音文件。

**【案例 12-5】** 使用 winsound 模块(代码 12.5.py)。

```python
from tkinter import *
import tkinter.filedialog,winsound

#创建主窗口
win = Tk()
win.title(string = "处理声音")

#打开一个【打开】对话框
def openSoundFile():
    #返回打开的语音文件名
    infile = myDialog.show()
    label.config(text = "声音文件: " + infile)
    return infile

#播放语音文件
def playSoundFile():
    infile = openSoundFile()
    #重复播放
    flags = winsound.SND_FILENAME | winsound.SND_LOOP | winsound.SND_ASYNC
    winsound.PlaySound(infile, flags)

#停止播放
def stopSoundFile():
    winsound.PlaySound("*", winsound.SND_PURGE)

label = Label(win, text="声音文件: ")
label.pack(anchor=W)

Button(win, text="播放声音", command=playSoundFile).pack(side=LEFT)
Button(win, text="停止播放", command=stopSoundFile).pack(side=LEFT)

#设置对话框打开的文件类型
myFileTypes = [('WAVE format', '*.wav')]

#创建一个【打开】对话框
myDialog = tkinter.filedialog.Open(win, filetypes=myFileTypes)

#开始程序循环
win.mainloop()
```

保存并运行程序 12.5.py，结果如图 12-12 所示。单击【播放声音】按钮，在打开的对话框中选择 wav 格式的文件即可重复播放；单击【停止播放】按钮，即可停止声音播放。

```
C:\Users\Administrator>python d:\python\ch12\12.5.py
```

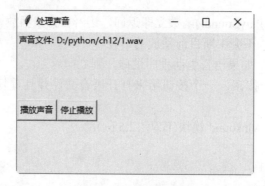

图 12-12　程序运行结果

## 12.2.2　sndhdr 模块

sndhdr 模块用来识别语音文件的格式。调用 sndhdr 模块的 what()方法来执行识别语音文件的功能，语法格式如下：

```
info = sndhdr.what(filename)
```

filename 是语音文件的名称。返回值 info 是一个元组，语法格式如下：

```
(type, sampling_rate, channels, frames, bits_per_sample)
```

（1）type 是语音文件的格式，可以是 aifc、aiff、au、hcom、sndr、sndt、voc、wav、8svx、sb、ub、ul。

（2）sampling_rate 是每一秒内的取样数目，如果无法译码则为 0。

（3）channels 是声道数目，如果无法译码则为 0。

（4）frames 是帧的数目，每一个帧由每一个声道一个取样所组成。如果无法译码则为-1。

（5）bits_per_sample 可以是取样大小，以位为单位。或是 A，表示 A-LAW。或是 U，表示 U-LAW。

下列案例将创建一个按钮用来打开语音文件，并且显示该语音文件的取样格式。

【案例 12-6】　使用 sndhdr 模块(代码 12.6.py)。

```
from tkinter import *
import tkinter.filedialog, sndhdr

#创建应用程序的类
class App:
    def __init__(self, master):

        #创建一个 Label 控件
        self.label = Label(master, text="语音文件：")
        self.label.pack()

        #创建一个 Button 控件
        self.button = Button(master, text="打开语音文件",command=self.openSoundFile)
        self.button.pack(side=LEFT)
```

```
        #设置对话框打开的文件类型
            self.myFileTypes = [('WAVE format', '*.wav')]
#创建一个【打开】对话框
self.myDialog = tkinter.filedialog.Open(master, filetypes=self.myFileTypes)

    #打开语音文件
    def openSoundFile(self):
        #返回打开的语音文件名
        infile = self.myDialog.show()
        #显示该语音文件的格式
        self.getSoundHeader(infile)

    def getSoundHeader(self, infile):
        #读取语音文件的格式
        info = sndhdr.what(infile)
        txt = "语音文件: " + infile + "\n" + "Type: " + info[0] + "\n" + \
            "Sampling rate: " + str(info[1]) + "\n" + \
            "Channels: " + str(info[2]) + "\n" + \
            "Frames: " + str(info[3]) + "\n" + "Bits per sample: " + 
str(info[4])
        self.label.config(text = txt)

#创建主窗口
win = Tk()
win.title(string = "处理声音")

#创建应用程序类的实例变量
app = App(win)

#开始程序循环
win.mainloop()
```

保存并运行程序 12.6.py，结果如图 12-13 所示，单击【打开语音文件】按钮，在打开的对话框中选择 wav 格式的文件即可查看文件的信息。

```
C:\Users\Administrator>python d:\python\ch12\12.6.py
```

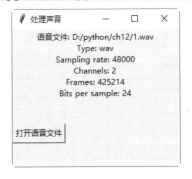

图 12-13　程序运行结果

## 12.2.3　wave 模块

wave 模块让用户读/写、分析及创建 WAVE(.wav)文件。可以使用 wave 模块的 open()方法，来打开旧文件或者新文件。语法格式如下：

```
open(file [, mode])
```

file 是 WAVE 文件名称。mode 可以是 r 或 rb，表示只读模式，返回一个 Wave_read 对象。可以是 w 或 wb，表示只写模式，返回一个 Wave_write 对象。

如表 12-2 所示是 Wave_read 对象的方法。

表 12-2　Wave_read 对象的方法

| 方　　法 | 说　　明 |
| --- | --- |
| getnchannels() | 返回声道的数目。1 是单声道，2 是双声道 |
| getsampwidth() | 返回样本宽度，单位是字节 |
| getframerate() | 返回取样频率 |
| getnframes() | 返回帧的数目 |
| getcomptype() | 返回压缩类型。返回 None 表示线性样本 |
| getcompname() | 返回可读的压缩类型 |
| getparams() | 返回一个元组：(nchannels、sampwidth、framerate、nframes、comptype、compname) |
| getmarkers() | 返回 None。此方法用来与 aifc 模块兼容 |
| getmark(id) | 抛出一个异常，因为此 mark 不存在。此方法用来与 aifc 模块兼容 |
| readframes(n) | 返回 n 个帧的语音数据 |
| rewind() | 倒转至语音串流的开头 |
| setpos(pos) | 移到 pos 位置 |
| tell() | 返回目前的位置 |
| close() | 关闭语音串流 |

如表 12-3 所示是 Wave_write 对象的方法。

表 12-3　Wave_write 对象的方法

| 方　　法 | 说　　明 |
| --- | --- |
| setnchannels() | 设置声道的数目 |
| setsampwidth(n) | 设置样本宽度 |
| setframerate(n) | 设置取样频率 |
| setnframes(n) | 设置帧的数目 |
| setcomptype(type, name) | 设置压缩类型，与可读的压缩类型 |
| setparams() | 设置一个元组：(nchannels、sampwidth、framerate、nframes、comptype、compname) |
| tell() | 返回目前的位置 |
| writeframesraw(data) | 写入语音帧，但是没有文件表头 |
| writeframes(data) | 写入语音帧以及文件表头 |
| close() | 写入文件表头，并且关闭语音串流 |

下列案例将创建一个按钮用来打开语音文件，并且显示该语音文件的格式。

**【案例 12-7】** 使用 wave 模块(代码 12.7.py)。

```python
from tkinter import *
import tkinter.filedialog, wave

#创建应用程序的类
class App:
    def __init__(self, master):

        #创建一个 Label 控件
        self.label = Label(master, text="语音文件: ")
        self.label.pack(anchor=W)

        #创建一个 Button 控件
        self.button = Button(master, text="打开语音文件
",command=self.openSoundFile)
        self.button.pack(anchor=CENTER)

        #设置对话框打开的文件类型
        self.myFileTypes = [('WAVE format', '*.wav')]

        #创建一个【打开】对话框
        self.myDialog = tkinter.filedialog.Open(master, filetypes=self.myFileTypes)

    #打开语音文件
    def openSoundFile(self):
        #返回打开的语音文件名
        infile = self.myDialog.show()
        #显示该语音文件的格式
        self.getWaveFormat(infile)

    def getWaveFormat(self, infile):
        #读取语音文件的格式
        audio = wave.open(infile, "r")
        txt = "语音文件: " + infile + "\n" + \
            "Channels: " + str(audio.getnchannels()) + "\n" + \
            "Sample width: " + str(audio.getsampwidth()) + "\n" + \
            "Frame rate: " + str(audio.getframerate()) + "\n" + \
            "Compression type: " + str(audio.getcomptype()) + "\n" + \
            "Compression name: " + str(audio.getcompname())
        self.label.config(text = txt)

#创建主窗口
win = Tk()
win.title(string = "处理声音")
#创建应用程序类的实例变量
app = App(win)
#开始程序循环
win.mainloop()
```

保存并运行程序 12.7.py,结果如图 12-14 所示,单击【打开语音文件】按钮,在打开的对话框中选择 wav 格式的文件即可查看文件的信息。

```
C:\Users\Administrator>python d:\python\ch12\12.7.py
```

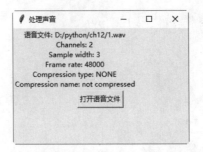

图 12-14 程序运行结果

### 12.2.4 aifc 模块

aifc(Audio Interchange File Format)模块，用来存取 AIFF 与 AIFC 格式的语音文件。aifc 模块的函数与 wave 模块大致相同。

下列案例将使用 aifc 模块创建一个新的 AIFC 语音文件。

【案例 12-8】 使用 aifc 模块(代码 12.8.py)。

```
import aifc

#创建一个新语音文件
stream = aifc.open("d:\\test.aifc", "w")
#声道数为 2
stream.setnchannels(2)
#样本宽度为 2
stream.setsampwidth(2)
#每一秒 22050 个帧
stream.setframerate(22050)
#写入表头以及语音串流
stream.writeframes(b"123456787654321" * 20000)
#关闭文件
stream.close()
```

## 12.3 科学计算——numpy 模块

numpy 模块提供功能强大的科学计算功能。下面学习该模块的安装和使用方法。

### 12.3.1 下载和安装 numpy 模块

numpy 模块提供快速、简洁的多维数组语言机制。同时该模块还包括操作线性几何、快速傅里叶转换以及随机数等。

由于 numpy 模块是第三方模块，所以需要用户下载并安装 numpy 模块。下载 numpy 模块的网址是 https://sourceforge.net/projects/numpy/，如图 12-15 所示。单击 Download 按钮，即可下载 numpy 模块。

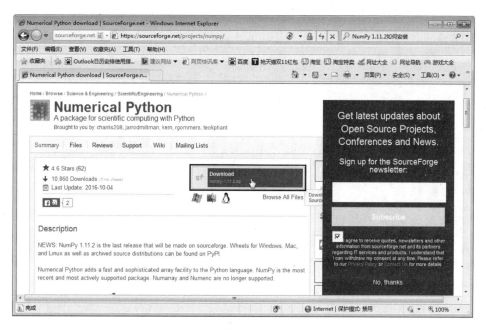

图 12-15　下载 numpy 模块的网址

下载完成后，即可进行安装操作。将下载的 numpy-1.11.2 压缩文件解压，以管理员的身份运行【命令提示符】，进入解压的目录，执行下面的命令即可自动安装 numpy 模块：

```
python setup.py install
```

另外，用户也可以使用 pip 安装 numpy 模块，命令如下：

```
pip install numpy
```

## 12.3.2　array 对象

numpy 模块定义两个新的对象类型：array 对象与 ufunc 对象，以及一组操作该对象的函数来将这两个新的对象类型与其他 Python 类型进行转换。

array 对象是一个可为大数目的数字集合，集合内的数字必须是相同类型，例如都是双精度浮点数。

创建 array 对象的方法是使用 numpy 模块的 array()方法，其语法格式如下：

```
array(numbers [, typecode=None])
```

numbers 是一个序列对象，如元组与列表。typecode 是 numbers 元素的类型。

下列案例创建一个一维矢量数组：

```
>>> from numpy import *
>>> x, y, z = 1, 2, 3
>>> a = array([x, y, z])
>>> print (a)
[1 2 3]
```

下列案例创建一个一维矢量数组，并且将矢量值以浮点数表示：

```
>>> from numpy import *
>>> x, y, z = 1, 2, 3
>>> a = array([x, y, z], float)
>>> print (a)
[ 1. 2. 3.]
```

下列案例创建一个 2 行 3 列的数组:

```
>>> from numpy import *
>>> ma = array([[1, 2, 3], [4, 5, 6]])
>>>print (ma)
[[1 2 3]
 [4 5 6]]
```

下列案例显示 ma 的行列数:

```
>>> print ma.shape
(2, 3)
```

下列案例将 ma 改成一维数组:

```
>>> ma2 = reshape(ma, (6,))
>>> print (ma2)
[1 2 3 4 5 6]
```

下列案例将 ma 改成 9 行 9 列的数组:

```
>>> ma = array([[1, 2, 3], [4, 5, 6]])
>>> big = resize(ma, (9, 9))
>>> print (big)
[[1 2 3 4 5 6 1 2 3]
 [4 5 6 1 2 3 4 5 6]
 [1 2 3 4 5 6 1 2 3]
 [4 5 6 1 2 3 4 5 6]
 [1 2 3 4 5 6 1 2 3]
 [4 5 6 1 2 3 4 5 6]
 [1 2 3 4 5 6 1 2 3]
 [4 5 6 1 2 3 4 5 6]
 [1 2 3 4 5 6 1 2 3]]
```

下列案例将两个数组相加:

```
>>> a = array([[1, 2, 3], [4, 5, 6]])
>>> b = array([[7, 8, 9], [10, 11, 12]])
>>> print (a + b)
[[ 8 10 12]
 [14 16 18]]
```

下列案例将两个数组相乘:

```
>>> a = array([[1, 2, 3], [4, 5, 6]])
>>> b = array([[7, 8, 9], [10, 11, 12]])
>>> print (a * b)
[[ 7 16 27]
 [40 55 72]]
```

## 12.3.3 ufunc 对象

ufunc 对象是一个用来操作 array 对象的函数集合。这些函数如表 12-4 所示。

表 12-4 ufunc 对象的函数

| add (+) | subtract (-) | multiply (*) | divide (/) |
|---|---|---|---|
| Remainder (%) | power (**) | arccos | arccosh |
| Arcsin | arcsinh | arctan | arctanh |
| Cos | cosh | exp | log |
| log10 | sin | sinh | sqrt |
| Tan | tanh | maximum | minimum |
| Conjugate | equal (=) | not_equal (!=) | greater (>) |
| Greater_equal (>=) | less (<) | less_equal (<=) | logical_and (and) |
| Logical_or (or) | logical_xor | logical_not (not) | bitwise_and (&) |
| Bitwise_or (|) | bitwise_xor | bitwise_not (~) | |

下列案例将两个数组相加：

```
>>> from numpy import *
>>> a = array([[1, 2, 3], [4, 5, 6]])
>>> b = array([[7, 8, 9], [10, 11, 12]])
>>> print (add(a, b))
[[ 8 10 12]
 [14 16 18]]
```

下列案例计算数组的正弦值：

```
>>> a = arange(10)
>>> print (sin(a))
[ 0.          0.84147098  0.90929743  0.14112001 -0.7568025  -0.95892427
  -0.2794155   0.6569866   0.98935825  0.41211849]
```

## 12.4 正则表达式

re 模块可以执行正则表达式(regular expression)的功能。正则表达式是字符串，它包含文本和特殊字符。利用文字与特定字符的混合，可以定义复杂的字符串匹配与取代类型。正则表达式所用的特定字符如表 12-5 所示。

表 12-5 re 模块所用的特定字符

| 特定字符 | 说明 |
|---|---|
| \w | 匹配字母与数字的字符，包含底线(_)符号。与"[A-Za-z0-9_]"相等 |
| \W | 匹配非字母或数字的字符。与"[^A-Za-z0-9_]"相等 |

续表

| 特定字符 | 说 明 |
|---|---|
| \s | 匹配 white space 字符，包含 tab、newline、form feed 及换行字符。与"[ \f\n\r\t\v]"相等 |
| \S | 匹配非 white space 字符，与"[^\f\n\r\t\v]"相等 |
| \d | 匹配数字，与"[0-9]"相等 |
| \D | 匹配非数字，与"[^0-9]"相等 |
| [\b] | 匹配 backspace 字符 |
| . | 匹配 newline 以外的任何字符 |
| [...] | 匹配在中括号内的任何字符 |
| [^...] | 匹配不在中括号内的任何字符 |
| [x-y] | 匹配在 x 到 y 之间的任何字符 |
| [^x-y] | 匹配不在 x 到 y 之间的任何字符 |
| {x,y} | 匹配上一个搜索目标的次数至少 x 次，但是不可以超过 y 次 |
| {x,} | 匹配上一个搜索目标的次数至少 x 次 |
| {x} | 匹配上一个搜索目标的次数正好 x 次 |
| ? | 匹配上一个搜索目标的次数只有一次或者没有符合 |
| + | 匹配上一个搜索目标的次数至少一次 |
| * | 匹配上一个搜索目标的次数任何次数或者没有符合 |
| \| | 匹配(\|)符号左边或者右边的搜索字符 |
| (...) | 将小括号内的所有搜索字符集合成为一个新的搜索字符 |
| \x | 匹配 x 集合的相同搜索字符 |
| ^ | 匹配字符串或者多行符合的一行的开头 |
| $ | 匹配字符串或者多行符合的一行的结尾 |
| \b | 匹配字母数字的字符，以及非字母数字的字符之间的字符 |
| \B | 匹配不是字母数字边界的字符，如'er/B'能匹配"verb"中的"er"，但不能匹配"never"中的"er" |

如果用户要在正则表达式内使用(?)、(*)、(+)，或者换行等符号，必须使用表 12-6 所示的字符。

表 12-6　正则表达式内的特殊字符

| 特殊字符 | 说 明 |
|---|---|
| \f | Form feed |
| \n | Newline |
| \r | 换行 |
| \t | Tab |
| \v | Vertical tab |
| \/ | /符号 |
| \\ | \符号 |

续表

| 特殊字符 | 说　明 |
| --- | --- |
| \. | .符号 |
| \* | *符号 |
| \+ | +符号 |
| \? | ?符号 |
| \| | |符号 |
| \( | (符号，小括号的左边 |
| \) | )符号，小括号的右边 |
| \[ | [符号，中括号的左边 |
| \] | ]符号，中括号的右边 |
| \{ | {符号，大括号的左边 |
| \} | }符号，大括号的右边 |
| \XXX | 八进位数字 XXX 所代表的 ASCII 字符 |
| \xHH | 十六进位数字 HH 所代表的 ASCII 字符 |
| \cX | X 所代表的控制字符 |

re 模块的方法如下。

(1) RegExpObject = re.compile(string [, flags])：将一个正则表达式字符串编译成一个文字表示对象。

(2) MatchObject = RegExpObject.search(string [, startpos] [, endpos])：搜索匹配正则表达式的字符串。

(3) MatchObject = RegExpObject.match(string [, startpos] [, endpos])：检查 string 字符串的初始字符，是否匹配正则表达式。

(4) MatchList = RegExpObject.findall(string)：搜索没有重复的匹配字符串。

(5) StringList = RegExpObject.split((string [, maxsplit])：依照正则表达式分割字符串。

(6) RegExpObject.sub(newtext, string [, count])：将 string 字符串中匹配正则表达式者，以 newtext 取代。

(7) RegExpObject.subn(newtext, string [, count])：与 sub()方法相同，但是会返回一个元组，元组的元素为新字符串以及执行的取代次数。

(8) MatchObject = re.search(pattern [, string] [, flags])：搜索匹配正则表达式的字符串。

(9) MatchObject = re.match(pattern [, string] [, flags])：检查 string 字符串的初始字符，是否匹配正则表达式。

(10) MatchList = re.findall(pattern, string)：搜索没有重复的匹配字符串。

(11) StringList = re.split(pattern, string [, maxsplit])：搜索匹配正则表达式的字符串。依照正则表达式分割字符串。

(12) re.sub(pattern, newtext, string [, count])：将 string 字符串中匹配正则表达式者，以 newtext 取代。

(13) re.subn(pattern, newtext, string [, count=0])：与 sub()方法相同，但是会返回一个元组，元组的元素为新字符串以及执行的取代次数。

(14) newstring = re.escape(string)：将字符串中的非英文字符删除。

每一个 RegExpObject 都有下列方法与属性。

(1) RegExpObject.flags：返回编译期间正则表达式对象的标志参数。

(2) RegExpObject.groupindex：返回一个字典集，将符号群组名称映像到群组数字。

(3) RegExpObject.pattern：返回对象的原始正则表达式字符串。

每一个 MatchObject 都有下列方法与属性。

(1) MatchObject.group([groupid, ...])：当提供一个群组名称或者数字的列表时，Python 返回一个符合每个群组的文字所组成的元组。

(2) MatchObject.groupdict()：返回一个字典集，内容为所有符合的次群组。

(3) MatchObject.groups()：返回一个元组，内容为符合所有群组的文字。

(4) MatchObject.start([group])：返回符合群组的子字符串的第一个位置。

(5) MatchObject.end([group])：返回符合群组的子字符串的最后一个位置。

(6) MatchObject.span([group])：返回一个元组，元组的内容为 MatchObject.start 与 MatchObject.end 的值。

(7) MatchObject.pos：返回创建时传给函数的 pos 值。

(8) MatchObject.endpos：返回创建时传给函数的 endpos 值。

(9) MatchObject.string：返回创建时传给函数的 string 值。

(10) MatchObject.re：返回产生 MatchObject 实例变量的 RegExpObject 对象。

下列案例读取 D:\\python\\ch12\\12.1.html 文件，标记<title></title>之间的文字：

```
>>> import re
>>> fileContent = open("D:\\python\\ch12\\12.1.html").read()
>>> result = re.search(r"<title>(.*?)</title>", fileContent, re.IGNORECASE)
>>> print (result.group(1))
Example HTML file
```

"12.1.html" 文件的内容如下：

```
<html>
  <head>
    <title>Example HTML file</title>
  </head>
  <body>
    <h1 style="text-align: center">
      选择你要连接的网站
    </h1>
    <ul>
      <li>http://www.python.org</li>
      <li>http://www.iso.ch</li>
      <li>http://www.w3.org</li>
      <li>http://www.midi.org</li>
      <li>http://www.mpeg.org</li>
    </ul>
  </body>
</html>
```

将"12.1.html"文件内，<li>与</li>之间的字符串转换成超链接。

**【案例 12-9】** 字符串转换成超级链接(代码 12.9.py)。

```
import re

#打开文件
fileContent = open("D:\\python\\ch12\\12.1.html").read()

#设置正则表达式(regular expression)为http:...的类型
pattern = re.compile(r"(http://[\w-]+(?:\.[\w-]+)*(?:/[\w-]*)*(?:\.[\w-]*)*)")

#寻找文件内所有匹配正则表达式的字符串
re.findall(pattern, fileContent)

#将匹配正则表达式字符串,以超链接类型的新字符串取代
result = re.sub(pattern, r"<a href=\1>\1</a>", fileContent)

#打开新文件
file = open("D:\\python\\ch12\\new.html", "w")

#写入新的 HTML 文件
file.write(result)
file.close()
```

新产生的文件"new.html"，其内容如下：

```
<html>
   <head>
      <title>Example HTML file</title>
   </head>
   <body>
      <h1 style="text-align: center">
         选择你要连接的网站
      </h1>
      <ul>
         <li><a href=http://www.python.org>http://www.python.org</a></li>
         <li><a href=http://www.iso.ch>http://www.iso.ch</a></li>
         <li><a href=http://www.w3.org>http://www.w3.org</a></li>
         <li><a href=http://www.midi.org>http://www.midi.org</a></li>
         <li><a href=http://www.mpeg.org>http://www.mpeg.org</a></li>
      </ul>
   </body>
</html>
```

## 12.5 线 程

当执行任何的应用程序时，CPU 会为此应用程序创建一个进程(process)。此进程由下列元素组成。

(1) 给应用程序保留的内存空间。
(2) 一个应用程序计数器。

(3) 一个该应用程序打开的文件列表。

(4) 一个存储应用程序内变量的调用堆栈。

如果该应用程序只有一个调用堆栈以及一个计数器，此应用程序称为单线程的应用程序。

多线程的应用程序会创建一个函数，来执行需要重复执行多次的程序代码。然后创建一个线程，来执行该函数。一个线程(thread)是一个应用程序单元，用来在后台并发执行多个耗时的动作。

### 1. Python 线程

在多线程的应用程序中，每一个线程的执行时间，等于应用程序所花的 CPU 时间，除以线程的数目。线程彼此之间会分享数据，所以当要更新数据前，必须先将程序代码锁定。如此所有的线程才能够同步。

Python 有两个线程接口：_thread 模块与 threading 模块。_thread 模块提供低级的接口，来支持小型的进程线程。threading 模块则是以 thread 模块为基础，提供高级的接口。

除了_thread 模块与 threading 模块之外，Python 还有一个 Queue 模块。Queue 模块内的 queue 类，可以在多个线程中安全地移动 Python 对象。

### 2. Python 线程模块

Python 提供两个线程模块：_thread 与 threading。_thread 模块的函数如下。

(1) _thread.allocate_lock()：创建并且返回一个 lckobj 对象。lckobj 对象有下列 3 个方法。

① lckobj.acquire([flag])：用来捕获一个 lock。

② lckobj.release()：释放 lock。

③ lckobj.locked()：如果对象成功锁定则返回 True；否则返回 False。

(2) _thread.exit()：抛出一个 SystemExit 异常，来终止线程的执行。它与 sys.exit()函数相同。

(3) _thread.get_ident()：读取目前线程的识别码。

(4) _thread.start_new_thread(func, args [, kwargs])：开始一个新的线程。

下列案例将创建一个类内含 5 个函数，每执行一个函数就是激活一个线程。本案例同时执行 5 个线程。

【案例 12-10】 创建多个线程(代码 12.10.py)。

```
import _thread, time

class threadClass:

    def __init__(self):
        self._threadFunc = {}
        self._threadFunc['1'] = self.threadFunc1
        self._threadFunc['2'] = self.threadFunc2
        self._threadFunc['3'] = self.threadFunc3
        self._threadFunc['4'] = self.threadFunc4
```

```
    def threadFunc(self, selection, seconds):
        self._threadFunc[selection] (seconds)

    def threadFunc1(self, seconds):
        _thread.start_new_thread(self.output, (seconds, 1))

    def threadFunc2(self, seconds):
        _thread.start_new_thread(self.output, (seconds, 2))

    def threadFunc3(self, seconds):
        _thread.start_new_thread(self.output, (seconds, 3))

    def threadFunc4(self, seconds):
        _thread.start_new_thread(self.output, (seconds, 4))

    def output(self, seconds, number):
        for i in range(seconds):
            time.sleep(0.0001)
        print ("No. %d is recorded" % number)

mythread = threadClass()

mythread.threadFunc('1', 700)
mythread.threadFunc('2', 700)
mythread.threadFunc('3', 500)
mythread.threadFunc('4', 300)

time.sleep(5.0)
```

保存并运行程序，结果如下：

```
C:\windows\system32>python d:\python\ch12\12.10.py
No. 4 is recorded
No. 3 is recorded
No. 2 is recorded
No. 1 is recorded
```

下列是 threading 模块的函数。

(1) threading.activeCount()：返回作用中的线程对象数目。

(2) threading.currentThread()：返回目前控制中的线程对象。

(3) threading.enumerate()：返回作用中的线程对象列表。

每一个 threading.Thread 类对象，都有下列方法。

(1) threadobj.start()：执行 run()方法。

(2) threadobj.run()：此方法被 start()方法调用。

(3) threadobj.join([timeout])：此方法等待线程结束，timeout 的单位是秒。

(4) threadobj.isActive()：如果线程对象的 run()方法已经执行则返回 1；否则返回 0。

下列案例将改写 threading.Thread 类的 run()方法，在 run()方法内读取一个 1~100 之间的随机数。然后创建 25 个 Thread 类的实例变量，来同时激活 25 个线程。

**【案例 12-11】** 改写 run()方法(代码 12.11.py)。

```python
import threading, time, random

class threadClass(threading.Thread):
    def run(self):
        x = 0
        y = random.randint(1, 100)
        while x < y:
            x += 1
            time.sleep(0.0001)
        print (y)

for i in range(25):
    mythread = threadClass()
    mythread.start()
print ("End of excution")
```

保存并运行程序，结果如下：

```
C:\Users\Administrator>python D:\python\ch12\12.11.py
End of excution
4
14
21
22
26
27
30
31
32
34
36
38
39
48
49
53
57
61
71
74
78
82
86
90
91
```

## 12.6 大神解惑

小白：如何创建缩略图？

大神：缩略图是网络开发或图像软件预览常用的一种基本技术，使用 Python 的 Pillow 图像库可以很方便地建立缩略图。

【案例 12-12】 创建缩略图(代码 12.12.py)。

```
from PIL import Image
import glob,os
size = (128,128)
for infile in glob.glob("D:/python/ch12/*.jpg"):
    f, ext = os.path.splitext(infile)
    img = Image.open(infile)
    img.thumbnail(size,Image.ANTIALIAS)
img.save(f+".thumbnail","JPEG")
```

保存并运行程序，即可将 ch12 文件夹下的 jpg 图像文件全部创建缩略图。glob 模块是一种智能化的文件名匹配技术，在批图像处理中经常会用到。

**小白**：如何使用 numpy 模块产生随机数？

**大神**：使用 numpy 模块的 linspace()模块可以产生指定数目和范围的随机数，非常好用。举例如下：

```
>>> import numpy as nps
>>> nps.linspace(1,3,9)
array([ 1.  , 1.25, 1.5 , 1.75, 2.  , 2.25, 2.5 , 2.75, 3.  ])
```

上述案例将在 1~3 中产生 9 个随机数。

## 12.7 跟我练练手

练习 1：下载并安装 Pillow 模块。
练习 2：加载一个图像文件，然后查看图像的属性。
练习 3：复制一个图像文件，然后修改图像的明亮度和大小，最后粘贴到标签上。
练习 4：加载一个语音文件，然后循环播放，并添加一个【停止播放】按钮。
练习 5：使用 numpy 模块创建一个 9 行 9 列的数组。
练习 6：使用正则表达式将指定网页文件中的字符串转换成超链接。
练习 7：改写 run()方法，在 run()方法内读取一个 1~50 之间的随机数。然后创建 15 个 Thread 类的实例变量，来同时激活 15 个线程。

# 第 13 章
## 数据库的应用

在前面的章节中已经讲述了 Python 如何操作文件，本章介绍 Python 语言中数据库的操作方法和技术。主要包括平面数据库、SQLite 数据库和 MySQL 数据库的操作方法与技巧。

本章要点(已掌握的，在方框中打钩)

☐ 掌握 Python 平面数据库的操作方法。
☐ 掌握 Python SQLite 数据库的操作方法。
☐ 掌握 Python MySQL 数据库的操作方法。

## 13.1 平面数据库

平面数据库(flat database)可以是文本数据或者二进制数据文件。如果要打开文本数据文件，只要使用 Python 内置函数 open()即可，前面的章节中已经讲述过。打开二进制数据文件，则是使用 struct 模块。下面重点学习如何打开二进制数据文件。

struct 模块可以处理与操作系统无关的二进制文件。struct 模块只适合处理小型文件，如果是大型文件则需要改用 array 模块。struct 模块将二进制文件的数据与 Python 结构进行转换，通常是经由 C 语言所写的接口来完成。

struct 模块主要的方法包括 pack()、unpack()和 calcsize()，它们的使用方法在第 8.5 节中曾经介绍过。

下列案例将 4 个数值数据 100、200、300、400，转换成 integer 类型的二进制数据。然后再转换回数值数据。

【**案例 13-1**】 读取二进制文件(代码 13.1.py)。

```
from tkinter import *
import tkinter.filedialog, struct

#创建应用程序的类
class App:
    def __init__(self, master):
        #创建一个 Label 控件
        self.label = Label(master)
        self.label.pack(anchor=W)
        #创建一个 Button 控件
        self.button = Button(master, text="Start",
command=self.getBinaryData)
        self.button.pack(anchor=CENTER)

    def setBinaryData(self):
        #将数值数据 100, 200, 300, 400, 转换成 integer 类型的二进制数据
        self.bytes = struct.pack("i"*4, 100, 200, 300, 400)

    def getBinaryData(self):
        self.setBinaryData()
        #将 integer 类型的二进制数据，转换成原来的数值数据(100, 200, 300, 400)
        values = struct.unpack("i"*4, self.bytes)
        self.label.config(text = str(values))

#创建应用程序窗口
win = Tk()
win.title(string = "平面数据库")

#创建应用程序类的实例变量
app = App(win)

#开始程序循环
win.mainloop()
```

保存并运行程序，在打开的窗口中单击 Start 按钮，结果如图 13-1 所示。

```
C:\Users\Administrator>python d:\python\ch13\13.1.py
```

图 13-1　程序运行结果

## 13.2　内置数据库——SQLite

SQLite 是小型的数据库，它不需要作为独立的服务器运行，可以直接在本地文件上运行。在 Python 3 版本中，SQLite 已经被包装成标准库 pySQLite。可以将 SQLite 作为一个模块导入，模块的名称为 sqlite3，然后就可以创建一个数据库文件连接。

下面举例说明：

```
>>> import sqlite3
>>> myconn=sqlite3.connect("D:\python\ch13\mydata.db")
```

connect()函数将返回一个连接对象 myconn。这个对象是目前和数据库的连接对象。该对象支持的方法如下。

(1) close()：关闭连接。连接关闭后，连接对象和游标将均不可用。

(2) commit()：提交事务。这里需要数据库支持事务，如果数据库不支持事务，该方法将不会起作用。

(3) rollback()：回滚挂起的事务。

(4) cursor()：返回连接的游标对象。

上面命令运行后将创建一个 myconn 的连接，如果 mydata.db 文件不存在，将会创建一个名称为 mydata.db 的数据库文件。

下面将继续创建一个连接的游标，该游标用于执行 SQL 语句。命令如下：

```
>>> mycur=myconn.cursor()
```

cursor()方法将返回一个游标对象 mycur。游标对象支持的方法如下。

(1) close()：关闭游标。游标关闭后，游标将不可用。

(2) callproc(name[,params])：使用给定的名称和参数(可选)调用已命名的数据库。

(3) execute(oper[,params])：执行一个 SQL 操作。

(4) executemany(oper,pseq)：对序列中的每个参数集执行 SQL 操作。

(5) fetchone()：把查询的结果集中的下一行保存为序列。

(6) fetchmany([size])：获取查询集中的多行。

(7) fetchall()：把所有的行作为序列的序列。

(8) nextset()：调至下一个可用的结果集。

(9) setinputsizes(sizes)：为参数预先定义内存区域。
(10) setoutputsizes(size[,col])：为获取的大数据值设定缓冲区大小。

游标对象的属性如下。
(1) description：结果列描述的序列，只读。
(2) rowcount：结果中的行数，只读。
(3) arraysize：fetchmany 中返回的行数，默认为 1。

当游标执行 SQL 语句后，即可提交事务，命令如下：

```
>>>myconn.commit()
```

事务提交后，即可关闭连接，命令如下：

```
>>>myconn.close()
```

下面将通过一个综合案例来学习操作 SQLite 数据库的方法。

【案例 13-2】 创建数据表并插入数据(代码 13.2.py)。

```
import sqlite3

conn = sqlite3.connect('D:\python\ch13\person.db')
curs = conn.cursor()

curs.execute('''
CREATE TABLE person (
  id      TEXT     PRIMARY KEY,
  name    TEXT,
  age     INT,
  info    TEXT
  )
''')
curs.execute('''
INSERT INTO person VALUES(
  1,'张芳',21,'舞者'
  )
''')
curs.execute('''
INSERT INTO person VALUES(
  2,'黄玉',28,'歌手'
  )
''')
curs.execute('''
INSERT INTO person VALUES(
  3,'刘菲',26,'作家'
  )
''')

conn.commit()
conn.close()
```

保存并运行程序后，即可在 ch13 文件夹下创建一个名称为 person.db 的数据库文件，如图 13-2 所示。

图 13-2　创建数据库

数据库创建完成后，可用使用 execute()方法执行 SQL 查询，使用 fetchall()等方法提取需要的结果。下面通过一个综合案例来学习使用 SELECT 条件查询数据库，然后打印出查询的结果。

【案例 13-3】　查询数据库(代码 13.3.py)。

```
import sqlite3, sys

conn = sqlite3.connect('D:\python\ch13\person.db')
curs = conn.cursor()

curs.execute('''
SELECT * FROM person
WHERE name="张芳"
''')
names = [f[0] for f in curs.description]
for row in curs.fetchall():
    for pair in zip(names, row):
        print ('%s: %s' % pair)
```

保存并运行程序，结果如下：

```
C:\Users\Administrator>python d:\python\ch13\13.3.py
id: 1
name: 张芳
age: 21
info: 舞者
```

## 13.3　操作 MySQL 数据库

MySQL 是目前比较流行的数据库管理系统。下面重点学习 Python 操作 MySQL 数据库的方法和技巧。

### 13.3.1　安装 PyMySQL

Python 语言为操作 MySQL 数据库提供了标准库 PyMySQL。下面讲述 PyMySQL 的下载和安装方法。

在浏览器中输入 PyMySQL 的下载地址 https://pypi.python.org/pypi/PyMySQL/，如图 13-3 所示。选择对应 Python 3 版本的 PyMySQL-0.7.9-py3-none-any.whl(md5)文件。

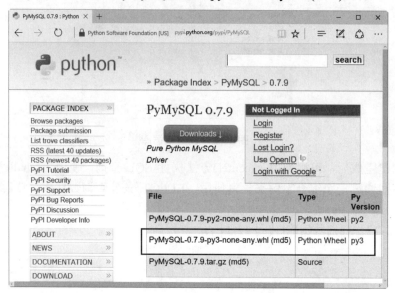

图 13-3　PyMySQL 的下载页面

将下载的文件放置在 D:\python\ch13\中。下面即可开始安装 PyMySQL-0.7.9。

以管理员身份启动【命令提示符】窗口，然后进入 PyMySQL-0.7.9-py3-none-any.whl(md5)文件所在的路径。命令如下：

```
C:\windows\system32>d:
D:\>cd D:\python\ch13\
```

下面开始安装 PyMySQL-0.7.9，命令如下：

```
D:\python\ch13>pip install PyMySQL-0.7.9-py3-none-any.whl
Processing d:\python\ch13\pymysql-0.7.9-py3-none-any.whl
Installing collected packages: PyMySQL
Successfully installed PyMySQL-0.7.9
```

## 13.3.2　连接 MySQL 数据库

在连接 MySQL 数据库之前，需要保证完成以下工作。

(1) 安装 MySQL 5.6 服务器软件。

(2) 创建数据库 person。

下列案例将介绍 Python 如何连接 MySQL 数据库。

【案例 13-4】　连接 MySQL 数据库(代码 13.4.py)。

```
import pymysql

# 打开数据库连接
db = pymysql.connect("localhost","root","","person" )
```

```
# 使用 cursor() 方法创建一个游标对象 cursor
cursor = db.cursor()

# 使用 execute() 方法执行 SQL 查询
cursor.execute("SELECT VERSION()")
# 使用 fetchone() 方法获取单条数据
data = cursor.fetchone()
print ("Database version : %s " % data)
# 关闭数据库连接
db.close()
```

保存并运行程序,结果如下:

```
C:\Users\Administrator>python d:\python\ch13\13.4.py
Database version : 5.6.24
```

### 13.3.3 创建数据表

数据库连接完成后,即可使用 execute()方法来为数据库创建数据表。

【案例 13-5】 创建数据表(代码 13.5.py)。

```
import pymysql

# 打开数据库连接
db = pymysql.connect("localhost","root","","person" )

# 使用 cursor() 方法创建一个游标对象 cursor
cursor = db.cursor()
# 定义 SQL 语句
sql = """CREATE TABLE student(
id INT(10) NOT NULL UNIQUE,
name CHAR(20) NOT NULL,
age INT,
sex CHAR(1))
"""
# 使用 execute() 方法执行 SQL 查询
cursor.execute(sql)

# 关闭数据库连接
db.close()
```

保存并运行程序,即可创建数据表 student。

### 13.3.4 插入数据

数据表创建完成后,使用 INSERT 语句可以向数据表中插入数据。

【案例 13-6】 插入数据(代码 13.6.py)。

```
import pymysql

# 打开数据库连接
db = pymysql.connect("localhost","root","","person" )
```

```
# 使用cursor()方法获取操作游标
cursor = db.cursor()
sql = "INSERT INTO student (id,name,age,sex)VALUES ('%d', '%s', '%d',
'%s' )" % (1, '张芳', 26, '女')
try:
    # 执行插入数据语句
cursor.execute(sql)
    # 提交到数据库执行
    db.commit()
except:
    # 如果发生错误则回滚
    db.rollback()

# 关闭数据库连接
db.close()
```

保存并运行程序,即可向数据表中插入数据。

### 13.3.5 查询数据

Python 查询 MySQL 数据库时,主要用到以下几种方法。
(1) fetchone():获取下一个查询结果集。结果集是一个对象。
(2) fetchall():接收全部的返回结果行。
(3) rowcount:是一个只读属性,并返回执行 execute()方法后影响的行数。

下列案例将查询年龄大于 25 岁的学生。

【案例 13-7】 查询数据(代码 13.7.py)。

```
import pymysql

# 打开数据库连接
db = pymysql.connect("localhost","root","","person" )

# 使用cursor()方法获取操作游标
cursor = db.cursor()
sql = "SELECT * FROM student WHERE age > '%d'" % (25)
#执行SQL查询语句
try:
    # 执行SQL语句
    cursor.execute(sql)
    # 获取所有记录列表
    results = cursor.fetchall()
    for row in results:
        id = row[0]
        name = row[1]
        age = row[2]
        sex = row[3]
        # 打印结果
        print ("id=%s,name=%s,age=%d,sex=%s " % (id,name, age, sex))
except:
    print ("错误:无法查询数据")
```

```
# 关闭数据库连接
db.close()
```

保存并运行程序，结果如下：

```
C:\Users\Administrator>python d:\python\ch13\13.7.py
id=1,name=张芳,age=26,sex=女
```

### 13.3.6 更新数据

使用 UPDATE 语句可以更新数据库记录。下面更新 student 表中 age 字段，将其数值递减 1。

【案例 13-8】 更新数据(代码 13.8.py)。

```
import pymysql

# 打开数据库连接
db = pymysql.connect("localhost","root","","person" )

# 使用cursor()方法获取操作游标
cursor = db.cursor()
# SQL 更新语句
sql = "UPDATE student SET age=age-1"
try:
    # 执行SQL语句
    cursor.execute(sql)
    # 提交到数据库执行
    db.commit()
except:
    # 发生错误时回滚
    db.rollback()

# 关闭数据库连接
db.close()
```

保存并运行程序，即可实现数据表中 age 字段的数值递减操作的目的。

### 13.3.7 删除数据

使用 DELETE 语句可以删除数据表中的数据。下面的案例将删除 student 数据表中 sex 为女的所有数据。

【案例 13-9】 更新数据(代码 13.9.py)。

```
import pymysql

# 打开数据库连接
db = pymysql.connect("localhost","root","","person" )

# 使用cursor()方法获取操作游标
cursor = db.cursor()
# SQL 更新语句
sql = " DELETE student WHERE sex='%s'" % ('女')
```

```
try:
    # 执行SQL语句
    cursor.execute(sql)
    # 提交到数据库执行
    db.commit()
except:
    # 发生错误时回滚
    db.rollback()

# 关闭数据库连接
db.close()
```

保存并运行程序，即可删除数据表中字段 sex 为女的所有数据。

## 13.4 大神解惑

**小白**：数据库中的事务是什么含义？

**大神**：对于支持事务的数据库，在 Python 数据库编程中，当游标建立之时，就自动开始了一个隐形的数据库事务。commit()方法提交游标的所有更新操作，rollback()方法回滚当前游标的所有操作。每一个方法都开始了一个新的事务。

事务机制可以确保数据一致性。事务应该具有以下 4 个属性。

(1) 原子性(atomicity)。一个事务是一个不可分割的工作单位，事务中包括的操作要么都做，要么都不做。

(2) 一致性(consistency)。事务必须是使数据库从一个一致性状态变到另一个一致性状态。一致性与原子性是密切相关的。

(3) 隔离性(isolation)。一个事务的执行不能被其他事务所干扰。即一个事务内部的操作及使用的数据相对于并发的其他事务是隔离的，并发执行的各个事务之间不能互相干扰。

(4) 持久性(durability)。持久性也称永久性(permanence)，是指一个事务一旦提交，它对数据库中数据的改变就应该是永久性的。接下来的其他操作或故障不应该对其有任何影响。

**小白**：数据库操作中的异常如何处理？

**大神**：基于对数据库系统的需要，许多人共同开发了 Python DB API 来作为数据库的接口。DB API 中定义了一些数据库操作的错误及异常，具体介绍如下。

(1) Warning：当有严重警告时触发，如插入数据时被截断等，必须是 StandardError 的子类。

(2) Error：警告以外所有其他错误类。必须是 StandardError 的子类。

(3) InterfaceError：当有数据库接口模块本身的错误(而不是数据库的错误)发生时触发。必须是 Error 的子类。

(4) DatabaseError：和数据库有关的错误发生时触发。必须是 Error 的子类。

(5) DataError：当有数据处理时的错误发生时触发，如除零错误、数据超过范围等。必须是 DatabaseError 的子类。

(6) OperationalError：是指非用户控制的，而是操作数据库时发生的错误。例如，连接意外断开、数据库名未找到、事务处理失败、内存分配错误等操作数据库时发生的错误。必须是 DatabaseError 的子类。

(7) IntegrityError：完整性相关的错误，如外键检查失败等。必须是 DatabaseError 子类。

(8) InternalError：数据库的内部错误，如游标失效、事务同步失败等。必须是 DatabaseError 的子类。

(9) ProgrammingError：程序错误，如数据表没找到或已存在、SQL 语句语法错误、参数数量错误等。必须是 DatabaseError 的子类。

## 13.5 跟我练练手

练习 1：读取一个二进制文件。

练习 2：在内置的 SQLite 中创建一个数据库和数据表，然后插入数据和查询数据。

练习 3：安装 PyMySQL 模块。

练习 4：连接 MySQL 数据库，然后创建数据库和数据表，在数据表中插入数据、查询数据、更新数据和删除数据。

# 第 14 章
## 网络编程的应用

Python 语言在网络编程中的应用最广泛。socket 模块可以实现网络设备之间的通信；HTTP 库可以实现网站服务器与网站浏览器之间的通信；urllib 库可以处理客户端的请求和服务器端的响应，还可以解析 URL 地址；ftplib 模块可以实现文件的上传和下载；电子邮件服务协议模块可以实现邮件的发送和接收；telnetlib 模块可以连接远程计算机。本章重点讲解 Python 在上述网络编程中的应用技术。

本章要点(已掌握的，在方框中打钩)

- ☐ 熟悉网络中的基本概念。
- ☐ 掌握 socket 模块的使用方法。
- ☐ 掌握 HTTP 库的使用方法。
- ☐ 掌握 urllib 库的使用方法。
- ☐ 掌握 ftplib 模块的使用方法。
- ☐ 掌握电子邮件的发送和接收方法。
- ☐ 掌握新闻群组的使用方法。
- ☐ 掌握 telnetlib 模块的使用方法。

## 14.1 网 络 概 要

网络系统(network system)是使用 OSI/ISO(Open Systems Interconnection/International Standards Organization)，国际标准化组织制定的开放系统互联七层模型(seven-layer model)来定义。这七层模型代表七层的网络进程：物理层、数据链路层、网络层、传输层、会话层、表示层及应用层。

现在的网络协议(包括 TCP/IP)实际上会使用较少的层数，而不是 OSI 定义的完整层数。所以当你想要将 TCP/IP 会话映射到 OSI 模型时，你常会弄不清楚发生什么了问题，因为有些层已经合并，有些则已经删除。

下列是 OSI 定义的七层模型。

(1) 物理层(physical layer)：定义在实物如电缆上传输数据时所需的信息。

(2) 数据链路层(data link layer)：定义数据如何在实物上传进传出，点对点的错误更正通常是在此层进行。

(3) 网络层(network layer)：设置唯一的地址给网络上的元素，如此信息才能传到正确的计算机上。IP 协议在此层进行。

(4) 传输层(transport layer)：封装数据并且确定数据传输没有错误。TCP 与 UDP 协议在此层进行。

(5) 会话层(session layer)：处理每一个连接，一个连接称为一个 session 会话。

(6) 表示层(presentation layer)：用来处理不同的操作系统有不同的整数格式的问题。TCP/IP 将此问题放在应用层处理，Python 则有 struct 模块可以处理此问题。

(7) 应用层(application layer)：操作最后的产物。应用程序，FTP 客户机，SMTP/POP3 邮件处理器，以及 HTTP 浏览器都属于此层。

网络的连接有两种类型：以连接为导向(connection-oriented)和以包为导向(packet-oriented)。

### 1. TCP/IP

TCP/IP 以包为导向，是目前最受欢迎的网络协议。TCP/IP 原先是由美国国防部所创建，很快成为美国政府、互联网及大学的网络选择。TCP/IP 可以在任何操作系统上执行，因此在不同的局域网环境中都能适用。

TCP/IP 的网络层由 IP(Internet Protocol)协议提供，IP 协议提供包在 Internet 上传输的基本机制。因为 IP 协议将包在 Internet 传输，不需要创建 end-to-end 的连接。

IP 协议不了解包之间的关系，也不提供重新传输，所以是无法信赖的传输协议。因此，IP 协议需要高阶的协议，如 TCP 与 UDP 来提供可信赖的服务。TCP 与 UDP 可以保证 IP 表头不会被破坏。

TCP 代表 Transmission Control Protocol(传输控制协议)，是在互联网上传输的主要结构。因为 TCP 提供可信赖、以会话为基础、以连接为导向的传输包服务。每一个连接上交换信息的包,都会给予一个序号。重复的包会被检测出来,并且被会话服务所丢弃。序号不需要是全局唯一,或者甚至是会话唯一。在很短的时间内,会话的序号会是唯一的。

TCP/IP 并没有提供应用层,而是由应用程序提供应用层。socket 已经将 TCP/IP 最重要的 peer-to-peer API 合并,让网络应用程序可以跨平台使用。

UDP 协议代表 User Datagram Protocol,是除 TCP 之外的另一种传输服务。UDP 协议提供不可信赖,但是快速、以包为导向的数据服务。UDP 被 ping 命令使用来检查主机是否可连通。

UDP 的速度比 TCP 快,因为 TCP 协议需要花时间转换机器间的信息,来确保信息确实有传输,而 UDP 则没有作此转换。另外一点就是 TCP 协议会等待所有的包到达,然后替客户端应用程序有序地整理。UDP 则没有这么做,它让客户端应用程序自己决定如何解读数据包,因为数据包并不是按照顺序地接收。

### 2. 网络协议

Python 有许多模块可以处理下列网络协议。
(1) HTTP:浏览网页。
(2) FTP:在不同计算机间传输文件。
(3) Telnet:提供登录其他的计算机。
(4) POP3:从 POP3 服务器读取电子邮件。
(5) SMTP:送出电子邮件到邮件服务器。
(6) IMAP:从 IMAP 服务器读取电子邮件。
(7) NNTP:提供存取 Usenet 新闻。

这些协议使用 socket 提供的服务来连接不同的主机,以及在网络上传输包。

### 3. 网络地址

在 TCP/IP 的网络结构上,一个 socket 地址包含两个部分:Internet 地址(一般称作 IP 地址),以及端口号(port number)。

IP 地址定义在网络上传输数据的地址,是一个 32 位(4 字节)的数字。每一字节所代表的数字在 0~255 之间,中间以点号(.)隔开,如 128.72.23.50。IP 地址必须是唯一的。

一个端口号是服务器内应用程序或服务程序的入口。端口号是一个 16 位的整数,可表示的范围在 0~65535 之间。端口号并不可以随便使用,0~1023 的端口号是保留给操作系统使用,用户必须使用 1024 以后的端口号。

如表 14-1 所示是一些特定的端口号。在 Windows 操作系统上,用户可以在 C:\Windows 文件夹内的 Services 文件中,找到更多的端口号定义。如果是 UNIX 系统,则是/etc/services 文件。

表 14-1 特定的端口号

| 端口号 | 协议 |
| --- | --- |
| 20 | FTP(文件传输) |
| 70 | Gopher(信息查找) |
| 23 | Telnet(命令行) |

| 端口号 | 协议 |
| --- | --- |
| 25 | SMTP(发送邮件) |
| 80 | HTTP(网页访问) |
| 110 | POP3(接收邮件) |
| 119 | NNTP(阅读和张贴新闻文章) |

## 14.2 socket 模块

socket 是由一群对象所组成，这群对象提供网络应用程序的跨平台标准。

### 14.2.1 认识 socket 模块

socket 又称"套接字"，应用程序通常通过套接字向网络发出请求或者应答网络请求，使主机间或者一台计算机上的进程间可以通信。socket 模块提供了标准的网络接口，可以访问底层操作系统 socket 接口的全部方法。

Python 使用 socket()函数来创建套接字，语法格式如下：

```
socket.socket([family[, type[, protocol]]])
```

各个参数的含义如下。

(1) family：套接字中的网络协议。包括 AF_UNIX(UNIX 网络协议)，或者 AF_INET (IPv4 网络协议，例如 TCP 与 UDP)。

(2) type：套接字类型。包括 SOCK_STREAM(使用在 TCP 协议)、SOCK_DGRAM(使用在 UDP 协议)、SOCK_RAW(使用在 IP 协议)和 SOCK_SEQPACKET(列表连接模式)。

(3) protocol：只使用在 family 等于 AF_INET，以及 type 等于 SOCK_RAW 的时候。protocol 是一个常量，用来辨识所使用的协议种类。默认值是 0，表示适用于所有 socket 类型。

每一个 socket 对象都有下列方法。

(1) accept()：接受一个新连接，并且返回两个数值(conn、address)。conn 是一个新的 socket 对象，用来在该连接上传输数据。address 则是此 socket 所使用的地址。

(2) bind(address)：将 socket 连接到 address 地址，地址的格式为(hostname, port)。

(3) close()：关闭此 socket。

(4) connect(address)：连接到一个远程的 socket，其地址为 address。

(5) makefile([mode [, bufsize]])：创建一个与 socket 有关的文件对象，参数 mode 与参数 bufsize 和内置函数 open()相同。

(6) getpeername()：返回 socket 所连接的地址，地址的格式为(ipaddr, port)。

(7) getsockname()：返回 socket 本身的地址，地址的格式为(ipaddr, port)。

(8) listen(backlog)：打开连接监听，参数 backlog 为最大可等候的连接数目。

(9) recv(bufsize [, flags])：从 socket 接收数据。返回值是字符串数据。参数 bufsize 表示

最大的可接收数据量。参数 flags 用来指定数据的相关信息，默认值为 0。

(10) recvfrom(bufsize [, flags])：从 socket 接收数据。返回值是成对的(string, address)，string 代表接收的字符串数据，address 则是 socket 传输数据的地址。参数 bufsize 表示最大的可接收数据量。参数 flags 用来指定数据的相关信息，默认值为 0。

(11) send(string [, flags])：将数据以字符串类型传输到 socket。参数 flags 与 recv()方法相同。

(12) sendto(string [, flags], address)：将数据传输到远程的 socket。参数 flags 与 recv()方法相同，参数 address 是该 socket 的地址。

(13) shutdown(how)：关闭联机的一端或者两端。如果 how 等于 0，则关闭接收端。如果 how 等于 1，则关闭传输端。如果 how 等于 2，则同时关闭接收端与传输端。

## 14.2.2 创建 socket 连接

下面使用 socket 模块的 socket 函数来创建一个 socket 对象。socket 对象可以通过调用其他函数来设置一个 socket 服务。通过调用 bind(hostname, port) 函数来指定服务的 port(端口)。然后调用 socket 对象的 accept 方法。该方法等待客户端的连接，并返回 connection 对象，表示已连接到客户端。

【案例 14-1】 创建服务器端的 socket 服务(代码 14.1.py)。

```python
# 导入 socket、sys 模块
import socket
import sys

# 创建 socket 对象
serversocket = socket.socket(
        socket.AF_INET, socket.SOCK_STREAM)

# 获取本地主机名
host = socket.gethostname()

port = 9999

# 绑定端口
serversocket.bind((host, port))

# 设置最大连接数，超过后排队
serversocket.listen(5)

while True:
    # 建立客户端连接
    clientsocket,addr = serversocket.accept()

    print("连接地址: %s" % str(addr))

    msg='春花秋月何时了'+ "\r\n"
    clientsocket.send(msg.encode('utf-8'))
    clientsocket.close()
```

保存并运行程序，在服务器端启动 socket 服务。

```
C:\windows\system32>python d:\python\ch14\14.1.py
```

下面创建一个客户端实例，用于连接到以上创建的服务。端口号为 12345。

【案例 14-2】 创建客户端的连接(代码 14.2.py)。

```python
# 导入 socket、sys 模块
import socket
import sys

# 创建 socket 对象
s = socket.socket(socket.AF_INET, socket.SOCK_STREAM)

# 获取本地主机名
host = socket.gethostname()

# 设置端口号
port = 9999

# 连接服务，指定主机和端口
s.connect((host, port))

# 接收小于 1024 字节的数据
msg = s.recv(1024)

s.close()

print (msg.decode('utf-8'))
```

保存并运行程序，结果如下：

```
python d:\python\ch14\14.2.py
春花秋月何时了
```

此时在服务器端显示结果如下：

```
C:\windows\system32>python d:\python\ch14\14.1.py
连接地址: ('192.168.1.105', 51667)
```

## 14.3 HTTP 库

HTTP(HyperText Transfer Protocol)是互联网上应用最为广泛的一种网络协议。网站服务器与网站浏览器都使用此协议。HTTP 协议工作的模式是，由客户端打开一个联机，然后传输要求表头给服务器。可以在下列网址找到 HTTP 的规范：

```
http://www.w3.org/Protocols
```

要使用 Python 创建 Internet server，可以使用下列模块。
(1) socketserver：以 socket 为基础，一般性的 IP server。
(2) http：通过 http 模块中的子模块 server 和 client 提供各种网络服务。

## 14.3.1 socketserver 模块

socketserver 模块提供一个架构,来简化网络服务器的编写工作。用户不需要使用低级的 socket 模块。socketserver 模块提供 4 个基本的 server 类:TCPServer、UDPServer、StreamRequestHandler 及 DatagramRequestHandler。这些类处理同步的要求,每一个请求都必须在下一个请求开始前完成。但是如果是客户端需要长时间的计算,这些类就不适合。

为了以个别的线程来处理要求,可以使用下列类:ThreadingTCPServer、ThreadingUDPServer、ForkingTCPServer 及 ForkingUDPServer。

StreamRequestHandler 与 DatagramRequestHandler 类提供两个属性:self.rfile 与 self.wfile,可以用来在客户端应用程序读/写数据。

下列是 socketserver 模块提供的类。

(1) TCPServer((hostname, port), handler):支持 TCP 协议的服务器。hostname 是主机名称,通常是空白字符串。port 是通信端口号码,handler 是 BaseRequestHandler 类的实例变量。

(2) UDPServer((hostname, port), handler):支持 UDP 协议的服务器。hostname 是主机名称,通常是空白字符串。port 是通信端口号码,handler 是 BaseRequestHandler 类的实例变量。

(3) UnixStreamServer((hostname, port), handler):使用 UNIX 网域 socket 支持串流导向协议(stream-oriented protocol)的服务器。hostname 是主机名称,通常是空白字符串。port 是通信端口号码,handler 是 BaseRequestHandler 类的实例变量。

(4) UnixDatagramServer((hostname, port), handler):使用 UNIX 网域 socket 支持数据通信协议(datagram-oriented protocol)的服务器。hostname 是主机名称,通常是空白字符串。port 是通信端口号码,handler 是 BaseRequestHandler 类的实例变量。

下列是上述类的类变量。

(1) request_queue_size:存储要求队列的大小,该队列用来传给 socket 的 listen()方法。

(2) socket_type:返回服务器使用的 socket 类型,可以是 socket.SOCK_STREAM 或者 socket.SOCK_DGRAM。

下列是上述类的属性与方法。

(1) address_family:可以是 socket.AF_INET 或者 socket.AF_UNIX。服务器的通信协议群组。

(2) fileno():返回服务器 socket 的整数文件描述元(integer file descriptor)。

(3) handle_request():创建一个处理函数类的实例变量,以及调用 handle()方法来处理单一要求。

(4) RequestHandlerClass:存储用户提供的要求处理函数类。

(5) server_address:返回服务器监听用的 IP 地址与通信端口号码。

(6) serve_forever():操作一个循环来处理无限的要求。

下列案例示范 StreamRequestHandler 类的使用:

```
>>>import socketserver
```

```
>>> port = 50007
>>> class myRequestHandler(socketserver.StreamRequestHandler):
    def handle(self):
        print ("Connection by ", self.client_address)
        self.wfile.write("data")
>>> s = socketserver.TCPServer(("", port), myRequestHandler)
>>> s.serve_forever()
```

### 14.3.2 server 模块

http 模块的子模块 server 提供各种 HTTP 服务。主要包括 BaseHTTPServer 类、CGIHTTPServer 类与 SimpleHTTPServer 类。

server 模块定义两个基类，来操作基本的 HTTP 服务器(也称为网站服务器)。此模块以 socketserver 模块为基础，并且很少直接使用。

server 模块的第一个基类是 HTTPServer 类，其语法为：

```
class HTTPServer((hostname, port), RequestHandlerClass)
```

HTTPServer 类由 socketserver.TCPServer 类派生。此类创建一个 HTTPServer 对象，并且监听(hostname, port)，然后使用 RequestHandlerClass 来处理要求。

server 模块的第二个基类是 BaseHTTPRequestHandler 类，其语法为：

```
class BaseHTTPRequestHandler(request, client_address, server)
```

用户必须创建一个 BaseHTTPRequestHandler 类的子类，来处理 HTTP 请求。如果要处理 GET 请求，必须重新定义 do_GET()方法。如果要处理 POST 请求，必须重新定义 do_POST()方法。

下列是 BaseHTTPRequestHandler 类的类变量。

(1) BaseHTTPRequestHandler.server_version。
(2) BaseHTTPRequestHandler.sys_version。
(3) BaseHTTPRequestHandler.protocol_version。
(4) BaseHTTPRequestHandler.error_message_format。

每一个 BaseHTTPRequestHandler 类的实例变量都有下列属性。

(1) client_address：返回一个 2-tuple(hostname, port)，为客户端的地址。
(2) command：识别要求的种类，可以是 GET、POST 等。
(3) headers：返回一个 HTTP 表头。
(4) path：返回要求的路径。
(5) request_version：返回要求的 HTTP 版本字符串。
(6) rfile：包含输入流。
(7) wfile：包含输出流。

每一个 BaseHTTPRequestHandler 类的实例变量都有下列方法。

(1) handle()：要求分派器。此方法会调用以"do_"开头的方法，如 do_GET()、do_POST()等。
(2) send_error(error_code [, error_message])：将错误信号传输给客户端。

(3) send_response(response_code [, response_message])：传输响应表头。

(4) send_header(keyword, value)：写入一个 MIME 表头到输出流，此表头包含表头的键值以及其值。

(5) end_header()：用来识别 MIME 表头的结尾。

下列案例讲述 BaseHTTPRequestHandler 类的使用方法：

```
>>> import http.server
>>> htmlpage = """
<html><head><title>Web Page</title></head>
<body>Hello Python</body></html>"""
>>> class myHandler(http.server.BaseHTTPRequestHandler):
    def do_GET(self):
        if self.path == "/":
            self.send_response(200)
            self.send_header("Content-type", "text/html")
            self.end_headers()
            self.wfile.write(htmlpage)
        else:
            self.send_error(404, "File not found")

>>> myServer = http.server.HTTPServer(("", 80), myHandler)
>>> myServer.serve_forever()
```

SimpleHTTPServer 类可以处理 HTTP server 的请求，可以处理所在目录的文件，也就是 HTML 文件。SimpleHTTPRequestHandler 类的语法格式如下：

```
class SimpleHTTPRequestHandler(request, (hostname, port), server)
```

SimpleHTTPRequestHandler 类有下列两个属性。

(1) SimpleHTTPRequestHandler.server_version。

(2) SimpleHTTPRequestHandler.extensions_map：一个字典集，用来映像文件扩展名与 MIME 类型。

下列案例讲述类 SimpleHTTPRequestHandler 的使用方法。

```
>>> import http.server
>>> myHandler = http.server.SimpleHTTPRequestHandler
>>> myServer = http.server.HTTPServer(("", 80), myHandler)
>>> myServer.serve_forever()
```

CGIHTTPRequestHandler 类除了可以处理所在目录的 HTML 文件外，还运行客户端执行 CGI(Common Gateway Interface)脚本。

CGIHTTPRequestHandler 类的语法规则如下：

```
class CGIHTTPRequestHandler(request, (hostname, port), server)
```

CGIHTTPRequestHandler 类的属性 cgi_directories，包含一个可以存储 CGI 脚本的文件夹的列表。

下列案例讲述 CGIHTTPRequestHandler 类的使用方法：

```
>>> import cgihttpserver
>>> import BaseHTTPServer
```

```
>>> class myHandler(http.server.CGIHTTPRequestHandler):
    cgi_directories = ["/cgi-bin"]

>>> myServer = http.server.HTTPServer(("", 80), myHandler)
>>> myServer.serve_forever()
```

### 14.3.3  client 模块

client 模块主要处理客户端的请求。client 模块的 HTTPConnection 类创建并且返回一个 connection 对象。HTTPConnection 类的语法如下：

```
class HTTPConnection ([hostname [, port]])
```

如果没有设置参数 port，默认值是 80。如果所有的参数都没有设置，必须使用 connect() 方法来自行连接。下列 3 个 HTTPConnection 类的实例变量都会连接到相同的服务器：

```
>>> import http.client
>>> h1 = http.client.HTTPConnection ("www.cwi.nl")
>>> h2 = http.client.HTTPConnection ("www.cwi.nl:80")
>>> h3 = http.client.HTTPConnection ("www.cwi.nl", 80)
```

下列是 HTTPConnection 类的实例变量的方法列表。

(1)  endheaders()：写入一行空白给服务器，来表示这是客户端要求表头的结尾。

(2)  connect([hostname [, port]])：创建一个连接。

(3)  getresponse()：返回服务器的状态。

(4)  request()：向服务器发送请求。

(5)  putheader(header, argument1 [, ...])：写入客户端请求表头的表头行。每一行包括 header、一个冒号(:)、一个空白以及 argument。

(6)  putrequest(request, selector)：写入客户端请求表头的第一行。参数 request 可以是 GET、POST、PUT 或者 HEAD。参数 selector 是要打开的文件名称。

(7)  send(data)：在调用 endheaders()方法后，传输数据给服务器。

下列案例将返回 http://www.python.org/News.html 文件，并且将此文件存成一个新文件。

【案例 14-3】  使用 HTTPConnection 类(代码 14.3.py)。

```
import http.client

#指定主机名称
url = "www.python.org"
#指定打开的文件名称
urlfile = "/News.html"

#连接到主机
host = http.client.HTTPConnection (url)

#写入客户端要求表头的第 1 行
host.request("GET", urlfile)
#获取服务器的响应
r1=host.getresponse()
#打印服务器返回的状态
```

```
print(r1.status,r1.reason)
#将 file 对象的内容存入新文件
file = open("D:\\python\\ch14\\14.1.html", "w")
#读取网页内容,以 utf-8 方式保存
str = r1.read().decode("utf-8")
#寻找文本
print(str.find("mlive"))
#写到文件并替换 'xa0' 为空字符
file.write(str.replace('\xa0',''))
#关闭文件
file.close()
```

保存并运行程序,即可将 http://www.python.org/News.html 文件的内容保存在 14.1.html 文件中。

## 14.4　urllib 库

urllib 库可以处理客户端的请求和服务器端的响应,还可以解析 URL 地址。常用的模块为 request 模块和 parse 模块。

### 14.4.1　request 模块

request 模块是使用 socket 来读取网络数据的接口,支持 HTTP、FTP、gopher 等连接。要读取一个网页文件,可以使用 urlopen()方法。语法如下:

```
urllib.request.urlopen(url [, data])
```

其中参数 url 是一个 URL 字符串;参数 data 用来指定一个 GET 请求。

urlopen()方法返回一个 stream 对象,可以使用 file 对象的方法来操作此 stream 对象。

下列案例将读取 http://www.baidu.com 网页的内容:

```
>>>import urllib
>>>from urllib import request
>>>htmlpage = urllib.request.urlopen("http://www.baidu.com")
>>>htmlpage.read()
```

urlopen()方法返回的 stream 对象,有两个属性:url 与 headers。url 属性是设置的 URL 字符串值。headers 属性是一个字典集,包含网页的表头。

下列案例显示刚才打开的 htmlpage 对象的 url 属性:

```
>>> htmlpage.url
'http://www.baidu.com'
```

下列案例显示刚才打开的 htmlpage 对象的 headers 属性:

```
>>> for key, value in htmlpage.headers.items():
    print (key, " = ", value)

Server  =  Apache-Coyote/1.1
Cache-Control  =
```

```
Content-Type  =  text/html;charset=UTF-8
Content-Encoding  =  gzip
Content-Length  =  1284
Set-Cookie  =  ucloud=1;domain=.baidu.com;path=/;max-age=300
Pragma  =  no-cache
```

下列是 urllib 模块的方法列表。

(1) urlretrieve(url [, filename [, reporthook [, data]]])：将一个网络对象 url 复制到本机文件 filename 上。参数 reporthook 是一个 hook 函数，在网络连接完成时会调用此 hook 函数一次。在每读取一个区块后，也会调用此 hook 函数一次。参数 data 必须是 application/x-www-form-urlencoded 格式。例如：

```
>>> import urllib.request
>>> urllib.request.urlretrieve("http://www.python.org", "copy.html")
('copy.html', <http.client.HTTPMessage object at 0x02DE28B0>)
```

(2) urlcleanup()：清除 urlretrieve()方法所使用的高速缓存。

(3) quote(string [, safe])：将字符串 string 中的特殊字符以%xx 码取代。参数 safe 设置要引用的额外字符。例如：

```
>>> import urllib.request
>>> urllib.request.quote("This & that are all books\n")
'This%20%26%20that%20are%20all%20books%0A'
```

(4) quote_plus(string [, safe])：与 quote()方法相同，但是将空白以加号(+)取代。

(5) unquote(string)：返回原始字符串。例如：

```
>>> import urllib.request
>>>urllib.request.unquote("This%20%26%20that%20are%20all%20books%0A")
'This & that are all books\n'
```

下列案例将读取 http://www.python.org 主页的内容：

```
>>> import urllib.request
>>> response = urllib.request.urlopen("http://www.python.org")
>>> html = response.read()
```

也可以使用以下代码实现上述功能：

```
>>>import urllib.request
>>> req = urllib.request.Request("http://www.python.org")
>>> response = urllib.request.urlopen(req)
>>> the_page = response.read()
```

下列案例将 http://www.python.org 网页存储到本机的 14.2.html 文件中。

【案例 14-4】 使用 urlopen()方法抓取网页文件(代码 14.4.py)。

```
import urllib.request
#打开网页文件
htmlhandler = urllib.request.urlopen("http://www.python.org")

#在本机上创建一个新文件
file = open("D:\\python\\ch14\\14.2.html", "wb")
```

```
#将网页文件存储到本机文件上,每次读取 512 字节
while 1:
    data = htmlhandler.read(512)
    if not data:
        break
    file.write(data)

#关闭本机文件
file.close()
#关闭网页文件
htmlhandler.close()
```

保存并运行程序,即可将 http://www.python.org 网页存储到本机的 14.2.html 文件中。

## 14.4.2 parse 模块

parse 模块解析 URL 字符串,并且返回一个元组:(addressing scheme, netword location, path, parameters, query, fragment identifier)。parse 模块可以将 URL 分解成数个部分,然后再组合回来,并且可以将相对地址转换成绝对地址。

下列是 parse 模块的方法列表。

(1) urlparse(urlstring [, default_scheme [, allow_fragments]]):将一个 URL 字符串分解成 6 个元素: addressing scheme、netword location、path、parameters、query、fragment identifier。如果设置 default_scheme 参数,则指定 addressing scheme。如果设置参数 allow_fragments 为 0,则不允许 fragment identifier。例如:

```
>>> import urllib.parse
>>> url = "http://home.netscape.com/assist/extensions.html#topic1?x= 7&y= 2"
>>> urllib.parse.urlparse(url)
('http', 'home.netscape.com', '/assist/extensions.html', '', '', 'topic1?x= 7&y=2')
ParseResult(scheme='http', netloc='home.netscape.com', path='/assist/extensions.html', params='', query='', fragment='topic1?x= 7&y= 2')
```

(2) urlunparse(tuple):使用 tuple 来创建一个 URL 字符串。例如:

```
>>> import urllib.parse
>>> t = ("http", "www.python.org", "/News.html", "", "", "")
>>> urllib.parse.urlunparse(t)
'http://www.python.org/News.html'
```

(3) urljoin(base, url [, allow_fragments]):使用 base 与 url 来创建一个绝对 URL 地址。例如:

```
>>> import urllib.parse
>>> urllib.parse.urljoin("http://www.python.org", "/News.html")
'http://www.python.org/News.html'
```

## 14.5 ftplib 模块

FTP(File Transfer Protocol)是一种在网络上传输文件的普遍方式，因为在大部分操作系统上都有客户端的 FTP 与服务器端的 FTP 服务。服务器端的 FTP 可以同时使用在私有(private)用户与匿名(anonymous)用户中。

私有的服务器端 FTP 只允许系统用户来连接，匿名的服务器端 FTP 则允许无须账号即可以连接网络来传输文件。使用匿名的服务器端 FTP，会产生安全性的问题。

FTP 提供一个控制端口与一个数据端口，在服务器端与客户端之间的数据传输使用独立的 socket，以避免死机的问题。

Python 中默认安装的 ftplib 模块定义了 FTP 类，可用来创建一个 FTP 连接，用于上传或下载文件。FTP 类的语法如下：

```
class FTP([host [, user [, passwd [, acct]]]])
```

其中 host 是主机名称；user 是用户账号；passwd 是用户密码。

下面将讲述 FTP 类的使用流程和方法的含义：

```
#加载 ftplib 模块
from ftplib import FTP
#设置变量
ftp=FTP()
#打开调试级别2，显示详细信息
ftp.set_debuglevel(2)
#连接的 ftp sever 和端口
ftp.connect("服务器IP",端口号)
#连接的用户名，密码
ftp.login("user","password")
#打印出欢迎信息
print (ftp.getwelcome())
#更改远程目录
ftp.cmd("xxx/xxx")
#设置的缓冲区大小
bufsize=1024
#需要下载的文件
filename="filename.txt"
#以写模式在本地打开文件
file_handle=open(filename,"wb").write
#接收服务器上文件并写入本地文件
ftp.retrbinaly("RETR filename.txt",file_handle,bufsize)
#关闭调试模式
ftp.set_debuglevel(0)
#退出 FTP
ftp.quit
```

FTP 的相关命令的含义如下：

```
#设置 FTP 当前操作的路径
ftp.cwd(pathname)
#显示目录下文件信息
```

```
ftp.dir()
#获取目录下的文件
ftp.nlst()
#新建远程目录
ftp.mkd(pathname)
#返回当前所在位置
ftp.pwd()
#删除远程目录
ftp.rmd(dirname)
#删除远程文件
ftp.delete(filename)
#将 fromname 修改名称为 toname。
ftp.rename(fromname, toname)
#上传目标文件
ftp.storbinaly("STOR filename.txt",file_handle,bufsize)
#下载 FTP 文件
ftp.retrbinary("RETR filename.txt",file_handle,bufsize)
```

下面通过一个综合案例来讲解 ftplib 模块的使用方法和技巧。

【案例 14-5】 上传 FTP 文件(代码 14.5.py)。

```
from ftplib import FTP

ftp = FTP()
timeout = 30
port = 21
# 连接 FTP 服务器
ftp.connect('192.168.1.106',port,timeout)
# 登录 FTP 服务器
ftp.login('adminns','123456')
# 获得欢迎信息
print (ftp.getwelcome())
ftp.cwd('file/test')            # 设置 FTP 路径
list = ftp.nlst()               # 获得目录列表
# 打印文件名字
for name in list:
    print(name)
# 文件保存路径
path = 'd:/data/' + name
# 打开要保存文件
f = open(path,'wb')
# 保存 FTP 文件
filename = 'RETR ' + name
# 保存 FTP 上的文件
ftp.retrbinary(filename,f.write)
# 删除 FTP 文件
ftp.delete(name)
# 上传 FTP 文件
ftp.storbinary('STOR '+filename, open(path, 'rb'))
# 退出 FTP 服务器
ftp.quit()
```

## 14.6 电子邮件服务协议

SMTP(Simple Mail Transfer Protocol)协议与POP3(Post Office Protocol)协议提供电子邮件的服务。SMTP是网络上传输电子邮件的标准，定义应用程序如何在网络上交换电子邮件。SMTP协议负责将电子邮件放置在电子邮箱内。

要从电子邮箱内取出电子邮件，则需要POP3协议。POP3负责从网络的客户端读取邮件，并且指定邮件服务器如何传输电子邮件。POP3协议的目的是可以存取远程的外部服务器。

IMAP(Internet Message Access Protocol)是另一种读取电子邮件的协议。IMAP是读取邮件服务器的电子邮件与公布栏信息的方法。换句话说，IMAP允许客户端的邮件程序存取远程的信息。

### 14.6.1 smtplib 模块

Python的smtplib模块提供SMTP协议的客户端接口，用来传输电子邮件到网络上的其他机器。

smtplib模块定义一个SMTP类，用来创建一个SMTP连接。SMTP类的语法如下：

```
class SMTP([host [, port]])
```

其中参数host是主机名称。下列是SMTP类的实例变量的方法。

(1) connect(host [, port])：连接到(host, port)，port的默认值是25。

(2) sendmail(from_addr, to_addrs, msg [, mail_options, rcpt_options])：送出电子邮件。from_addr是RFC 822 from-address字符串，to_addrs是RFC 822 to-address字符串。msg是一个信息字符串。

(3) quit()：结束SMTP连接。

**1. 发送文本格式的邮件**

下列案例将从chengcai@163.com寄出一封电子邮件到sanduo@163.com。

【案例14-6】 使用smtplib模块(代码14.6.py)。

```
import smtplib

#指定SMTP服务器
host = "smtp.163.com"

#寄件者的电子邮件信箱
sender = " chengcai@163.com "

#收件者的电子邮件信箱
receipt = " sanduo@163.com "

#电子邮件的内容
msg = """
```

```
你好:
    这是一个测试的电子邮件
"""

#创建SMTP类的实例变量
myServer = smtplib.SMTP(host)

#寄出电子邮件
myServer.sendmail(sender, receipt, msg)

#关闭连接
myServer.quit()
```

### 2. 发送HTML格式的邮件

使用Python可以发送HTML格式的邮件。发送HTML格式的邮件与发送纯文本消息的邮件不同之处就是将MIMEText中_subtype设置为html。具体代码如下:

```
import smtplib
from email.mime.text import MIMEText
from email.header import Header

sender = 'qingukeji123456@163.com'
receivers = ['357975357@qq.com']   # 接收邮件,可设置为用户的QQ邮箱或者其他邮箱

mail_msg = """
<p>电子邮件内容</p>
<p><a href="http://www.baidu.com">百度搜索</a></p>
"""
message = MIMEText(mail_msg, 'html', 'utf-8')
message['From'] = Header("Python语言", 'utf-8')
message['To'] =  Header("案例", 'utf-8')

subject = 'Python SMTP 邮件测试'
message['Subject'] = Header(subject, 'utf-8')

try:
    smtpObj = smtplib.SMTP('localhost')
    smtpObj.sendmail(sender, receivers, message.as_string())
    print ("邮件发送成功")
except smtplib.SMTPException:
    print ("Error: 无法发送邮件")
```

### 3. 发送带附件的邮件

Python发送带附件的邮件,首先要创建MIMEMultipart()实例,然后构造附件,如果有多个附件,可依次构造,最后利用smtplib.smtp发送。具体代码如下:

```
import smtplib
from email.mime.text import MIMEText
from email.mime.multipart import MIMEMultipart
from email.header import Header

sender = 'qingukeji123456@163.com'
receivers = ['357975357@qq.com']   # 接收邮件,可设置为用户的QQ邮箱或者其他邮箱
```

```python
#创建一个带附件的实例
message = MIMEMultipart()
message['From'] = Header("Python 语言", 'utf-8')
message['To'] =  Header("案例课堂", 'utf-8')
subject = 'Python SMTP 邮件测试'
message['Subject'] = Header(subject, 'utf-8')

#邮件正文内容
message.attach(MIMEText('这是 Python 邮件发送测试……', 'plain', 'utf-8'))

# 构造附件 1，传送当前目录下的 book1.txt 文件
att1 = MIMEText(open(' book1.txt', 'rb').read(), 'base64', 'utf-8')
att1["Content-Type"] = 'application/octet-stream'
# 这里的 filename 为邮件中显示的名字
att1["Content-Disposition"] = 'attachment; filename=" book1.txt"'
message.attach(att1)

# 构造附件 2，传送当前目录下的 book2.txt 文件
att2 = MIMEText(open(' book2.txt', 'rb').read(), 'base64', 'utf-8')
att2["Content-Type"] = 'application/octet-stream'
att2["Content-Disposition"] = 'attachment; filename="book2.txt"'
message.attach(att2)

try:
    smtpObj = smtplib.SMTP('localhost')
    smtpObj.sendmail(sender, receivers, message.as_string())
    print ("邮件发送成功")
except smtplib.SMTPException:
    print ("Error: 无法发送邮件")
```

## 14.6.2　poplib 模块

Python 的 poplib 模块提供 POP3 协议的客户端接口，用来从网络上接收电子邮件。

poplib 模块定义一个 POP3 类，用来创建一个 POP3 连接。POP3 类的语法如下：

```
class POP3([host [, port]])
```

其中 host 是主机名称；port 的默认值是 110。

下列是 POP3 类的实例变量的方法。

(1)　getwelcome()：返回 POP3 服务器送出的欢迎字符串。

(2)　user(username)：送出用户账号。

(3)　pass_(password)：送出用户密码。

(4)　list([which])：返回信息列表，格式为(response, ["mesg_num octets", ...])。response 是响应信息；mesg_num 的格式为(msg_id, size)，msg_id 是信息号码，size 是信息的大小。

(5)　retr(which)：返回信息号码 which，格式为(response, ["line"' ...], octets)。response 是响应信息；line 是信息的内容；octets 是信息的大小。

下列案例将显示 163.com 服务器内，账号为 xusanmiao，密码为 123456 的最后一个电子邮件的内容。

**【案例 14-7】** 使用 poplib 模块(代码 14.7.py)。

```
import poplib, string

#指定 POP3 服务器
host = "saturn.seed.net.tw"

#创建一个 POP3 类的实例变量
myServer = poplib.POP3(host)

#返回 POP3 服务器送出的欢迎字符串
print (myServer.getwelcome())

#输入电子邮件的账号
myServer.user("johnny")
#输入电子邮件的密码
myServer.pass ("123456")

#返回信息列表
r, items, octets = myServer.list()

#读取最后一个信息
msgid, size = string.split(items[-1])

#返回最后一个信息号码的内容
r, msg, octets = myServer.retr(msgid)
msg = string.join(msg, "\n")

#打印最后一个信息号码的内容
print (msg)
```

## 14.6.3 imaplib 模块

Python 的 imaplib 模块提供 IMAP 协议的客户端接口。imaplib 模块定义一个 IMAP4 类，用来创建一个 IMAP 连接。IMAP4 类的语法如下：

```
class IMAP4([host [, port]])
```

其中 host 是主机名称；port 的默认值是 143。

下列是 IMAP4 类的实例变量的方法。

(1) fetch(message_set, message_parts)：取出信息。
(2) login(user, password)：登录 IMAP4 服务器。
(3) logout()：注销 IMAP4 服务器，关闭连接。
(4) search(charset, criterium [, ...])：搜索邮件信箱找出符合的信息。
(5) select([mailbox [, readonly]])：选择一个邮件信箱。

下列案例将取出 IMAP 服务器 imap.dummy.com 内的所有邮件信箱信息。

**【案例 14-8】** 使用 imaplib 模块(代码 14.8.py)。

```
import imaplib, getpass, string
host = "imap.dummy.com"
user = "johnny"
pwd = getpass.getpass()
```

```
msgserver = imaplib.IMAP4(host)
msgserver.login(user, pwd)
msgserver.select()
msgtyp, msgitems = msgserver.search(None, "ALL")
for idx in string.split(msgitems[0]):
    msgtyp, msgitems = msgserver.fetch(idx, "(RFC822)")
    print ("Message %s\n" % num)
    print ("---------------\n")
    print ("Content: %s" % msgitems[0][1])
msgserver.logout()
```

## 14.7 新闻群组

nntplib 模块提供客户端的 NNTP 协议的接口，NNTP(Network News Transfer Protocol)协议是一个提供新闻群组(newsgroup)的服务。NNTP 协议使用 ASCII 文字，在客户端与服务器端之间传输数据，同时也用来交换服务器间的新闻稿。

nntplib 模块定义一个 NNTP 类，用来创建一个 NNTP 连接。NNTP 类的语法如下：

```
class NNTP(host [, port [, user [, password [, readermode]]]])
```

其中 host 是主机名称；port 的默认值是 119。

下列是 NNTP 类的实例变量的方法。

(1) group(name)：送出一个 GROUP 命令，name 是新闻群组的名称。此方法返回一个元组：(response, count, first, last, name)。count 是群组中新闻稿的数目；first 是该群组中第一篇新闻稿的号码；last 是该群组中最后一篇新闻稿的号码；name 是该群组的名称。注意数字是以字符串类型返回。

(2) article(id)：送出一个 ARTICLE 命令。id 是信息 id，以 "<"和">" 包含起来。id 或者是新闻稿号码，以字符串类型表示。此方法返回一个元组：(response, number, id, list)。number 是该新闻稿的号码；id 是新闻稿的 id(以"<"和">"包含起来)；list 是新闻稿表头的列表。

(3) xover(start, end)：start 是开始的新闻稿的号码，end 是结束的新闻稿的号码。此方法返回(resp, list)，resp 是反应信息，list 是一个元组的列表。每一个元组代表一篇新闻稿，格式为(article number, subject, poster, date, id, references, size, lines)。

下列案例将连接到新闻群组网站 news.microsoft.com，读取主题内有关键字的新闻稿并且打印该新闻稿的内容。

【案例 14-9】 使用 nntplib 模块(代码 14.9.py)。

```
import nntplib
import string

#指定 NNTP 服务器
host = "news.microsoft.com"

#指定新闻群组
group = "microsoft.public.java.activex"
```

```python
#输入要搜索的关键字
keyword = raw_input("Enter keyword to search: ")

#连接到 NNTP 服务器
myServer = nntplib.NNTP(host)

#送出一个 GROUP 命令
r, count, first, last, name = myServer.group(group)

#返回所有的新闻稿
r, messages = myServer.xover(first, last)

#读取新闻稿的内容
for id, subject, author, date, msgid, refer, size, lines in messages:

    #找到新闻稿中的主题有要搜索的关键字
    if string.find(subject, keyword) >= 0:

        #读取 id 号码的新闻稿
        r, id, msgid, msgbody = myServer.article(id)

        #打印该新闻稿的作者,主题与日期
        print ("Author: %s - Subject: %s - Date: %s\n" % (author, subject, date))

        #打印该新闻稿的内容
        print ("<-Begin Message->\n")
        print (msgbody)
        print ("<-End Message->\n")
```

## 14.8　远程连接计算机

telnetlib 模块提供客户端的 Telnet 协议的服务。Telnet 协议用来连接远程的计算机,通常使用通信端口 23。创建好 Telnet 连接后,就可以通过 Telnet 接口在远程的计算机上执行命令。

telnetlib 模块定义一个 Telnet 类,用来创建一个 Telnet 连接。Telnet 类的语法规则如下:

```
class Telnet([host [, port]])
```

其中 host 是主机名称;port 的默认值是 23。

下列是 Telnet 类的实例变量的方法。

(1) read_until(expected [, timeout]):一直读到 expected 字符串出现,或者 timeout 时间超时为止。

(2) read_all():读取所有数据,直到遇到 EOF 字符为止。

(3) write(buffer):写入字符串 buffer 到 socket。

下列案例将连接到 Telnet 服务器 http://www.dummy.com,并且执行命令。

【案例 14-10】　使用 telnetlib 模块(代码 14.10.py)。

```
import telnetlib
```

```python
#指定Telnet服务器
host = "http://www.dummy.com"

#指定用户账号
username = "johnny" + "\n"
#指定用户密码
password = "123456" + "\n"

#创建Telnet类的实例变量
telnet = telnetlib.Telnet(host)

#登入Telnet服务器,输入用户账号与密码
telnet.read_until("login: ")
telnet.write(username)
telnet.read_until("Password: ")
telnet.write(password)

#输入命令
while 1:
    command = raw_input("[shell]: ")
    telnet.write(command)
    if command == "exit":
        break
    telnet.read_all()
```

## 14.9 大神解惑

**小白**：如何获取当前运行程序的主机名称和IP地址？

**大神**：socket模块提供了几个函数可以获取当前运行程序的主机名和IP地址。

(1) gethostname()函数返回运行程序所在的计算机的主机名。例如：

```
>>> import socket
>>> socket.gethostname()
'DESKTOP-PVS3P6M'
```

(2) gethostbyname(name)函数可以通过主机名称或者域名获取主机的IP地址。例如：

```
>>> socket.gethostbyname('DESKTOP-PVS3P6M')
'192.168.1.103'
>>> socket.gethostbyname('www.jb51.net')
'113.142.80.177'
```

**小白**：如何查看各种邮箱的服务SMTP/POP3地址及端口号？

**大神**：邮件发送的协议一般都是采用SMTP协议，邮件接收协议一般采用POP3协议，如果想使用代码编写一个邮件发送和接收，需要知道这些协议地址及端口号。

这里以查看网易邮箱的邮件服务器的地址为例进行讲解，其他的邮箱服务都是类似的。具体操作步骤如下。

**step 01** 在浏览器地址栏中输入 http://mail.163.com/，进入网易邮箱登录页面中，单击【帮助】链接，如图14-1所示。

step 02 进入帮助页面后，输入 smtp 关键字，然后单击【快速帮助】按钮，如图 14-2 所示。

图 14-1　网易邮箱登录页面

图 14-2　帮助页面

step 03 进入搜索结果页面，单击【什么是 POP3、SMTP 和 IMAP？】链接，如图 14-3 所示。

step 04 即可在打开的链接中查看邮箱服务器的地址和端口号，如图 14-4 所示。

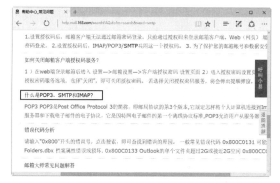

图 14-3　搜索结果页面

图 14-4　查看邮箱服务器的地址和端口号

## 14.10　跟我练练手

练习 1：创建一个 socket 连接，输出欢迎信息。
练习 2：分别练习 socketserver、server 和 client 模块的使用方法。
练习 3：使用 urlopen() 方法抓取指定网页文件的内容，然后保存在新的网页中。
练习 4：使用 ftplib 模块上传和下载文件。
练习 5：使用 telnetlib 模块远程连接计算机。

# 第 15 章
## CGI 程序设计

Python 语言在动态网页中的应用也非常广泛。特别适合用来在 Windows、Mac OS 及 UNIX 操作系统上设计 CGI 程序。本章重点介绍 CGI 程序的基本概念、cgi 模块的使用方法、创建和执行脚本程序的方法、如何使用 cookie 对象、如何使用模板、如何上传和下载文件等。

**本章要点(已掌握的,在方框中打钩)**

- ☐ 熟悉 CGI 的基本概念。
- ☐ 掌握 cgi 模块的使用方法。
- ☐ 掌握创建和执行脚本程序的方法。
- ☐ 掌握使用 cookie 对象的方法。
- ☐ 掌握使用模板的方法。
- ☐ 掌握上传和下载文件的方法。
- ☐ 掌握调试脚本程序的方法。

## 15.1 CGI 简介

CGI(Common Gateway Interface，公共网关接口)是在网站服务器上使用外部程序处理客户端要求的标准方式。外部程序可以存取数据库、文件以及显示客户化的数据给网站浏览者观看。

CGI 不仅可以处理邮件表格、计数程序，还可以处理复杂的数据库。CGI 的工作是管理浏览器与服务器端脚本之间的通信。CGI 脚本通常是存储在\cgi-bin 的文件夹内，不过实际的存储位置可能会改变。

要从浏览器传递信息给 CGI 脚本有两种方法，在 HTML 表格内使用 POST 或者 GET 方法。POST 方法使用标准输入来传递信息，GET 方法则是将信息存储在环境变量内。

使用 GET 方法有环境变量大小的限制，优点是可以将一个 HTML 表格封装在一个 URL 内，缺点则是可能会遗失信息。如果用户在 CGI 脚本所产生的网页上，按下一个外部图片(例如旗帜广告)或者外部链接，表格的处理结果会被导向该外部图片或者链接。

使用 POST 方法传给服务器，理论没有信息量的限制。缺点是不能将信息附在 URL 内传输。Python 使用 cgi 模块来操作 CGI 脚本，可以在网页应用程序内处理表格。cgi 模块将 GET 与 POST 格式的表格差异隐藏起来。

下列是一个简单的 Python CGI 脚本：

```
print ("Content-Type: text/plain\n\n")
print ("Hello Python")
```

上述代码分析如下。

第 1 行：传输 MIME 类型给浏览器，让浏览器知道该如何解析信息。

第 2 行：在浏览器窗口内显示字符串"Hello Python"。

要执行此 CGI 脚本，先将它放置在网站服务器的可执行目录内，然后从用户的网站浏览器内调用它。

有时候执行 Python CGI 脚本反应速度较慢，这是因为每一个 CGI 调用都会创建一个新的进程，开始一个新的 Python 解释器执行体，并且要加载所需的模块。

    CGI 文件的扩展名为.cgi，Python 也可以使用.py 扩展名。

## 15.2 cgi 模块

下面详细介绍 cgi 模块的使用方法和技巧。

### 15.2.1 输入和输出

cgi 模块将服务器设置的 sys.stdin 与环境变量(见表 15-1)，当作输入的来源。输出则是直接送到 sys.stdout，包含 HTTP 表头与数据本身。HTTP 表头与数据本身之间以一个空白行隔开。下列是一个简单的 HTTP 表头：

```
print ("Content-Type: text/plain")
print()                          #空白行，表头的结尾
```

下列是一个输出数据部分的案例：

```
print ("<title>My CGI script</title>")
print ("<h1>Hello Python</h1>")
print ("You are %s (%s)" % (name, email))
```

表 15-1 网站服务器使用的环境变量

| 环境变量 | 说 明 |
| --- | --- |
| AUTH_TYPE | 认证方式 |
| CONTENT_LENGTH | 在 sys.stdin 中输入的数据长度 |
| CONTENT_TYPE | 查询数据的类型 |
| DOCUMENT_ROOT | 文件的根目录 |
| GATEWAY_INTERFACE | CGI 的版本字符串 |
| HTTP_ACCEPT | 可为客户端接收的 MIME 类型 |
| HTTP_COOKIE | Netscape 专用的 cookie 值 |
| HTTP_FROM | 客户端的电子邮件地址 |
| HTTP_REFERER | 参考的 URL 网址 |
| HTTP_USER_AGENT | 客户端的浏览器 |
| PATH_INFO | 所传递的路径信息 |
| PATH_TRANSLATED | 转译过的 PATH_INFO |
| QUERY_STRING | 查询字符串 |
| REMOTE_ADDR | 客户端的远程 IP 地址 |
| REMOTE_HOST | 客户端的远程主机名称 |
| REMOTE_IDENT | 提出要求的用户 |
| REMOTE_USER | 授权的用户名称(authenticated username) |
| REQUEST_METHOD | 所调用的方法(可为 GET 或者 POST) |
| SCRIPT_NAME | 脚本程序名称 |
| SERVER_NAME | 服务器端主机名称 |
| SERVER_PORT | 服务器端的通信端口号码 |
| SERVER_PROTOCOL | 服务器端的通信协议 |
| SERVER_SOFTWARE | 服务器端软件的名称与版本 |

以下是一个简单的 CGI 脚本输出 CGI 的环境变量：

```
import os
print ("Content-type: text/html")
print()
```

```
print ("<meta charset=\"utf-8\">")
print ("<b>环境变量</b><br>")
print ("<ul>")
for key in os.environ.keys():
    print ("<li><span style='color:green'>%30s </span> : %s </li>" % (key,os.environ[key]))
print ("</ul>")
```

cgi 模块的 FieldStorage 类，可以读取标准输入(POST 方法)与查询字符串(GET 方法)。为了要解析 HTML 表格的内容，需要创建一个 FieldStorage 类的实例变量。

每一个表格字段都被定义成一个 MiniFieldStorage 类的实例变量。多字段的数据(例如上传文件)，则是定义成一个 FieldStorage 类的实例变量。每一个实例变量都是以字典集的类型来存取，字典集的键值(key)是表格的字段名称，字典集的值(value)则是表格的字段内容。如果表格字段有多个值，例如下拉列表框，则会产生 MiniFieldStorage 实例变量的列表。

### 15.2.2　cgi 模块的函数

下列是 cgi 模块的函数。

(1) escape(s [, quote])：将 s 字符串中"<"、"&"以及">"字符，分别转换成"&lt"、"&amp"以及"&gt"。如果要转换双引号(")字符，则参数 quote 必须设置为 True。

(2) parse(fp)：从环境变量或者 file 文件中解析查询。

(3) parse_qs(qs [, keep_blank_values, strict_parsing])：解析一个查询字符串，例如"country=USA&state=PA"。转成类似字典集的格式，例如{"country":["USA"], "state": ["PA"], ...}。

(4) print_environ()：格式化 HTML shell 的环境变量。

(5) print_environ_usage()：打印 HTML 内 CGI 所使用的环境变量列表。

(6) print_form(form)：格式化 HTML 的表单。

(7) print_directory()：格式化 HTML 目前的文件夹。

(8) test()：测试 CGI 脚本。

## 15.3　创建和执行脚本

用户可以使用任何的文本编辑器，例如 Windows 记事本来编辑 Python 脚本。要上传脚本到服务器时，脚本必须是文本文件。为了让这些脚本可以被执行，必须将它们安装在可执行的目录内，而且要有正确的权限。

大部分的 CGI 脚本是放置在服务器的\cgi-bin 目录内。确保用户的 CGI 脚本可以读/写。为了安全的理由，HTTP 将用户的脚本当作用户 nobody 来执行，而且没有任何特别权限。所以脚本只能读取(写入、执行)任何人都可以读取(写入、执行)的文件。

在脚本执行期间，服务器的目前文件夹通常是\cgi-bin。如果需要加载的模块路径，不在 Python 的默认搜索路径内，可以在加载前改变脚本内的路径变量。用户只能使用 import cgi 来加载 cgi 模块，不能使用 from cgi import *，因为 cgi 模块定义许多其他名称来往前兼容。

## 15.3.1 传输信息给 Python 脚本

每当使用 URL 来传递信息给 CGI 脚本时，所传递的数据会转换为成对的 name/value。name 与 value 之间以等号(=)隔开，每一对 name/value 则以(&)隔开。如果有空白，会被转换成加号(+)。例如：

```
http://yourhostname/cgi-bin/app.py?animal=Monkey&age=5
```

特定字符会被转换成十六进制的格式(%HH)，例如字符串"Joe Anderson"被转换成"Joe %20Anderson"。表 15-2 列出了特定字符及其编码字符串。

上述案例是使用 GET 方法来传递数据给 CGI 脚本的。如果要改用 POST 方法，需要使用 urllib 模块来传输信息。例如：

```python
import urllib
request = urllib.parse.urlencode({"animal":"Monkey",
"age":"5"}).encode("utf-8")
page = urllib.request.urlopen("http://yourhostname/cgi-bin/app.py", request)
response = page.read()
```

表 15-2　URL 内特定字符及其编码字符串

| 特定字符 | 编码字符串 |
| --- | --- |
| / | %2F |
| ~ | %7E |
| : | %3A |
| ; | %3B |
| @ | %40 |
| & | %26 |
| space | %20 |
| return | %0A |
| tab | %09 |

## 15.3.2 表单域的处理

对学习网页设计的人来说，处理表单域是入门的必备技能。下面的例子是一个简单的 HTML 文件，里面有一个表单。在表单内有两个文本框：一个用来输入用户账号，另一个用来输入密码。当单击【登录】按钮后，使用 POST 方法来执行服务器内的 CGI 脚本。

每一个 CGI 脚本必输出一个表头(Content-type 标记)，来描述文件的内容。一般 Content-type 标记的值是 text/html、text/plain、image/gif 以及 image/jpeg。表头必须以一个空白行来表示结尾。客户端浏览器会读取 CGI 脚本返回的表头，但是不会显示在网页上。

使用 IIS 当作网站服务器，将 CGI 脚本文件(15.1.py)放置在网站的可执行目录\scripts 内。在输入账号及密码后，单击【登录】按钮。CGI 脚本会返回一个网页，显示所输入的账号及密码值。如果账号或者密码没有输入,则会显示错误信息。

下列是网页 15.1.html 的内容:

```html
<html>
  <head>
    <title>
        表单域的处理
    </title>
  </head>
  <body>
    <hr />
      <center>
        <form method="post" action=" http://127.0.0.1/15. 1. py">
          账号: <input type="text" name="username" /><br />
          密码: <input type=password name="password" /><br />
          <input type="submit" value="登录" />
        </form>
      </center>
    <hr />
  </body>
</html>
```

程序运行结果如图 15-1 所示。由于是使用 POST 方法,所以表单域数据不会显示在 URL 内。

图 15-1　程序运行结果

下列是 CGI 脚本文件 15.1.py 的内容:

```python
import cgi

#返回给浏览器的表头与数据的开头
def header(title):
    print ("Content-type: text/html\n")
    print ("<html>\n<head>\n<title>%s</title>\n</head>\n<body>\n" % (title))

#返回给浏览器的数据的结尾
def footer():
    print ("</body></html>")

#读取表单域的信息
form = cgi.FieldStorage()

if not form:
    #读取错误
```

```
    header("读取错误")
    print ("<h3>无法读取表单域的信息.</h3>")
elif form.has_key("username") and form["username"].value != "" and \
    form.has_key("password") and form["password"].value != "":
    #连接成功
    header("连接成功 ...")
    print ("<center><hr /><h3>欢迎光临,你的账号是" , form["username"].value, \
        "<br />你的密码是", form["password"].value, "</h3><hr /></center>")
else:
    header("连接失败!")
    print ("<h3>连接失败,请重新登录一次.</h3>")

#写入数据的结尾
footer()
```

在图 15-1 所示的页面中输入账号和密码,单击【登录】按钮,程序运行结果如图 15-2 所示。

图 15-2　程序运行结果

如果在 CGI 脚本内找不到指定的表单域,就会输出一个异常。如果用户没有使用 try/except 程序语句来捕获该异常,则该脚本会停止执行,并且显示该异常的信息。

下列是网页 15.2.html 的内容:

```
<html>
  <head>
    <title>
        客户端网页
    </title>
  </head>
  <body>
    <hr />
      <center>
        <form method="post" action=" http://127.0.0.1/cgi-bin/15.2. py">
            名字: <input type="text" name="name" /><br />
            性别: <input type=password name="sex" /><br />
            电话: <input type=password name="phone" /><br />
            地址: <input type=password name="address" /><br />
            <input type="submit" value="登录" />
        </form>
      </center>
    <hr />
  </body>
</html>
```

下列是 CGI 脚本文件 15.2.py 的内容：

```
import cgi

#返回浏览器的表头与数据的开头
def header(title):
    print ("Content-type: text/html\n")
    print ("<html>\n<head>\n<title>%s</title>\n</head>\n<body>\n" % (title))

#返回给浏览器与数据的结尾
def footer():
    print ("</body></html>")

#读取表单域的信息
form = cgi.FieldStorage()

#打印表单域的值
print (form.keys())

#打印不存在的表单域的值
print (form["email"].value)

footer()
```

程序运行结果如图 15-3 所示。

图 15-3　程序运行结果

下列案例讲述如何通过 CGI 程序传递复选框的数据。

下列是网页 15.3.html 的内容：

```
<!DOCTYPE html>
<html>
<head>
<meta charset="utf-8">
<title>传递复选框中的数据</title>
</head>
<body>
<form action=" http://127.0.0.1/cgi-bin/15.3.py" method="POST" target="_blank">
<input type="checkbox" name="python" value="on" />Python 语言
<input type="checkbox" name="java" value="on" /> Java 语言
<input type="submit" value="上传信息" />
</form>
</body>
</html>
```

其中 checkbox 用于提交一个或者多个选项数据程序运行结果如图 15-4 所示。

图 15-4　程序运行结果

下列是 CGI 脚本文件 15.3.py 的内容：

```python
# 引入 CGI 处理模块
import cgi, cgitb

# 创建 FieldStorage 的实例
form = cgi.FieldStorage()

# 接收字段数据
if form.getvalue('java'):
   java_flag = "是"
else:
   java_flag = "否"

if form.getvalue('python'):
   python_flag = "是"
else:
   python_flag = "否"

print ("Content-type:text/html")
print()
print ("<html>")
print ("<head>")
print ("<meta charset=\"utf-8\">")
print ("<title>接收复选框中的数据</title>")
print ("</head>")
print ("<body>")
print ("<h2>Python 语言是否被选择：%s</h2>" % python_flag)
print ("<h2> Java 语言是否被选择：%s</h2>" % java_flag)
print ("</body>")
print ("</html>")
```

在图 15-4 中勾选所有的复选框，然后单击【上传信息】按钮，程序运行结果如图 15-5 所示。

图 15-5　程序运行结果

下列案例讲述如何通过 CGI 程序传递单选按钮的数据。

下列是网页 15.4.html 的内容：

```html
<!DOCTYPE html>
<html>
<head>
<meta charset="utf-8">
<title>传递单选按钮数据</title>
</head>
<body>
<form action=" http://127.0.0.1/cgi-bin/15.4.py" method="post" target="_blank">
<input type="radio" name="site" value="python" />Python 语言
<input type="radio" name="site" value="java" /> Java 语言
<input type="submit" value="提交" />
</form>
</body>
</html>
```

其中 radio 用于向服务器提交单个数据，程序运行结果如图 15-6 所示。

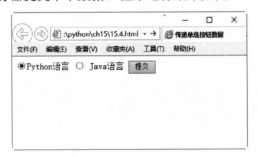

图 15-6  程序运行结果

下列是 CGI 脚本文件 15.4.py 的内容：

```python
# 引入 CGI 处理模块
import cgi, cgitb

# 创建 FieldStorage 的实例
form = cgi.FieldStorage()

# 接收字段数据
if form.getvalue('site'):
   site = form.getvalue('site')
else:
   site = "提交数据为空"

print ("Content-type:text/html")
print ()
print ("<html>")
print ("<head>")
print ("<meta charset=\"utf-8\">")
print ("<title>接收单选按钮中的数据</title>")
print ("</head>")
print ("<body>")
```

```
print ("<h2>选中的编程语言是%s</h2>" % site)
print ("</body>")
print ("</html>")
```

在图 15-6 中选中一个单选按钮，然后单击【提交】按钮，显示页面如图 15-7 所示。

图 15-7　程序执行结果

下面讲述如何通过 CGI 程序传递多行数据。

下列是网页 15.5.html 的内容：

```
<!DOCTYPE html>
<html>
<head>
<meta charset="utf-8">
<title>传递多行数据</title>
</head>
<body>
<form action=" http://127.0.0.1/cgi-bin/15.5.py" method="post" target="_blank">
<textarea name="textcontent" cols="40" rows="4">
请输入内容
</textarea>
<input type="submit" value="提交" />
</form>
</body>
</html>
```

其中 textarea 向服务器传递多行数据。程序运行结果如图 15-8 所示，用户可以输入多行数据。

图 15-8　程序运行结果

下列是 CGI 脚本文件 15.5.py 的内容：

```
# 引入 CGI 处理模块
import cgi, cgitb

# 创建 FieldStorage 的实例
```

```
form = cgi.FieldStorage()

# 接收字段数据
if form.getvalue('textcontent'):
    text_content = form.getvalue('textcontent')
else:
    text_content = "没有内容"

print ("Content-type:text/html")
print ()
print ("<html>")
print ("<head>")
print ("<meta charset=\"utf-8\">")
print ("<title>接收多行数据</title>")
print ("</head>")
print ("<body>")
print ("<h2> 输入的内容是：%s</h2>" % text_content)
print ("</body>")
print ("</html>")
```

在图 15-8 中输入多行内容，然后单击【提交】按钮，程序运行结果如图 15-9 所示。

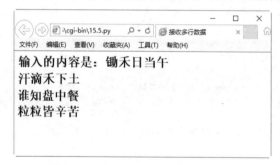

图 15-9　程序运行结果

下面讲述如何通过 CGI 程序传递下拉菜单中的数据。

下列是网页 15.6.html 的内容：

```
<!DOCTYPE html>
<html>
<head>
<meta charset="utf-8">
<title>传递下拉菜单中的数据</title>
</head>
<body>
<form action=" http://127.0.0.1/cgi-bin/15.6.py" method="post" target="_blank">
<select name=" selectss ">
<option value="python" selected>Python 语言</option>
<option value="java">Java 语言</option>
</select>
<input type="submit" value="提交"/>
</form>
</body>
</html>
```

程序运行结果如图 15-10 所示,用户可以选择菜单中的选项。

图 15-10　程序运行结果

下列是 CGI 脚本文件 15.6.py 的内容:

```
# 引入 CGI 处理模块
import cgi, cgitb

# 创建 FieldStorage 的实例
form = cgi.FieldStorage()

# 接收字段数据
if form.getvalue(' selectss '):
   selectss_value = form.getvalue(' selectss ')
else:
   selectss_value = "没有内容"

print ("Content-type:text/html")
print()
print ("<html>")
print ("<head>")
print ("<meta charset=\"utf-8\">")
print ("<title>接收菜单中的数据</title>")
print ("</head>")
print ("<body>")
print ("<h2> 选中的选项是: %s</h2>" % selectss_value)
print ("</body>")
print ("</html>")
```

在图 15-10 中选择菜单选项,然后单击【提交】按钮,程序运行结果如图 15-11 所示。

图 15-11　程序运行结果

### 15.3.3 Session

如果需要从相同的用户处取得关联要求，必须在第一次与该用户接触时，产生并且指定一个 session key，然后在以后的表单或者 URL 内加入该 session key。

如果在表单内加入 session key，如下所示：

```
<input type="hidden" name="session" value="ght23xeu"
```

如果在 URL 内加入 session key，如下所示：

```
http://yourhost/cgi-bin/yourscript.py/ght23xeu
```

session key 的信息会通过环境变量传到 CGI 脚本内，如下所示：

```
os.environment["PATH_INFO"] = "ght23xeu"
os.environment["PATH_TRANSLATED"] = "<rootdir>/ght23xeu"
```

### 15.3.4 创建输出到浏览器

在 CGI 脚本内使用 print 程序语句，可以传输信息给客户端的浏览器。浏览器在收到下列程序代码后，会试图读取重新导向的网页 http://www.python.org/：

```
new_location = "http://www.python.org/"
print ("Status: 302 Redirected")
print ("Location: %s\n" % new_location)
```

同样的方法，也可以应用在 CGI 脚本内输出图像文件给客户端的浏览器。下列案例将 demo.gif 文件传给浏览器：

```
import sys
new_image = open("demo.gif", "rb").read()
#打印 HTTP 表头
sys.stdout.write("Content-type: image/gif\n")
#打印 HTTP 表头的结尾
sys.stdout.write("\n")
#打印图像
sys.stdout.write(new_image)
```

如果用户直接使用 print (new_image)，则会在数据的结尾加上一个换行或者空格符，从而导致浏览器无法识别。

## 15.4 使用 cookie 对象

下面主要讲述使用 cookie 对象的方法和技巧。

### 15.4.1 了解 cookie

cookie 是网站服务器存储在客户端的数据，当下次客户端连接到服务器时，cookie 的数值会返回到服务器上。通常 cookie 用来存储用户的个人信息。

在 HTTP 协议中一个很大的缺点就是不对用户身份进行判断，这样给编程人员带来了很大的不便，而 cookie 功能的出现弥补了这个不足。

每当用户连接到服务器时，服务器端应用程序可以通过检查 HTTP 表头来检查客户端的 cookie。如果 cookie 存在，则在每一次传输要求给服务器时，适当的 cookie 也会跟着传输到服务器，从而达到身份判别的功能，cookie 常用在身份校验中。

CGI 脚本会在需要的时机更新 cookie，然后才传输网页给客户端浏览器。传输 cookie 的格式，与 GET 及 POST 要求的格式相同。

cookie 的发送是通过 HTTP 头部来实现的，它早于文件的传递，头部 set-cookie 的语法如下：

```
Set-cookie:name=name;expires=date;path=path;domain=domain;secure
```

（1）name=name：需要设置 cookie 的值，有多个 name 值时用 ";" 分隔，例如，name1=name1; name2=name2;name3=name3。

（2）expires=date：cookie 的有效期限，格式：expires="Wdy,DD-Mon-YYYY HH:MM:SS"。

（3）path=path：设置 cookie 支持的路径，如果 path 是一个路径，则 cookie 对这个目录下的所有文件及子目录生效，例如，path="http://127.0.0.1/cgi-bin/"，如果 path 是一个文件，则 cookie 只对这个文件生效，例如，path="http://127.0.0.1/cgi-bin/cookie.cgi"。

（4）domain=domain：对 cookie 生效的域名，例如，domain="www.jummmm123c.com"。

（5）secure：如果给出此标志，表示 cookie 只能通过 SSL 协议的 https 服务器来传递。

（6）cookie 的接收是通过设置环境变量 HTTP_COOKIE 来实现的，CGI 程序可以通过检索该变量获取 cookie 信息。

## 15.4.2 读取 cookie 信息

Python 提供的 cookie 模块用于处理客户端的 cookie。cookie 模块可以用来编写 Set-Cookie 表头，以及解析 HTTP_COOKIE 环境变量。

要使用 cookie 对象，应使用 http.cookiejar 模块的 CookieJar 类来创建一个 Cookie 对象，如下所示：

```
>>> import http.cookiejar
>>> mycookie = http.cookiejar.CookieJar()
```

cookie 信息存储在 CGI 的环境变量 HTTP_COOKIE 中，存储格式如下：

```
key1=value1;key2=value2;key3=value3...
```

下面通过一个案例来学习读取 cookie 信息的方法。下列是 CGI 文件 15.7.py 的内容：

```python
# 导入模块
import os
import http.cookiejar

print ("Content-type: text/html")
print ()

print ("""
```

```
<html>
<head>
<meta charset="utf-8">
<title>读取 cookie 信息</title>
</head>
<body>
<h1>读取 cookie 信息</h1>
""")
if 'HTTP COOKIE' in os.environ:
    cookie_string=os.environ.get('HTTP COOKIE')
    c= http.cookiejar.CookieJar()
    c.load(cookie_string)

    try:
        data=c['name'].value
        print ("cookie data: "+data+"<br>")
    except KeyError:
        print ("cookie 没有设置或者已过去<br>")
print ("""
</body>
</html>
""")
```

上述代码中的 load(cookie_string)：此方法由 cookie_string 字符串内取出 cookie 信息。

## 15.5 使用模板

  CGI 脚本内通常会嵌入许多 HTML 码，用户可以使用模板文件来区分 Python 码与 HTML 码，如此做是为了使维护 CGI 脚本的工作更加容易。模板文件通常是一个 HTML 文件，里面会有一个特定的字符串。在 CGI 脚本内读入此 HTML 文件，然后使用 re 模块，或者格式化字符串来取代 HTML 文件内的特定字符串。

  下面使用 re 模块的 subn()方法来取代模板文件内容。

  下列是网页 15.7.html 的内容：

```
<!DOCTYPE html>
<html>
    <head>
        <title>
            网页文件
        </title>
    </head>
    <body>
        <center>
            <form method="post" action="http://127.0.0.1/cgi-bin /15.8.py">
                <input type="submit" value="登录" />
            </form>
        </center>
    </body>
</html>
```

下列是模板文件 template1.html 的内容：

```
<!DOCTYPE html>
```

```html
<html>
   <head>
      <title>
         Template 1
      </title>
   </head>
   <body>
      <h1>
         <center>
            <!-- # INSERT HERE # -->
         </center>
      </h1>
   </body>
</html>
```

下列是 CGI 脚本文件 15.8.py 的内容:

```python
import re

#发生异常时的显示字符串
TemplateException = "Error while parsing HTML template"
#用来取代 template1.html 文件内的"<!-- # INSERT HERE # -->"字符串
content = "Hello Python"

#打开模板文件
filehandle = open("template1.html", "r")
#读取 template 文件的内容
data = filehandle.read()
#关闭 template 文件
filehandle.close()

#将 template1.html 文件内的"<!-- # INSERT HERE # -->"字符串以 content 取代
matching = re.subn("<!-- # INSERT HERE # -->", content, data)

#发生错误
if matching[1] == 0:
    raise TemplateException

#成功,输出表头
print ("Content-Type: text/html\n\n")

#输出取代后的 template1.html 文件
print (matching[0])
```

程序运行结果如图 15-12 所示。

图 15-12　程序运行结果

下列案例讲述使用格式化字符串来取代模板文件内容。

下列是网页 15.8.html 的内容：

```html
<!DOCTYPE html >
  <head>
    <title>
    </title>
  </head>
  <body>
    <center>
      <form method="post" action="http://127.0.0.1/cgi-bin /15.9.py ">
        <input type="submit" value="登录" />
      </form>
    </center>
  </body>
</html>
```

下列是模板文件 template2.html 的内容：

```html
<!DOCTYPE html>
<html>
  <head>
    <title>
      Template 2
    </title>
  </head>
  <body>
    <center>
      <b>Student:</b> %(student)s<br />
      <b>Class:</b> %(class)s<br />
        Sorry, your application was <font color=red>refused</font>.<br />
        If you have any questions, please call:%(phone)s<br />
    </center>
  </body>
</html>
```

下列是 CGI 脚本文件 15.9.py 的内容：

```python
#用来取代模板文件内格式化字符串的字典集
dictemplate = {"student":"Machael", "class":"History", "phone":"12345678"}

#打开模板文件
filehandle = open("template2.html", "r")
#读取模板文件的内容
data = filehandle.read()
#关闭 Template 文件
filehandle.close()

#输出的 HTTP 表头
print ("Content-Type: text/html\n\n")
#输出数据
print (data % (dictemplate))
```

程序运行结果如图 15-13 所示。

图 15-13　程序运行结果

## 15.6　上传和下载文件

在脚本程序中，用户经常会需要在客户端与服务器端之间传输文件。要上传文件时，在 HTML 的表单内使用<input type="file" />标签，而且还需要将表单的 enctype 属性设置为 multipart/form-data。

下列通过案例来学习文件的上传方法。在客户端的 HTML 网页内输入要上传的文件名称，在服务器上的 CGI 脚本将此文件存储在服务器内，并且返回该文件的内容。

下列是网页 15.9.html 的内容：

```
<!DOCTYPE html>
<html>
  <head>
    <title>
      上传文件
    </title>
  </head>
  <body>
    <center>
      <form method="post" action = "http://127.0.0.1/cgi-bin /15.10.py"
        enctype="multipart/form-data">
        <input type="file" size="40" name="filename" /><br />
        <input type="submit" />
      </form>
    </center>
  </body>
</html>
```

程序运行结果如图 15-14 所示。当使用<input type="file" />控件时，此表单域的 value 属性会读取该输入文件的内容，以字符串的类型存储在内存中。

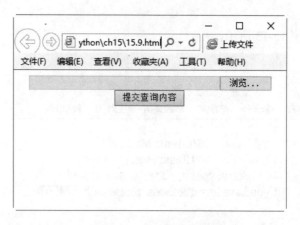

图 15-14 程序运行结果

下列是 CGI 脚本文件 15.10.py 的内容：

```python
import cgi, os
import cgitb; cgitb.enable()

form = cgi.FieldStorage()

# 获取文件名
fileitem = form['filename']

# 检测文件是否上传
if fileitem.filename:
   # 设置文件路径
   fn = os.path.basename(fileitem.filename)
   open('/tmp/' + fn, 'wb').write(fileitem.file.read())

   message = '文件 "' + fn + '" 上传成功'

else:
   message = '文件没有上传'

print ("""\
Content-Type: text/html\n
<html>
<head>
<meta charset="utf-8">
<title>上传文件</title>
</head>
<body>
   <p>%s</p>
</body>
</html>
""" % (message,))
```

下面将接着学习如何从服务器下载文件。例如，从服务器下载 read.txt 文件，功能代码如下：

```python
# HTTP 头部
print ("Content-Disposition: attachment; filename=\"read.txt\"")
```

```
print ()
# 打开文件
fo = open("foo.txt", "rb")

str = fo.read();
print (str)

# 关闭文件
fo.close()
```

## 15.7 脚本的调试

将 CGI 脚本放置在服务器之前，用户必须确认自己的脚本功能正常。如果脚本在执行中死机，可能会引起很大的问题，例如数据库应用程序的数据存取错误。用户应该先使用命令行来测试脚本是否运行正常，然后才放置在 HTTP 网站上。

Python 是一个直译式语言，所以语法的错误只有在执行期间才会发现。Python 适合作为调试的工具，因为一旦有错误产生，都会得到 traceback 的信息。默认情况下，traceback 会存到服务器的 error_log 文件内。

要将 traceback 打印到标准输出有其复杂度，因为错误可能是在 Content-type 表头打印之前发生，或者在 HTML 卷标内发生。注意脚本所收到的参数不一定都是有意义的，在传输过程中参数可能会被破坏。

下列是一段简单的 CGI 脚本除错码：

```
import cgi
print ("Content-type: text/plain\n")
try:
    #测试 script 码
    your_application_code()
except:
    #有错误产生
    print ("Error happened")
    cgi.print_exception()
```

> **注意** cookie 必须被打印成 HTTP 表头的部分，所以 cookie 要在表头结尾的换行之前处理。如下所示：

```
import cgi
print ("Content-type: text/plain")
try:
    #测试 script 码
    handle_cookies_code()
    print ("\n")
    your_application_code()
except:
    #有错误产生
    print ("\n")
    print ("Error happened")
    cgi.print_exception()
```

如果用户将自己的 CGI 脚本写成一个模块，将下列程序代码加在脚本的结尾，就可以从命令行来执行此模块：

```
if __name__ == "__main__":
    main()
```

如果用户是使用 UNIX 的 csh 或者 tcsh shell，并且使用 cgi.FieldStorage 类来读取表单输入。可以设置 REQUEST_METHOD 与 QUERY_STRING 两个环境变量，如下所示：

```
setenv REQUEST_METHOD "GET"
setenv QUERY_STRING "animal=parrot"
```

如果是其他 shell，可以使用：

```
REQUEST_METHOD="GET"
QUERY_STRING="animal=parrot"
export REQUEST_METHOD QUERY_STRING
```

检查用户的脚本是否位于可执行的目录内，如果是的话可以试图通过浏览器直接传输 URL 请求给脚本。例如：

```
http://yourhostname/cgi-bin/yourscript.py?animal=parrot
```

如果服务器找不到指定脚本，浏览器会收到 404 的错误号码。

下列是调试 Python CGI 应用程序时应该考虑的事项。

(1) 尽量加载 traceback 模块，并且必须在 try/except 程序语句之前加载。

(2) 不要忘记 HTTP 表头的结尾必须有一个空白行\n。

(3) 如果指定 sys.stderr 是 sys.stdout，所有的错误信息会传输到标准输出。

(4) 创建一个 try/except 程序语句，将用户的程序代码放在 try/except 程序语句内，并且别忘记在 except 程序语句内调用 traceback.print_exc()。

(5) 如果用户的脚本有调用外部程序，确认 Python 的 $PATH 变量是设置成正确的目录。因为在 CGI 环境内，$PATH 变量不会有任何有用的数值。

下面通过一个综合案例来学习 CGI 脚本调试的方法。本案例将打印 n = 1 到 n = 10 的 10 / (n-10) 值，当 n = 10 时会输出一个 ZeroDivisionError 的异常。

下列是网页 15.10.html 的内容：

```
<!DOCTYPE html>
<html>
  <head>
    <title>
        调试程序
    </title>
  </head>
  <body>
    <center>
      <form method="post" action="http://127.0.0.1/ cgi-bin /15.11.py">
        <input type="submit" value="登录" />
      </form>
    </center>
  </body>
</html>
```

下列是 CGI 脚本 15.11.py 的内容：

```
import sys
import cgi
import traceback

#打印 HTTP 表头
print ("Content-type: text/html\n")

#指定 sys.stderr 是 sys.stdout
sys.stderr = sys.stdout

#开始调试
try:
    n = 1
    while n < 11:
        #当 n = 10 时会输出异常
        print (10 / (n-10))
        n += 1
except:
    #避免 HTML 的 word wrapping,让 traceback 的输出格式化
    print ("\n\n<pre>")
    traceback.print_exc()
    print ("</pre>")
```

程序执行结果如图 15-15 所示。

图 15-15　程序执行结果

## 15.8　大 神 解 惑

**小白**：CGI 脚本中可以存储哪些种类的数据？

**大神**：CGI 脚本所操作的信息，可以来自任何种类的数据存储结构，只要该数据可以被管理与更新即可。使用文本文件是最简单的方式，也可以使用 shelve 文件来存储 Python 对象，如此可以避免分析/反分析数值。

如果使用 dbm 或者 gdbm 文件，可以得到较好的效率，因为它们使用字符串来操作 key/value。所以考虑到安全与速度，应该使用真正的数据库文件。

**小白**：CGI 脚本中如何锁定文件？

**大神**：如果不是使用真正的数据库文件系统，文件的锁定会是一个很大的问题，因为必须将程序中的每一处细节都要考虑到。例如，shelve、dbm 与 gdbm 数据库文件针对同时发生的更新，都没有任何的保护。

最好的锁定方案是在写入文件时才需要锁定文件。Python 支持多读取的处理，同时支持单写入的处理。有关文件锁定的算法，可以参考 LockFile.py 文件。LockFile.py 文件只能在 UNIX 操作系统上执行。

## 15.9 跟我练练手

练习 1：制作一个简单的 CGI 脚本输出 CGI 的环境变量。
练习 2：制作一个 CGI 脚本，实现从复选框中上传数据到服务器的功能。
练习 3：制作一个 CGI 脚本，实现从多行文本框中上传数据到服务器的功能。
练习 4：制作一个 CGI 脚本，实现从单选按钮中上传数据到服务器的功能。
练习 5：制作一个 CGI 脚本，实现读取 cookie 数据的功能。
练习 6：制作一个 CGI 脚本，实现上传和下载文件的功能。

# 第 16 章

## 处理网页数据

XML 是一种标准化的文本格式,可以在 Web 上表示结构化信息,利用它可以存储有复杂结构的数据信息。XML 是 HTML 的补充,但 XML 并不是 HTML 的替代品。在将来的网页开发中,XML 将被用来描述、存储数据,而 HTML 则是用来格式化和显示数据的。本章重点讲解 Python 处理 XML 和 HTML 文件的方法。

**本章要点(已掌握的,在方框中打钩)**

- ☐ 熟悉 XML 的基本概念。
- ☐ 掌握 XML 的语法规则。
- ☐ 掌握 Python 解析 XML 文件的方法。
- ☐ 掌握 XDR 数据的编码和译码的方法。
- ☐ 掌握 JSON 数据的编码和译码的方法。
- ☐ 掌握 Python 解析 HTML 的方法。

# 16.1 XML 编程基础

可扩展标记语言(XML)是 Web 上的数据通用语言，它使开发人员能够将结构化数据，从许多不同的应用程序传递到桌面，进行本地计算和演示。XML 允许为特定应用程序创建唯一的数据格式，它还是在服务器之间传输结构化数据的理想格式。

## 16.1.1 XPath 简介

XPath 主要用于对 XML 文档元件寻址。XPath 将一个 XML 文档建模成为一棵节点树，有不同类型的节点，包括元素节点、属性节点和正文节点。XPath 定义了一种方法来计算每类节点的字串值。一些节点的类型也有名字。XPath 充分支持 XML 命名空间。这样，节点的名字被建模成由一个局域部分和可能为空的命名空间 URI 组成的对，这被称为扩展名。

### 1. XPath 节点

XPath 把 XML 文档看作是一棵节点树。节点可以有不同的类型，如元素节点或者属性节点。一些类型的节点名称由 XML 命名空间 URI(允许空)和本地部分组成。一种特殊的节点类型是根节点。一个 XML 文档只能有一个根节点，它是树的根，包含整个 XML 文档。但是根节点包含根元素以及在根元素之前或之后出现的任何处理节点、声明节点或者注释节点。元素节点代表 XML 文档中的每个元素。属性节点附属于元素节点，表示 XML 文档中的属性。其他类型的节点包括文本节点、处理指令节点和注释节点。

### 2. 位置路径

位置路径是 XPath 中最有用也是应用最广泛的特性。位置路径是 XPath 表达式的特化。位置路径标识了和上下文有关的一组 XPath 节点。XPath 定义了简化和非简化两种语法。

## 16.1.2 XSLT 简介

XSLT 是由 XSL(eXtensible Stylesheet Language)发展而来的，XSLT 是一种基于 XML 的语言，用于将一种 XML 文档转换成另一种 XML 文档。XSLT 实际上就是 XML 文档类的一个规范，即 XSLT 本身是格式正确的 XML 文档，并带有一些专门的内容，可以让开发者或用户"模块化"自己所期望的输出格式。XSLT 的作用是将源 XML 元素转换成用户所期望的格式文件中的元素，所以与其他语言不同，它是一种模板驱动的转换脚本。其实现过程是把模板提供给 XSLT 处理器，并指明在进行转换时何时何地使用模板。在模板中，可以加入指令，以告诉处理器从一个或多个源文件中自行搜索信息，并插入模板中的空位。

XSLT 主要的功能就是转换，可将一个没有形式表现的 XML 内容文档作为一个源树，将其转换为一个有样式信息的结果树。XSLT 是将模式(pattern)与模板(template)相结合实现的。模式与源树中的元素相匹配，模式被实例化产生部分结果树。结果树与源树是分离的，所以结果树的结构可以和源树截然不同。在结果树的构造中，源树会被过滤和重新排序，还可以增加任意的结构。模式实际上可以理解为满足所规定选择条件的节点结合，符合条件的节点就匹配该模式，否则不匹配。其中最简单的模式是规定匹配元素的名称，依然模式规则有一个模式，该模式指定了它能够作用的树状结构，当模式匹配时就会按照模板样式输出。

XSLT 包含了一套模板的集合，一个模板规则有两部分：匹配源树中节点的模式以及实例化(instantiated)后组成部分结果树的模板。一个模板中包含一些元素，作用就是规定了字面结果的元素结构。一个模板还可以包含作为产生结果树片段的指令元素。当一个模板实例化后，执行每一个指令并置换为其产生结果树片段。指令可以选择并处理这些子元素，通过查找可应用的模板规则然后实例化其模板，对子元素处理后产生了结果树片段。

元素只有被执行的指令选中才进行处理，在搜索可用模板规则过程中，不止一个模板则可能匹配给定元素的模式，但是只能使用一个模板的规则。XSL 用 XML 的命名空间来区别属于 XSL 处理器指令的元素和规定文字结果的树结构元素，指令元素属于 XSL 名域。在文档中采用 xsl：表示 XSL 名域中的元素，一个 XSLT 包含了一个 xsl:stylesheet 文档元素，这个元素可以包含 xsl:stylesheet 元素来规定模板的规则。XSLT 转换的详细过程如图 16-1 所示。

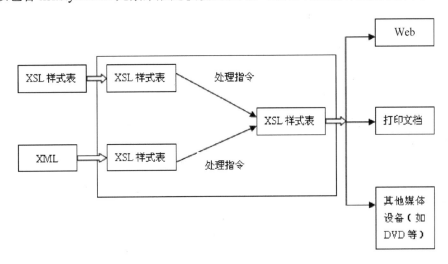

图 16-1　XSLT 转换过程

## 16.2　XML 语法基础

XML 是标记语言，可支持开发者为 Web 信息设计自己的标记。XML 要比 HTML 强大得多，它不再是固定的标记，而是允许定义数量不限的标记来描述文档中的资料并允许嵌套的信息结构。

### 16.2.1　XML 的基本应用

随着互联网的发展，为了控制网页显示样式，就增加了一些描述如何显现数据的标记，例如，<center>、<b>等标记。但随着 HTML 的不断发展，W3C 组织意识到 HTML 存在着一些无法避免的问题。

(1) 不能解决所有解释数据的问题。例如影音文件或化学公式、音乐符号等其他形态的内容。

(2) 效能问题。需要下载整份文件，才能开始对文件做搜寻的动作。

(3) 扩展性、弹性、易读性均不佳。

为了解决以上问题，专家们使用 SGML 精简制作，并依照 HTML 的发展经验，产生出一套使用上规则严谨但是简单的描述数据语言：XML。

XML(eXtensible Markup Language，可扩展标记语言)是 W3C 推荐参考通用标记语言，同样也是 SGML 的子类，可以定义自己的一组标记。它具有下面几个特点。

(1) XML 是一种元标记语言，所谓"元标记语言"就是开发者可以根据自己需要定义自己的标记。例如，开发者可以定义标记<book><name>，任何满足 xml 命名规则的名称都可以作为标记，这就为不同的应用程序的应用打开了大门。

(2) 允许通过使用自定义格式，标识、交换和处理数据库可以理解的数据。

(3) 基于文本的格式，允许开发人员描述结构化数据并在各种应用之间发送和交换这些数据。

(4) 有助于在服务器之间传输结构化数据。

(5) XML 使用的是非专有的格式，不受版权、专利、商业秘密或者其他种类的知识产权的限制。XML 的功能是非常强大的，同时对于人类或者计算机程序来说，都容易阅读和编写。因而成为交换语言的首选。网络带给人类的最大好处是信息共享，在不同的计算机之间发送数据，而 XML 是用来告诉我们"数据是什么"，利用 XML 可以在网络上交换任何一种信息。

【案例 16-1】 实例文件：ch16\16.1.xml。

```xml
<?xml version="1.0" encoding="GB2312" ?>
<电器>
    <家用电器>
        <品牌>小天鹅洗衣机</品牌>
        <购买时间>2017-03-015</购买时间>
        <价格 币种="人民币">899 元</价格>
    </家用电器>
    <家用电器>
        <品牌>海尔冰箱</品牌>
        <购买时间>2017-03-15</购买时间>
        <价格 币种="人民币">3990</价格>
    </家用电器>
</电器>
```

此处需要将文件保存为 XML 文档。该文档中，每个标记都是用汉语编写的，是自定义标记。整个电器可以看作是一个对象，该对象包含了多个家用电器，家用电器是用来存储电器的相关信息的，也可以说家用电器对象是一种数据结构模型。在页面中没有对哪个数据的样式进行修饰，而只告诉我们数据结构是什么，数据是什么。

预览效果如图 16-2 所示，可以看到整个页面树形结构显示，通过单击"-"可以关闭整个树形结构，单击"+"可以展开整个树形结构。

图 16-2　XML 文档显示

## 16.2.2　XML 文档组成和声明

一个完整的 XML 文档由声明、元素、注释、字符引用和处理指令组成。在文档中，所有这些 XML 文档的组成部分都是通过元素标记来指明的。可以将 XML 文档分为 3 个部分，如图 16-3 所示。

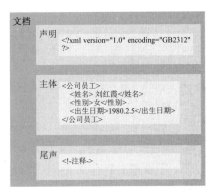

图 16-3　XML 文档组成

XML 声明必须作为 XML 文档的第 1 行，前面不能有空白、注释或其他的处理指令。完整的声明格式如下：

```
<?xml version="1.0" encoding="编码" standalone="yes/no" ?>
```

其中 version 属性不能省略，且必须在属性列表中排在第 1 位，指明所采用的 XML 的版本号，值为 1.0。该属性用来保证对 XML 未来版本的支持。encoding 属性是可选属性。该属性指定了文档采用的编码方式，即规定了采用哪种字符集对 XML 文档进行字符编码，常用的编码方式为：UTF-8 和 GB2312。如果没有使用 encoding 属性，那么该属性的默认值是 UTF-8；如果 encoding 属性值设置为 GB2312，则文档必须使用 ANSI 编码保存，文档的标记以及标记内容只可以使用 ASCII 字符和中文。

使用 GB2312 编码的 XML 声明如下：

```
<?xml version="1.0" encoding="GB2312" ?>
```

XML 文档主体必须有根元素。所有的 XML 必须包含可定义根元素的单一标记对。所有其他的元素都必须处于这个根元素内部。所有的元素均可拥有子元素。子元素必须被正确地嵌套于它们的父元素内部。根标记以及根标记内容共同构成 XML 文档主体。没有文档主体的 XML 文档将不会被浏览器或其他 XML 处理程序所识别。

注释可以提高文档的阅读性，尽管 XML 解析器通常会忽略文档中的注释，但位置适当且有意义的注释可以大大提高文档的可读性。所以 XML 文档中不用于描述数据的内容都可以包含在注释中，注释以"<!--"开始，以"-->"结束，在起始符和结束符之间为注释内容，注释内容可以输入符合注释规则的任何字符串。

【案例 16-2】 实例文件：ch16\16.2.xml。

```xml
<?xml version="1.0" encoding="gb2312"?>
<!--这是一个优秀学生名单-->
<学生名单>
<学生>
    <姓名>刘五</姓名>
    <学号>21</学号>
    <性别>男</性别>
</学生>
<学生>
    <姓名>张三</姓名>
    <学号>22</学号>
    <性别>女</性别>
</学生>
</学生名单>
```

在上述代码中，第一句代码是一个 XML 声明。"<学生>"标记是"<学生名单>"标记的子元素，而"<姓名>"标记和"<学号>"标记是"<学生>"的子元素。"<!---->"是一个注释。

浏览效果如图 16-4 所示，可以看到页面显示了一个树形结构，并且数据层次感非常好。

图 16-4　XML 文档组成

## 16.2.3　XML 元素介绍

元素是以树形分层结构排列的，它可以嵌套在其他元素中。

## 1. 元素类别

在 XML 文档中,元素也分为非空元素和空元素两种类型。一个 XML 非空元素是由开始标记、结束标记及标记之间的数据构成的。开始标记和结束标记用来描述标记之间的数据。标记之间的数据被认为是元素的值。非空元素的语法结构如下:

```
<开始标记>文本内容</结束标记>
```

而空元素就是不包含任何内容的元素,即开始标记和结束标记之间没有任何内容的元素。其语法结构如下:

```
<开始标记></结束标记>
```

可以把元素内容为文本的非空元素转换为空元素。例如,

```
<hello>下午好</hello>
```

<hello>是一个非空元素,如果把非空元素的文本内容转换为空元素的属性,那么转换后的空元素可以写为:

```
<hello content="下午好"></hello>
```

## 2. 元素命名规范

XML 元素命名规则与 Java、C 等命名规则类似,它也是一种对大小写敏感的语言。XML 元素命名必须遵守下列规则。

(1) 元素名中可以包含字母、数字和其他字符。如<place>、<地点>、<no123>等。元素名中虽然可以包含中文,但是在不支持中文的环境中将不能够解释包含中文字符的 XML 文档。

(2) 元素名中不能以数字或标点符号开头。如<123no>、<.name>、<?error>元素名称都是非法名称。

(3) 元素名中不能包含空格。如<no 123>。

## 3. 元素嵌套

元素的内容可以包含子元素。子元素本身也是元素,被嵌套在上层元素之内。如果子元素嵌套了其他元素,那么它同时也是父元素,例如下面所示部分代码:

```
<?xml version="1.0" encoding="gb2312" ?>
<students>
  <student>
    <name>张三</name>
    <age>20</age>
  </student>
  ...
</students>
```

<student>是<students>的子元素,同时也是<name>和<age>的父元素,而<name>和<age>是<student>的子元素。

## 4. 元素实例

【案例 16-3】 实例文件:ch16\16.3.xml。

```xml
<?xml version="1.0" encoding="gb2312" ?>
<通信录>
    <!--"记录"标记中包含姓名、地址、电话和电子邮件 -->
    <记录 date="2017/2/1">
        <姓名>张三</姓名>
        <地址>河南省郑州市中州大道</地址>
        <电话>0371-12345678</电话>
        <电子邮箱>zs@tom.com</电子邮箱>
    </记录>
    <记录 date="2017/3/12">
        <姓名>李四</姓名>
        <地址>河北省邯郸市工农大道</地址>
        <电话>13012345678</电话>
    </记录>
    <记录 date="2017/2/23">
        <姓名>王五</姓名>
        <地址>吉林省长春市幸福路</地址>
        <电话>13112345678</电话>
        <电子邮箱>wangwu@sina.com</电子邮箱>
    </记录>
</通信录>
```

在上述代码中，第一行是 XML 声明，它声明该文档是 XML 文档，文档所遵守的版本号以及文档使用的字符编码集。在这个例子中，遵守的是 XML 1.0 版本规范，字符编码是 GB2312 编码方式。<记录>是<通信录>的子标记，但<记录>标记同时是<姓名>和<地址>等标记的父元素。

浏览效果如图 16-5 所示，可以看到页面显示了一个树形结构，每个标记中间包含相应的数据。

图 16-5　元素包含数据

## 16.3　Python 解析 XML

常见的 XML 编程接口有 SAX 和 DOM，这两种接口处理 XML 文件的方式不同，应用场合也不相同。Python 语言针对这两种接口提供了对应的处理方式。

## 16.3.1 使用 SAX 解析 XML

Python 标准库包含(simple API for XML )SAX 解析器，SAX 是一种基于事件驱动的 API，通过在解析 XML 的过程中触发一个个的事件，然后调用用户定义的回调函数来处理 XML 文件。

使用 SAX 解析 XML 文件主要包括两部分：解析器和事件处理器。其中解析器负责读取 XML 文件，并向事件处理器发送事件，如元素开始跟元素结束事件；而事件处理器则负责调出相应的事件，对传递的 XML 数据进行处理。

使用 SAX 解析 XML 文件时，主要使用 xml.sax 模块和 ContentHandler 类。下面分别进行具体介绍。

### 1. xml.sax 模块

xml.sax 模块中的方法如下。

(1) make_parser()方法。该方法将创建一个新的解析器对象并返回。其语法格式如下：

```
xml.sax.make_parser( [parser_list] )
```

其中 parser_list 为解析器列表，属于可选参数。

(2) parser()方法。该方法将创建一个 SAX 解析器并解析 XML 文件。其语法格式如下：

```
xml.sax.parse( xmlfile, contenthandler[, errorhandler])
```

其中参数 xmlfile 为 XML 文件的名称；contenthandler 是一个 ContentHandler 对象；errorhandler 是一个 SAX ErrorHandler 对象，属于可选参数。

(3) parseString()方法。该方法将创建一个 XML 解析器并解析 XML 字符串。其语法格式如下：

```
xml.sax.parseString(xmlstring, contenthandler[, errorhandler])
```

其中 xmlstring 为 XML 字符串；contenthandler 是一个 ContentHandler 对象；errorhandler 是一个 SAX ErrorHandler 对象，属于可选参数。

### 2. ContentHandler 类

ContentHandler 类的方法如下。

(1) characters(content)方法。当网页的行与标签或者标签与标签中存在字符串时，该方法会被调用。其中 content 为这些字符串的值。另外，标签可以是开始标签，也可以是结束标签。

(2) startDocument()方法。该方法在文件启动的时候调用。

(3) endDocument()方法。该方法在解析器到达文件结尾时调用。

(4) startElement(name, attrs)方法。该方法遇到 XML 开始标签时调用，name 是标签的名字，attrs 是标签的属性值。

(5) endElement(name)方法。该方法遇到 XML 结束标签时调用。

下面通过一个案例来学习使用 SAX 解析 XML 文件的方法。

**【案例 16-4】** 使用 SAX 解析 XML 文件(代码 16.4.xml 和 16.1.py)。

XML 文件为 16.4.xml，内容如下：

```xml
<collection shelf="New Arrivals">
<book title="Python 语言编程案例课堂">
   <type>computer</type>
   <author>刘春茂</author>
   <year>2017 年</year>
   <price>59 元</price>
   <description>该书是 Python 语言入门必读的经典著作</description>
</book>
<book title="MySQL 数据库应用案例课堂">
   <type> computer </type>
   <author>郭广新</author>
   <year>2016 年</year>
   <price>69 元</price>
   <description>该书是 MySQL 数据库入门必读的经典著作</description>
</book>
</collection>
```

解析 16.4.xml 文件的脚本文件 16.1.py 的内容如下：

```python
import xml.sax

class bookHandler( xml.sax.ContentHandler ):
   def __init__(self):
      self.CurrentData = ""
      self.type = ""
      self.author = ""
      self.year = ""
      self.price = ""
      self.description = ""

   # 元素开始调用
   def startElement(self, tag, attributes):
      self.CurrentData = tag
      if tag == "book":
         print ("*****Book*****")
         title = attributes["title"]
         print ("Title:", title)

   # 元素结束调用
   def endElement(self, tag):
      if self.CurrentData == "type":
         print ("Type:", self.type)
      elif self.CurrentData == "author":
         print ("Author:", self.author)
      elif self.CurrentData == "year":
         print ("Year:", self.year)
      elif self.CurrentData == "price":
         print ("Price:", self.price)
      elif self.CurrentData == "description":
         print ("Description:", self.description)
      self.CurrentData = ""
```

```python
    # 读取字符时调用
    def characters(self, content):
        if self.CurrentData == "type":
            self.type = content
        elif self.CurrentData == "author":
            self.author = content
        elif self.CurrentData == "year":
            self.year = content
        elif self.CurrentData == "price":
            self.price = content
        elif self.CurrentData == "description":
            self.description = content

if ( __name__ == "__main__"):

    # 创建一个 XMLReader
    parser = xml.sax.make_parser()
    # turn off namespaces
    parser.setFeature(xml.sax.handler.feature_namespaces, 0)

    # 重写 ContextHandler
    Handler = bookHandler()
    parser.setContentHandler(Handler)

    parser.parse("16.4.xml")
```

解析结果如下：

```
"*****Book*****"
Title: Python 语言编程案例课堂
Type: computer
Author :刘春茂
Year: 2017 年
Price: 59 元
Description:该书是 Python 语言入门必读的经典著作
"*****Book*****"
Title: MySQL 数据库应用案例课堂
Type: computer
Author :郭广新
Year: 2016 年
Price: 69 元
Description:该书是 MySQL 数据库入门必读的经典著作
```

## 16.3.2 使用 DOM 解析 XML

文件对象模型(Document Object Model，DOM)，是 W3C 组织推荐的处理可扩展置标语言的标准编程接口。DOM 将 XML 数据在内存中解析成一个树，通过对树的操作来操作 XML。

一个 DOM 的解析器在解析一个 XML 文件时，一次性读取整个文件，把文件中所有元素保存在内存中的一个树结构里，之后可以利用 DOM 提供的不同的函数来读取或修改文件的内容和结构，也可以把修改过的内容写入 XML 文件。

Python 中用 xml.dom.minidom 来解析 XML 文件。这里仍然以解析 16.4.xml 为例进行讲解。

【案例 16-5】 使用 DOM 解析 XML 文件(代码 16.4.xml 和 16.2.py)。

Python 文件为 16.2.py，代码如下：

```python
from xml.dom.minidom import parse
import xml.dom.minidom

# 使用 minidom 解析器打开 XML 文档
DOMTree = xml.dom.minidom.parse("16.4.xml")
collection = DOMTree.documentElement
if collection.hasAttribute("shelf"):
   print ("Root element : %s" % collection.getAttribute("shelf"))

# 在集合中获取所有图书
books = collection.getElementsByTagName("book")

# 打印每部图书的详细信息
for book in books:
   print ("*****Book*****")
   if book.hasAttribute("title"):
      print ("Title: %s" % book.getAttribute("title"))

   type = book.getElementsByTagName('type')[0]
   print ("Type: %s" % type.childNodes[0].data)
   format = book.getElementsByTagName(' author ')[0]
   print ("Author: %s" % author.childNodes[0].data)
   description = book.getElementsByTagName('description')[0]
   print ("Description: %s" % description.childNodes[0].data)
```

解析结果如下：

```
Root element : New Arrivals
"*****Book*****"
Title: Python 语言编程案例课堂
Type: computer
Author :刘春茂
Year: 2017 年
Price: 59 元
Description:该书是 Python 语言入门必读的经典著作
"*****Book*****"
Title: MySQL 数据库应用案例课堂
Type: computer
Author :郭广新
Year: 2016 年
Price: 69 元
Description:该书是 MySQL 数据库入门必读的经典著作
```

## 16.4 XDR 数据交换格式

XDR(eXternal Data Representation，外部数据表示)是数据描述与编码的标准，它使用隐含形态的语言来正确地描述复杂的数据格式。SunRPC(Remote Procedure Call，远程过程调用)与

NFS(Network File System，网络文件系统)等协议，都使用 XDR 来描述它们的数据格式，因为 XDR 适合在不同的计算机结构之间传输数据。

Python 语言通过提供的 xdrlib 模块来处理 XDR 数据，在网络应用程序上的应用非常广泛。xdrlib 模块中定义了 Packer 类和 Unpacker 类，另外还定义了两个异常。

### 1. Packer 类

Packer 类用来将变量封装成 XDR 的类。下列是 Packer 实例变量的方法。

(1) get_buffer()：将目前的编码缓冲区(pack buffer)内容，以字符串类型返回。

(2) reset()：将编码缓冲区，重置成空字符串。

(3) pack_uint(value)：对一个 32 位的无正负号的整数进行 XDR 编码。

(4) pack_int(value)：对一个 32 位的有正负号的整数进行 XDR 编码。

(5) pack_enum(value)：对一个枚举对象进行 XDR 编码。

(6) pack_bool(value)：对一个布尔值进行 XDR 编码。

(7) pack_uhyper(value)：对一个 64 位的无正负号的数值进行 XDR 编码。

(8) pack_hyper(value)：对一个 64 位的有正负号的数值进行 XDR 编码。

(9) pack_float(value)：对一个单精度浮点数进行 XDR 编码。

(10) pack_double(value)：对一个双精度浮点数进行 XDR 编码。

(11) pack_fstring(n, s)：对一个长度为 n 的字符串进行 XDR 编码。

(12) pack_fopaque(n, data)：对一个固定长度的数据流进行 XDR 编码，与 pack_fstring()方法类似。

(13) pack_string(s)：对一个变动长度的字符串进行 XDR 编码。

(14) pack_opaque(data)：对一个变动长度的数据流进行 XDR 编码，与 pack_string()方法类似。

(15) pack_bytes(bytes)：对一个变动长度的字节流进行 XDR 编码，与 pack_string()方法类似。

(16) pack_list(list, pack_item)：对一个同型元素列表进行 XDR 编码，此方法用在无法决定大小的列表上。对列表中的每一个项目而言，无正负号整数 1 会最先编码。pack_item 是编码个别项目的函数，在列表的结尾，会编码一个无正负号整数 0。例如：

```
>>> import xdrlib
>>> p = xdrlib.Packer()
>>> p.pack_list([1, 2, 3], p.pack_int)
```

(17) pack_farray(n, array, pack_item)：对一个固定长度的同型元素列表进行 XDR 编码。参数 n 是列表长度；array 是含有数据的列表；pack_item 是编码个别项目的函数。

(18) pack_array(list, pack_item)：对一个变动长度的同型元素列表进行 XDR 编码。首先针对其长度编码，然后再调用 pack_farray()将数据进行编码。

### 2. Unpacker 类

Unpacker 类用来从字符串缓冲区 data 内解封装 XDR 的类。下列是 Unpacker 类实例变量的方法。

(1) reset(data)：重置欲译码数据的字符串缓冲区。
(2) get_position()：返回目前缓冲区内的位置。
(3) set_position(position)：将目前缓冲区内的位置设置成 position。
(4) get_buffer()：将目前的译码缓冲区，以字符串类型返回。
(5) done()：表示译码完毕，如果数据未译码则抛出异常。
(6) unpack_uint()：将一个 32 位的无正负号整数译码。
(7) unpack_int()：将一个 32 位的有正负号整数译码。
(8) unpack_enum()：将一个枚举对象译码。
(9) unpack_bool()：将一个布尔值译码。
(10) unpack_uhyper()：将一个 64 位的无正负号数值译码。
(11) unpack_hyper()：将一个 64 位的有正负号数值译码。
(12) unpack_float()：将一个单精度浮点数译码。
(13) unpack_double()：将一个双精度浮点数译码。
(14) unpack_fstring(n)：将一个长度为 n 的字符串译码。
(15) unpack_fopaque(n)：将一个固定长度的数据流译码，与 unpack_fstring()方法类似。
(16) unpack_string()：将一个变动长度的字符串译码。
(17) unpack_opaque()：将一个变动长度的数据流译码，与 unpack_string()方法类似。
(18) unpack_bytes()：将一个变动长度的字节流译码，与 unpack_string()方法类似。
(19) unpack_list(unpack_item)：将一个由 pack_list()方法编码的同型元素列表译码，unpack_item 是译码个别项目的函数。每次译码一个元素，先译码一个无正负号整数标志。如果标志为 1，则该元素最先译码。如果标志为 0，表示列表的结尾。
(20) unpack_farray(n, unpack_item)：将一个固定长度的同型元素列表译码。参数 n 是列表长度；unpack_item 是译码个别项目的函数。
(21) unpack_array(unpack_item)：将一个变动长度的同型元素列表译码，unpack_item 是译码个别项目的函数。

### 3. 两个异常

xdrlib 模块的两个异常，被编码成类实例变量：ConversionError、Error 和 raise_conversion_error。

(1) Error：这是基本的异常类。Error 有一个公用数据成员 msg，包含对错误的描述。
(2) ConversionError：衍生自 Error 异常，包含额外实例变量的变量。

下列案例显示如何捕获取 ConversionError 异常：

```
>>> import xdrlib
>>> p = xdrlib.Packer()
>>> try:
    p.pack_float("123")
except xdrlib.ConversionError as ErrorObj:
    print ("Error while packing the data: ", ErrorObj.msg)

Error while packing the data:  required argument is not a float
```

下列案例将两个字符串与一个整数数据编码,然后再译码。分别打印编码前、编码后及译码后的数据值。

【案例 16-6】 编码和译码数据(代码 16.3.py)。

```python
import xdrlib

#编码数据
def packer(name, sex, age):

    #创建 Packer 类的实例变量
    p = xdrlib.Packer()

    #将一个变动长度的字符串做 XDR 编码
    p.pack_string(name)
    p.pack_string(sex)

    #将一个 32 位的无正负号整数做 XDR 编码
    p.pack_uint(age)

    #将目前的编码缓冲区内容以字符串类型返回
    data = p.get_buffer()
    return data

#译码数据
def unpacker(packer):

    #创建 Unpacker 类的实例变量
    p = xdrlib.Unpacker(packer)
    return p

#打印编码前的数据
print ("The original values are: 'Machael Jones', 'male', 24")

#编码数据
packedData = packer("Machael Jones".encode('utf-8'), "male".encode('utf-8'), 24)

#打印编码后的数据
print ("The packed data is: ", repr(packedData))

#打印译码后的数据
unpackedData = unpacker(packedData)
print ("The unpack values are: ")
print ((repr(unpackedData.unpack_string()), ", ", \
    repr(unpackedData.unpack_string()), ", ", \
    unpackedData.unpack_uint()))

#译码完毕
unpackedData.done()
```

保存并运行程序,结果如下:

```
C:\WINDOWS\system32>python d:\python\ch16\16.3.py
编码前的数据: '张芳', '女', 24
```

编码后的数据为:
b'\x00\x00\x00\x06\xe5\xbc\xa0\xe8\x8a\xb3\x00\x00\x00\x00\x00\x03\xe5
\xa5\xb3\x00\x00\x00\x00\x00\x18'
编译后的数据为:
("b'\\xe5\\xbc\\xa0\\xe8\\x8a\\xb3'", ', ', "b'\\xe5\\xa5\\xb3'", ', ', 24)

## 16.5　JSON 数据解析

JSON (JavaScript Object Notation) 是一种轻量级的数据交换格式。它基于 ECMAScript 的一个子集。Python 中提供了 json 模块来对 JSON 数据进行编码和解码。json 模块中包含了以下两个函数。

(1) json.dumps()：对数据进行编码。
(2) json.loads()：对数据进行解码。

下列案例将学习如何将 Python 类型的数据编码为 JSON 数据类型。

**【案例 16-7】** 将 Python 类型的数据编码为 JSON 数据类型(代码 16.4.py)。

```
import json

# 将 Python 字典类型转换为 JSON 对象
data = {
    'id' : 101,
    '名称' : ' Python 语言编程案例课堂',
    '价格' : '59元'
}

json_str = json.dumps(data)
print ("Python 原始数据: ", repr(data))
print ("JSON 对象: ", json_str)
```

保存并运行程序，结果如下：

```
C:\WINDOWS\system32>python d:\python\ch16\16.4.py
Python 原始数据:  {'id': 101, '名称': 'book', '价格': '59元'}
JSON 对象:  {"id": 101, "\u540d\u79f0": "book", "\u4ef7\u683c": "59\u5143"}
```

下列案例将学习如何将 JSON 数据类型解码为 Python 类型的数据。

**【案例 16-8】** 将 JSON 数据类型解码为 Python 类型的数据(代码 16.5.py)。

```
import json

# 将 Python 字典类型转换为 JSON 对象
data1 = {
    'id' : 101,
    '名称' : 'Python 语言编程案例课堂',
    '价格' : '59元'
}

json_str = json.dumps(data1)
print ("Python 原始数据: ", repr(data1))
print ("JSON 对象: ", json_str)
```

```
# 将 JSON 对象转换为 Python 字典
data2 = json.loads(json_str)
print ("data2['名称']: ", data2['名称'])
print ("data2['价格']: ", data2['价格'])
```

保存并运行程序，结果如下：

```
C:\WINDOWS\system32>python d:\python\ch16\16.5.py
Python 原始数据： {'名称': 'Python 语言编程案例课堂', '价格': '59元', 'id': 101}
JSON 对象： {"\u540d\u79f0":
"Python\u8bed\u8a00\u7f16\u7a0b\u6848\u4f8b\u8bfe\u5802", "\u4ef7\u683c":
"59\u5143", "id": 101}
data2['名称']:  Python 语言编程案例课堂
data2['价格']:  59 元
```

上面两个案例处理的都是字符串，如果需要处理的是文件，就需要使用 json.dump() 和 json.load()来编码和解码 JSON 数据。代码如下：

```
# 写入 JSON 数据
with open('data.json', 'w') as f:
    json.dump(data, f)

# 读取数据
with open('data.json', 'r') as f:
    data = json.load(f)
```

## 16.6　Python 解析 HTML

　　Python 使用 urllib 包抓取网页后，需要将抓取到的数据交给 HTMLParser 解析，从而提取需要的内容。Python 提供了一个简单的解析模块 HTMLParser 类，使用起来也是比较简单的，特别是新手用起来比较容易。

　　HTMLParser 是一个类，在使用时一般继承它然后重载它的方法，来达到解析出需要的数据的目的。HTMLParser 类的常用方法如下。

　　(1) handle_starttag(tag, attrs)：处理开始标签，如<div>；这里的 attrs 获取到的是属性列表，属性以元组的方式展示。

　　(2) handle_endtag(tag)： 处理结束标签，如</div>。

　　(3) handle_startendtag(tag, attrs)：处理自己结束的标签，如<img />。

　　(4) handle_data(data) ：处理数据，如标签之间的文本。

　　(5) handle_comment(data)：处理注释，如<!-- -->之间的文本。

　　下列案例将解析 HTML 文件 16.1.html，然后打印其内容。

【案例 16-9】 解析 HTML 文件(代码 16.6.html 和 16.6.py)。

下列是 16.6.html 文件的内容：

```
<!DOCTYPE html>
<html >
<head>
<title>房屋装饰装修效果图</title>
</head>
```

```
<body>
<p> <img src="images/xiyatu.jpg" width="300" height="200"/> <img
src="images/stadshem.jpg" width="300" height="200"/><br />
西雅图原生态公寓室内设计 与 Stadshem 小户型公寓设计(带阁楼)</p>
<hr />
<p> <img src="images/qingxinhuoli.jpg" width="300" height="200"/> <img
src="images/renwen.jpg" width="300" height="200"/><br />
清新活力家居与人文简约悠然家居</p>
<hr />
</body>
</html>
```

预览效果如图 16-6 所示。

图 16-6　网页预览效果

下列是 16.6.py 文件的内容：

```
from html.parser import HTMLParser
class MyHTMLParser(HTMLParser):

    def handle_starttag(self, tag, attrs):
        """
        recognize start tag, like <div>
        :param tag:
        :param attrs:
        :return:
        """
        print("Encountered a start tag:", tag)

    def handle_endtag(self, tag):
        """
        recognize end tag, like </div>
        :param tag:
        :return:
        """
        print("Encountered an end tag :", tag)
```

```python
    def handle_data(self, data):
        """
        recognize data, html content string
        :param data:
        :return:
        """
        print("Encountered some data  :", data)

    def handle_startendtag(self, tag, attrs):
        """
        recognize tag that without endtag, like <img />
        :param tag:
        :param attrs:
        :return:
        """
        print("Encountered startendtag :", tag)

    def handle_comment(self,data):
        """

        :param data:
        :return:
        """
        print("Encountered comment :", data)

#打开HTML文件
path = "D:\\python\\ch16\\16.1.html"
filename = open(path)
data = filename.read()
filename.close()

#创建MyHTMLParser类的实例变量
p = MyHTMLParser()
p.feed(data)
p.close()
```

保存并运行程序,结果如下:

```
C:\WINDOWS\system32>python d:\python\ch16\16.6.py
Encountered some data  :

Encountered a start tag: html
Encountered some data  :

Encountered a start tag: head
Encountered some data  :

Encountered a start tag: title
Encountered some data  : 房屋装饰装修效果图
Encountered an end tag : title
Encountered some data  :

Encountered an end tag : head
```

```
Encountered some data  :

Encountered a start tag: body
Encountered some data  :

Encountered a start tag: p
Encountered some data  :
Encountered startendtag : img
Encountered some data  :
Encountered startendtag : img
Encountered startendtag : br
Encountered some data  :
西雅图原生态公寓室内设计 与 Stadshem 小户型公寓设计(带阁楼)
Encountered an end tag : p
Encountered some data  :

Encountered startendtag : hr
Encountered some data  :

Encountered a start tag: p
Encountered some data  :
Encountered startendtag : img
Encountered some data  :
Encountered startendtag : img
Encountered startendtag : br
Encountered some data  :
清新活力家居与人文简约悠然家居
Encountered an end tag : p
Encountered some data  :

Encountered startendtag : hr
Encountered some data  :

Encountered an end tag : body
Encountered some data  :

Encountered an end tag : html
Encountered some data  :
```

解析 HTML 文件的技术主要是继承了 HTMLParser 类，然后重写了里面的一些方法，从而达到自己的需求。用户可以通过重写方法获得网页中指定的内容，举例如下。

(1) 获取属性的函数，是个静态函数。直接定义在类中，返回属性名对应的属性：

```
def _attr(attrlist, attrname):
    for attr in attrlist:
        if attr[0] == attrname:
            return attr[1]
    return None
```

(2) 获取所有 p 标签的文本，最简单方法只修改 handle_data：

```
def handle_data(self, data):
    if self.lasttag == 'p':
        print("Encountered p data :", data)
```

(3) 获取 CSS 样式(class)为 p_font 的 p 标签的文本：

```
def __init__(self):
    HTMLParser.__init__(self)
    self.flag = False

def handle_starttag(self, tag, attrs):
    if tag == 'p' and _attr(attrs, 'class') == 'p_font':
        self.flag = True

def handle_data(self, data):
    if self.flag == True:
        print("Encountered p data :", data)
```

(4) 获取 p 标签的属性列表：

```
def handle_starttag(self, tag, attrs):
    if tag == 'p':
        print("Encountered p attrs :", attrs)
```

(5) 获取 p 标签的 class 属性：

```
def handle_starttag(self, tag, attrs):
    if tag == 'p' and _attr(attrs, 'class'):
        print("Encountered p class :", _attr(attrs, 'class'))
```

(6) 获取 div 下的 p 标签的文本：

```
def __init__(self):
    HTMLParser.__init__(self)
    self.in_div = False

def handle_starttag(self, tag, attrs):
    if tag == 'div':
        self.in_div = True

def handle_data(self, data):
    if self.in_div == True and self.lasttag == 'p':
```

下列案例将提取网页中标题的属性值和内容。

【案例 16-10】 提取网页中标题的属性值和内容(代码 16.7.html 和 16.7.py)。

下列是 16.7.html 文件的内容：

```
<!DOCTYPE html>
<html>
<title id='10124' mouse='古诗'>这里是标题的内容</title>
<body>锄禾日当午，汗滴禾下土</body>
</html>
```

预览效果如图 16-7 所示。

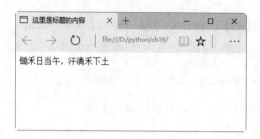

图 16-7 网页预览效果

下列是 16.7.py 文件的内容：

```
from html.parser import HTMLParser
class MyClass(HTMLParser):
    a t=False
    def handle_starttag(self, tag, attrs):
        #print("开始一个标签:",tag)
        print()
        if str(tag).startswith("title"):
            print(tag)
            self.a t=True
            for attr in attrs:
                print("    属性值: ",attr)

    def handle_endtag(self, tag):
        if tag == "title":
            self.a t=False
            #print("结束一个标签:",tag)

    def handle_data(self, data):
        if self.a t is True:
            print("得到的数据: ",data)


#打开 HTML 文件
path = "D:\\python\\ch16\\16.2.html"
filename = open(path)
data = filename.read()
filename.close()

#创建 myClass 类的实例变量
p = MyClass()
p.feed(data)
p.close()
```

保存并运行程序，结果如下：

```
C:\WINDOWS\system32>python d:\python\ch16\16.7.py

title
    属性值:  ('id', '10124')
    属性值:  ('mouse', '古诗')
得到的数据:  这里是标题的内容
```

## 16.7 大神解惑

**小白**：如何选择解析 XML 的方式？

**大神**：解析 XML 的常见方法包括 SAX 和 DOM。因 DOM 需要将 XML 数据映射到内存中的树，一是比较慢，二是比较耗内存，而 SAX 流式读取 XML 文件，比较快，占用内存少，但需要用户实现回调函数。用户可以根据这两种方式的特点选择适合的方式。

**小白**：Python 可以读取 mailcap 文件吗？

**大神**：mailcap 文件用来提示邮件读取器与网站浏览器等应用程序。下列是一小段的 mailcap 文件：

```
image/jpeg; imageviewer %s
application/zip; gzip %s
```

Pyhon 提供的 mailcap 模块用来读取 mailcap 文件。

下列案例读取上述 mailcap 文件：

```
>>> import mailcap
>>> dict = mailcap.getcaps()
>>> command, entry = mailcap.findmatch(dict, "image/jpeg", filename="/temp/demo")
>>> print (command)
imageviewer /temp/demo
>>> print (entry)
image/jpeg; imageviewer %s
```

mailcap 模块 getcaps()函数读取 mailcap 文件，然后返回一个字典集。

## 16.8 跟我练练手

练习 1：制作一个简单的 XML 文件。

练习 2：制作一个解析 XML 文件的程序。

练习 3：制作一个程序，将两个字符串与一个整数数据编码，然后再译码。分别打印编码前、编码后及译码后的数据值。

练习 4：制作一个解析 HTML 文件的程序。

# 第 IV 篇

## 项目开发实战

➥ 第 17 章　开发学生信息管理系统
➥ 第 18 章　开发虚拟聊天室系统
➥ 第 19 章　开发网络数据分析系统

# 第 17 章
## 开发学生信息管理系统

通过前面章节的学习,读者对 Python 语言已经有了全面的认识,从本章开始,读者将进入项目开发实战阶段。项目开发实战先从一个简单的例子——学生信息管理系统开始。通过本章的学习,相信读者会进一步加深对 Python 语言的理解,并将对软件开发的流程有一个清晰的认识。

本章要点(已掌握的,在方框中打钩)

- ☐ 掌握开发学生信息管理系统的准备工作。
- ☐ 熟悉学生信息管理系统的需求分析。
- ☐ 掌握学生信息管理系统的结构设计方法。
- ☐ 掌握学生信息管理系统的具体功能实现方法。
- ☐ 掌握测试学生信息管理系统的方法。

## 17.1 准备工作

在开发学生信息管理系统之前,需要做一些准备工作,就是配置 Python 开发环境和选择合适的开发工具。

### 17.1.1 配置 Python 开发环境

Python 是跨平台的语言,它可以运行在 Windows、Mac 和各种 Linux/UNIX 系统上。所以首先要让计算机系统上有 Python 环境并且能运行 Python 的程序。安装完成后,你会得到 Python 解释器(负责把 Python 程序语言逐行转译),一个命令行交互环境,还有一个简单的集成开发环境。

目前,Python 主流的版本为两个: 2.x 版和 3.x 版,这两个版本是不兼容的。由于本书以 3.5 版本为基础,所以这里的案例开发将以 3.5 版本为基础环境。如果读者使用的是 2.x 版本,则案例中的代码也要做相应的修改。

在本书的第 1 章已经讲述了 Python 环境的配置方法,这里就不再赘述。配置好 Python 开发环境后,读者就可以创建学生信息管理系统了。由于大家用的编辑器都不尽相同,所以这里并不介绍通过编辑器或者 IDE 建立项目的方法,而是直接在系统里建立项目文件夹,然后再通过编辑器或 IDE 打开项目文件(当然大家可以通过 IDE 直接建立项目)。

本案例将选择 D 盘来存放项目。首先创建文件夹并命名为 PythonProject。为了便于管理,项目开发实战篇中的案例都放在这个文件夹下。在这个文件夹下,以所做项目的主题来命名此项目文件夹,因为第一个项目是学生信息管理系统,所以就以 Student 命名,通俗易懂。这样就有了以 Student 为名称的文件夹(项目)。然后就可以用任何编辑器或 IDE 打开这个文件夹(项目)。但是打开后里面是什么都没有的,因为并没有开始写代码。接下来在这个 Student 文件夹下用编辑器或 IDE 按照需求建立所需 Python 文件即可,别忘了以.py 结尾。

### 17.1.2 选择合适的开发工具

Sublime Text、Notepad++都是很好的选择,读者可自行选择。这里需注意,不能用 Word 和 Windows 自带的记事本。Word 保存的不是纯文本文件,而记事本会自作聪明地在文件开始的地方加上几个特殊字符(UTF-8 BOM),结果会导致程序运行出现莫名其妙的错误。

这里采用自带的 IDE 为 Python 文件编辑器,输入好完整的代码后,将文件以.py 结尾即可。最后读者需要在【命令提示符】窗口中运行 Python 文件,查看运行结果。具体操作方法读者可以参照第 1 章的内容。

## 17.2 需求分析

在开发任何系统之前,读者需要做系统需求分析。需求分析在软件开发中是最重要的步骤，只有把用户的需求了解到位，才能开发出满足需求功能的软件系统。

（1） 在学生信息管理系统中，学生的基本信息通常包括姓名、学号和成绩。基本的管理功能主要涉及对学生信息进行添加、删除、修改、排序等，并且能把学生信息存到数据库中并随时调取。

（2） 在该项目中，采用最简单的数据存储方式，就是将学生的信息存到一个本地文件中。

（3） 此外，学生信息管理系统需要一个可视化的用户界面，在这个界面上用户可以通过不同选项进行相应的操作，对数据进行处理。

通过分析可知，学生信息管理系统的功能如下。

（1） 一个可视化主界面。分别有添加、删除、修改、排序 4 个功能选项，选择相应功能进入下一步操作。

（2） 添加功能。需要分别输入姓名、学号、成绩信息，保存到数据库。

（3） 删除功能。输入已添加学生的学号进行全部信息的删除。

（4） 修改功能。输入已存在的学生学号进行成绩的修改。

（5） 排序功能。对已输入的全部学生根据成绩进行排序。

学生信息管理系统的需求分析如图 17-1 所示。

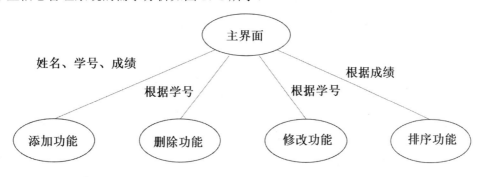

图 17-1　学生信息管理系统的需求分析

## 17.3　结　构　设　计

有了上面的需求分析，我们就可以按照每一项需求进行系统的结构设计并考虑用什么具体技术来实现。

学生信息管理系统的结构设计如图 17-2 所示。

（1） 首先为了实现第一个需求：主界面，可以建立主程序 main.py，它是系统的程序入口，在里面可以对其他功能模块进行连接。比如建立和修改数据库时，就要涉及 I/O(数据输入/输出)的模块。主界面的外观主要通过 Print 函数输出来实现。

（2） 对于添加功能，可以建立 addstudent.py 模块。当进入这个模块时需要和数据库连接。可对每个信息设一个变量去存储，用 raw_input 函数获取输入的信息后，将学生信息存入文件内容的末尾处即可。

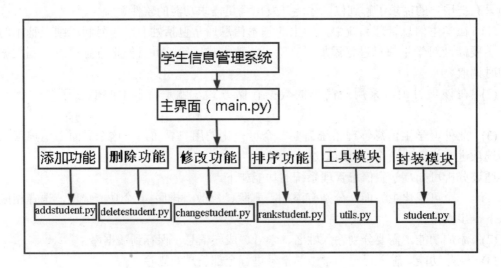

图 17-2 学生信息管理系统的结构设计

（3）对于删除功能，可以建立 deletestudent.py。首先查询所有的学生信息，也就是说需要从文件中逐条读取学生的信息并存入内存中，并且以列表的形式显示，可以考虑用 f = open(filepath, 'r')。然后当输入删除的学生学号时，查询到相应信息，并用 del 命令删除即可。最后将更新的列表信息重新写入文件。

（4）修改功能和删除功能大同小异，建立 changestudent.py。前面的方法一样，只不过把 del 命令改为输入命令即可，输入的内容用来替换掉列表里对应的记录。

（5）接下来是排序功能，先建立 rankstudent.py。也是先查询所有的学生信息，并存入列表。对于依照成绩排序可以有两种方法可供参考：第一种是使用 lambda 表达式排序；第二种是自己设一个比较函数_lt_来完成。

对应的基本需求就设计完了，可是这时候读者会问，到底如何实现对所有信息的查询和操作呢？并且怎么判断学号的正确性以及学生信息是以什么样的格式与数据库(文件)连接上的呢？这时候，就需要建立另外两个非常关键的模块了：utils.py 和 student.py。

（1）简单来说，utils.py 模块就是工具模块，可以把常用的"工具"放进去，也就是查询、读取、格式判断等。拥有了这样一个工具包，哪个地方需要这些工具，可以随时调这个工具包里的方程(function)来实现，而不用在每个地方把用到的方程都重写一遍，这样非常方便和高效。所以根据前面的需求，在添加、修改、删除模块里都需要调用这个工具包。

（2）另外一个 student.py 模块，则是对信息的封装处理。因为输入的学生信息涉及学生的各个方面，包含多种数据类型，所以要把每条信息以整体的方式呈现出来，也就是变成一个实例(面向对象编程里的一个 object)，然后用函数进行访问，这样避免数据的杂乱，处理逻辑上更加清晰，也便于后期系统维护。所以在这个模块中，就需要使用面向对象里类和实例的概念了，想办法对数据进行"改装"。

由上述分析可知，系统中各个文件之间的调用关系如图 17-3 所示。

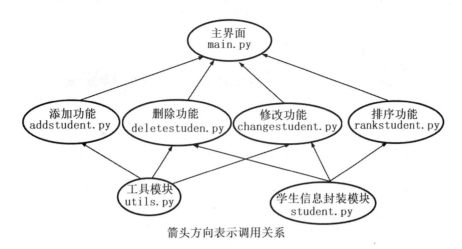

图 17-3 系统中各个文件之间的调用关系

## 17.4 具体功能实现

有了上面的分析和环境配置，下面书写具体的代码来完成网络数据分析系统。这里我们主要关注应用相关的模块定义信息。

### 17.4.1 主界面程序 main.py

在设计 main.py 文件时，需要注意以下几点。

(1) 根据结构及功能设计，确定需要引入的模块(包)。本案例计划引入 5 个模块：1 个为 Python 内置的 os 模块，4 个与需要实现的功能相关的模块，用来实现添加、删除、排序和修改的功能。

(2) 程序首先判断用于存储学生信息的文件(即学生信息数据库)是否存在。若不存在就新创建一个文件。

(3) 根据用户需要确定窗口显示内容并编写代码。本案例计划在程序打开时，窗口显示选择菜单，并给予输入选择的提示语。

(4) 本案例根据用户的需要确定要实现的功能及逻辑关系并编写相应的代码。在程序运行中，根据用户的选择来执行不同部分的代码，实现相应的功能。此处用到条件判断语句 if…else 语句。

main.py 的具体代码如下：

```
import os
import addstudent
import deletestudent
import rankstudent
import changestudent

filepath = 'student.txt'
```

```python
def main():
    if not os.path.isfile(filepath):
        #如果文件不存在,则创建一个空文件
        #有多种方法可以创建一个空文件
        #值得注意 os.mknod(filepath)方法在 Windows 操作系统中会报错
        open(filepath, 'a').close()

    while True:
        print('\n\n')
        print(' --------------------学生信息管理系统-------------------- ')
        print('|    菜单：                                              |')
        print('|    1: 添加学生信息                                     |')
        print('|    2: 删除学生信息                                     |')
        print('|    3: 更改学生信息                                     |')
        print('|    4: 按成绩排序                                       |')
        print('|    0: 退出                                             |')
        print(' ------------------------------------------------------')
        instruction = input("请输入选项: ")
        if instruction == "0":
            exit(0)
        elif instruction == '1':
            addstudent.addStudent(filepath)
        elif instruction == '2':
            deletestudent.deleteStudent(filepath)
        elif instruction == '3':
            changestudent.changeStudent(filepath)
        elif instruction == '4':
            rankstudent.rankStudent(filepath)
        else:
            print('输入错误！请输入正确选项。')

if __name__ == '__main__':
    main()
```

## 17.4.2　student.py 模块

此处定义一个关于学生信息的类(class)，里面包括学生 3 个方面的数据(姓名、ID 和成绩，可进一步拓展至其他方面)。在其他模块中，将对该类进行初始化，并填入学生的信息。student.py 模块的具体代码如下：

```python
class Student():
    def __init__(self, name, id, grade):
        '初始化函数'
        self.name = name
        self.id = id
        self.grade = grade

    def __lt__(self, other):
        '自定义比较器,这里使用 student id 来进行比较排序'
        return (self.grade > other.grade)
    def __str__(self):
        '将一个对象实例转换成一个字符串'
        return self.name + '\t' + str(self.id) + '\t' +
```

```
str(self.grade)
    def getStudentName(self):
        return self.name

    def getStudentId(self):
        return self.id
    def getStudentGrade(self):
        return self.grade
    def setStudentGrade(self, grade):
        self.grade = grade
```

## 17.4.3　utils.py 模块

本案例中，程序运行中需要用到：查找需要操作的学生 ID，读取存储学生信息的文件，将存储学生信息的列表写入文件，检查输入的学生 ID 和成绩是否合法有效等功能，将这些功能整合在一起，编写成一个模块以便调用。下面创建一个 utils.py 的模块。

> **注意**　本案例中，学生数量很多，查询、读取时需要用到 for...in 循环，检查功能需要用到条件判断 if...else 语句。

utils.py 模块的具体代码如下：

```
import student

def searchStudentId(studentList, id):
    #查找需要操作的学生 ID
    idx = 0
    for stu in studentList:
        if stu.getStudentId() == id:
            return idx
        else:
            idx += 1
    return idx

def fileRead(filepath):
    #读入存储学生信息的文件，将所有学生信息读入内存
    f = open(filepath, 'r')
    studentList = []
    for line in f.readlines():
        stuInfo = line.strip().split()
        stu = student.Student(stuInfo[0], int(stuInfo[1]), int(stuInfo[2]))
        studentList.append(stu)
    f.close()
    return studentList

def fileWrite(filepath, studentList):
    #将存储学生信息的列表写入文件中
    f = open(filepath, 'w')
    for stu in studentList:
        f.write(str(stu) + '\n')
    f.close()
```

```python
def checkId(id):
    #检查输入学号是否符合要求,这里假设学号为长度是4的数字
    #isdigit()方法检测字符串是否只由数字组成
    #如果字符串只包含数字则返回True；否则返回False
    if len(id) == 4 and id.isdigit():
        return True
    else:
        return False

def checkGrade(grade):
    #检查输入成绩是否符合要求,这里假设成绩是0到100之间的整数
    if grade.isdigit() and int(grade) >= 0 and int(grade) < 101:
        return True
    else:
        return False
```

## 17.4.4　addstudent.py 模块

添加学生信息功能主要由 addstudent.py 模块完成。

> 注意：要检查输入的学生 ID 和学生成绩格式是否符合要求，此项需要调用 utils.py 模块。

addstudent.py 模块的具体代码如下：

```python
import utils

def addStudent(filepath):
    print('请输入学生信息,其中ID为四位数字。')
    
    #输入新增学生信息：姓名、学号和成绩
    name = input("请输入学生姓名: ").replace(' ', '')
    id = input("请输入学生ID: ")
    while not utils.checkId(id):
        id = input("格式错误！请输入正确ID格式: ")
    grade = input("请输入学生成绩: ")
    while not utils.checkGrade(grade):
        grade = input("格式错误！请输入正确成绩格式: ")
    
    print('你已经成功添加:')
    print('姓名: ', name, ', ID: ', id, ', 成绩: ', grade)
    instruct = input('保存？(Y/N):')
    if instruct.lower() == 'y':  #将输入信息统一转化为小写字母进行匹配
        f = open(filepath, 'a')
        #将学生信息写入文件
        #f.write('Name: ' + name + ', id: ' + id + ', grade: ' + grade + '\n')
        f.write(name + '\t' + id + '\t' + grade + '\n')
        f.close()
        print('保存...')
```

在项目 Student 文件夹下，新建一个空白的记事本文件，名称为 student.txt。

### 17.4.5　deletestudent.py 模块

下面创建 deletestudent.py 模块，用于删除学生信息。读者需要注意以下几点。

（1）删除学生信息，用到关于学生信息的类，需要调用 student.py 模块。删除时，需要先查询到所要删除的信息在学生列表中的位置，查询功能需要调用 utils.py 模块。

（2）需要打开存储学生信息的文件，并将所有学生信息读入内存。编写相应代码，注意文件打开后需要关闭。

（3）判断学生信息列表是否为空，只有非空时，才能删除学生信息。

（4）删除的依据：本案例依据学生的 ID 来确定。

（5）删除后是否保存？删除操作在内存中完成，删除后需要把学生列表重新写入文件，否则删除无效。

deletestudent.py 模块的具体代码如下：

```python
import student
import utils

def deleteStudent(filepath):
    f = open(filepath, 'r')
    #打开存储学生信息的文件，将所有学生信息读入内存
    studentList = [] #存储学生信息的列表
    for line in f.readlines():
        stuInfo = line.strip().split()
        stu = student.Student(stuInfo[0], int(stuInfo[1]), int(stuInfo[2]))
        studentList.append(stu)
    f.close()

    if len(studentList) == 0: #如果文件为空，退出当前操作
        print('没有学生信息！请添加学生信息。')
        return

    id = input('请输入学生 ID: ')
    idx = utils.searchStudentId(studentList, int(id))
    while idx >= len(studentList):
        id = input('学生信息没有找到，请输入正确学生 ID: ')
        idx = utils.searchStudentId(studentList, int(id))

    instruct = input('确定删除？(Y/N):')
    if instruct.lower() == 'y':
        del studentList[idx] #删除找到的学生信息

        #接下来将已经删除掉指定学生信息的数据再次写入文件
        f = open(filepath, 'w')
        for stu in studentList:
            f.write(str(stu) + '\n')
        f.close()
        print('保存...')
```

### 17.4.6　changestudent.py 模块

下面创建 changestudent.py 模块，用于是修改学生信息。读者需要注意以下几点。

(1) 首先需要搜索到对应的学生记录，然后才能进行修改。修改时检查输入的新数据的格式是否符合要求，这时需要调用 utils.py 模块。修改学生的信息，是通过学生信息相关的类来完成的，需要调用 student.py 模块。

(2) 修改前，需要将所有学生数据存入内存中，等待操作。

(3) 判断读取的学生数据是否为空。

(4) 本案例依据学生 ID 搜寻到要修改的信息。此处注意 ID 的范围。

(5) 本案例设定只修改学生成绩，注意检查输入的成绩格式是否符合要求。

(6) 修改完后是否保存？同删除类似，修改后需把学生列表重新写入文件，否则修改无效。

changestudent.py 模块的具体代码如下：

```python
import student
import utils

def changeStudent(filepath):
    f = open(filepath, 'r')
    #打开存储学生信息的文件，将所有学生信息读入内存
    studentList = []  #存储学生信息的列表
    for line in f.readlines():
        stuInfo = line.strip().split()
        stu = student.Student(stuInfo[0], int(stuInfo[1]), int(stuInfo[2]))
        studentList.append(stu)
    f.close()

    if len(studentList) == 0:  #如果文件为空，退出当前操作
        print('没有学生信息！请添加学生信息。')
        return

    id = input('请输入学生 ID: ')
    idx = utils.searchStudentId(studentList, int(id))
    while idx >= len(studentList):
        id = input('学生信息没有找到，请输入正确学生 ID: ')
        idx = utils.searchStudentId(studentList, int(id))

    #为了简单起见，这里我们假设只能修改学生的分数，不能对姓名进行修改
    grade = input('请更改此学生的成绩: ')
    while not utils.checkGrade(grade):
        grade = input("格式错误！请输入正确成绩: ")

    studentList[idx].setStudentGrade(grade)
    instruct = input('保存？(Y/N):')
    if instruct.lower() == 'y':
        f = open(filepath, 'w')
        for stu in studentList:
            f.write(str(stu) + '\n')
        f.close()
        print('保存...')
```

## 17.4.7 rankstudent.py 模块

下面创建 rankstudent.py 模块，用于是对学生信息进行排序操作。读者需要注意以下几点。

(1) 需要操作学生数据，同样需要先打开文件并将信息读入内存中。
(2) 判断读取的数据是否为空，空的话程序就不再继续执行。
(3) 排序本质上是数据的比较，本案例我们采取两种方法来比较学生的 ID，具体内容请看代码注释。

rankstudent.py 模块的具体代码如下：

```
import student

def rankStudent(filepath):
    f = open(filepath, 'r')
    #打开存储学生信息的文件，将所有学生信息读入内存
    studentList = []  #存储学生信息的列表
    for line in f.readlines():
        stuInfo = line.strip().split()
        stu = student.Student(stuInfo[0], int(stuInfo[1]), int(stuInfo[2]))
        studentList.append(stu)
    f.close()

    if len(studentList) == 0: #如果文件为空，退出当前操作
        print('没有学生信息！请添加学生信息。')
        return

    #方法1：使用 lambda 表达式给学生排序，按照学生成绩由高到低进行排序
    sortedStudentList = sorted(studentList, key=lambda stut: stut.getStudentGrade(), reverse=True)

    #方法2：在 Student 类中，我们自定义了内置的比较函数__lt__，所以可以直接对 Student 类的实例进行比较
    #sortedStudentList = sorted(studentList)
    print('姓名\tID\t成绩')
    for stu in sortedStudentList:
        print(stu.getStudentName() + '\t' + str(stu.getStudentId()) + '\t' + str(stu.getStudentGrade()))
```

# 17.5 项目测试

在编辑器中写好以上模块内容，然后保存文件。下面将继续测试学生信息管理系统。

## 17.5.1 添加学生信息

打开【命令提示符】窗口，直接运行 main.py 文件，即可进入系统主界面，如图 17-4 所示。初始化的学生信息管理系统数据为空，所以需要添加一些学生信息。为了演示方便，这

里添加 6 个学生的信息。每条信息分别包括姓名、ID 以及成绩。其中 ID 为 4 位数字，成绩为 0～100 之间的数字。添加过程如图 17-5 所示。

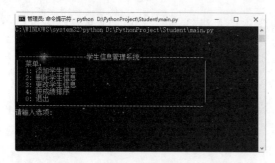

图 17-4　学生信息管理系统主界面

图 17-5　添加学生信息的过程

上面讲述了添加第一个学生信息的整个过程。在学生信息管理系统的界面中，首先根据需求来选择菜单选项，这里输入 1 来打开"添加学生信息"的功能。

 注意　为了把学生信息记录到数据库，需要在系统询问是否保存时，输入 Y(即 YES)。如果输入的 ID 格式错误，会显示提示信息。例如，输入的学号格式不对，将会提示格式错误，如图 17-6 所示。

图 17-6　学号格式错误

如果输入成绩格式错误，也会提示错误信息，如图 17-7 所示。

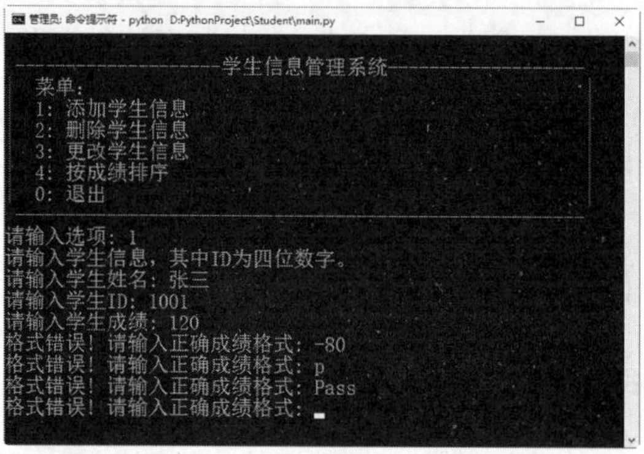

图 17-7　成绩格式错误

第一个学生信息添加完成后,采用同样的方法来继续添加其他学生的信息。请注意,为了把学生信息记录到数据库,需要在系统询问是否保存时,输入 Y(即 YES)。

为了确认是否保存成功,打开项目文件夹中的 student.txt(学生信息数据库文件),查看是否所有学生的信息都已经写入,如图 17-8 所示。确认无误后,关闭该文件。

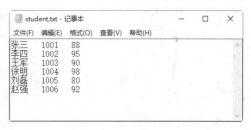

图 17-8　学生信息数据库文件的内容

## 17.5.2　对学生成绩进行排序

现在要对所有学生的信息按照成绩从高到低进行排序,这时选择菜单项 4。排序后显示的结果如图 17-9 所示。

图 17-9　按成绩从高到低对学生成绩进行排序

## 17.5.3　修改学生成绩

下面来测试如何修改学生成绩。例如,通过学生 ID 来修改其成绩。首先选择菜单项 3,然后依次输入学生的 ID 和新的成绩后保存。这里尝试修改了 ID 为 1001 的学生的成绩,修改过程如图 17-10 所示。

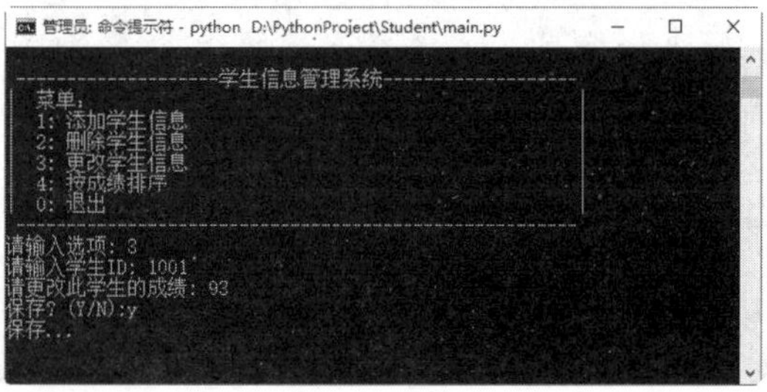

图 17-10　修改学生成绩

为了测试是否修改成功，再次使用菜单项 4 来对成绩重新排序。结果发现张三(ID 为 1001)同学的成绩已经更改为 93，并且其成绩排名已经从第 5 名上升到第 3 名，结果如图 17-11 所示。

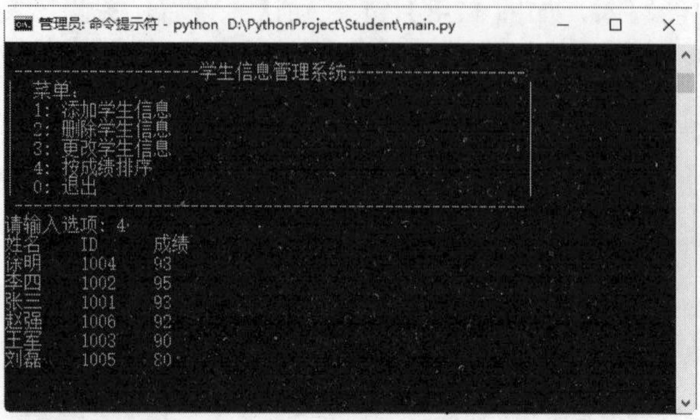

图 17-11　测试学生成绩是否修改成功

如果输入的学生 ID 在数据库里未找到，会显示如下提示信息。在该情况下，无法从数据库中提取该学生的数据并加以修改，如图 17-12 所示。

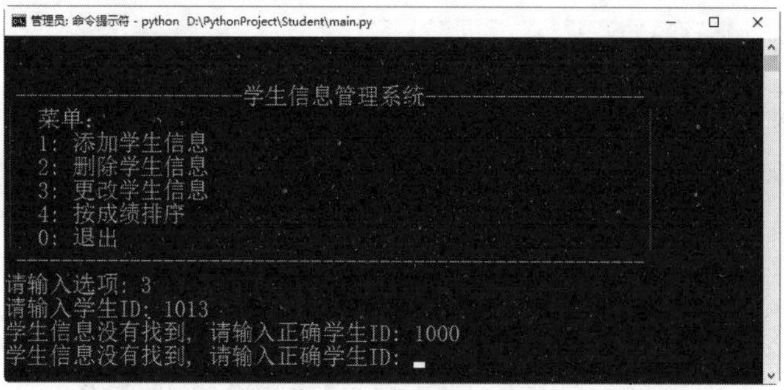

图 17-12　没有搜索到学生 ID 号

## 17.5.4　删除学生信息

下面演示如何删除学生信息。通过学生 ID 来删除对应学生的信息。首先选择菜单项 2，然后在所删除学生 ID 一栏中输入 1002，按 Enter 键完成删除，如图 17-13 所示。

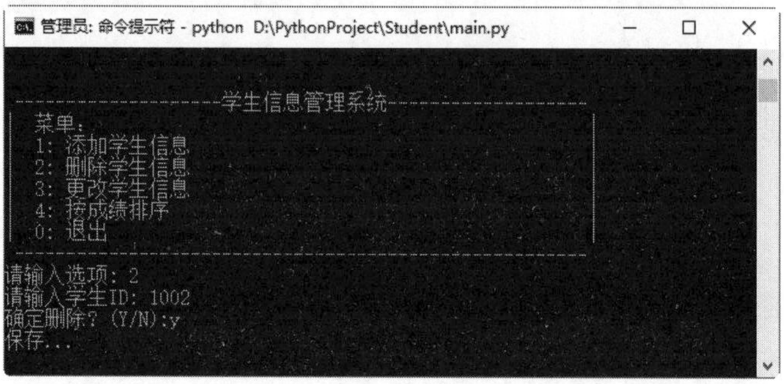

图 17-13　删除学生信息

删除完成后，下面来测试是否删除成功。输入菜单项 4 重新查看学生列表，结果发现李四(ID 为 1002)同学的相关信息已经在列表中无法找到，表明删除成功，结果如图 17-14 所示。

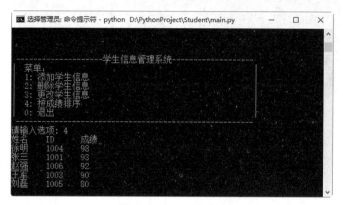

图 17-14　学生信息删除成功

如果删除时输入的学生 ID 在数据库里未找到，比如输入的 ID 为 1013，会显示如图 17-15 所示的提示信息。在该情况下，需要重新输入正确的学生 ID。

图 17-15　没有搜索到学生 ID 号

在删除时如果误删了，该如何处理呢？有没有方法可以快速恢复误删的单个或多个学生成绩呢？为了实现该功能，我们的学生信息管理系统需要做什么样的优化呢？关于该问题，请大家尝试自己设计一个解决方案。网上有很多这方面的资料，可以把自己设计的方案和它们进行对照。

## 17.5.5　退出系统

当完成所有的系统数据管理工作后，用户需要退出系统，这样别人在用户离开后无法继续浏览或修改系统里的内容。因此，退出系统是保证系统数据安全非常重要的一环。本案例只是展示最基本的操作，用户输入菜单选项 0 后按 Enter 键，系统会自动关闭，如图 17-16 所示。如果用户需要重新进入系统，需要再次在【命令提示符】中运行 main.py 文件。

图 17-16　退出系统

在实际应用中，信息管理系统往往采用多层次的安全防护手段来确保数据的安全，尤其对于一些敏感的信息更是如此，比如银行里的账户管理系统和医院里的患者病例管理系统等。对于一个完整的学生信息管理系统，其实也是需要这样一个安全保护层，比如用户只有在输入用户名和密码后才能看到菜单页面进行上述各种操作。如何在当前案例的代码基础上快速地添加该功能呢？这部分可以作为大家的练习。

可以在 utils.py 里加一个用户名密码的验证函数，然后在 main.py 的最前方的位置(显示菜单之前)调用该函数。只有该验证函数返回为 True，才能继续运行后面的内容。因为一般的系统容许对用户的多次输入进行验证，因此需要把该验证函数放到一个循环里。当验证成功后，即退出循环，继续运行后面的代码。如果验证多次后，依然不成功，则退出循环，显示系统连接关闭的信息，然后退出系统。

## 17.6　项目总结与扩展

需要说明的是，在信息管理系统中，搜索扮演了一个非常重要的角色。当信息管理系统里的数据量非常大时，靠浏览是无法在有限的时间内找到对应的数据的，因此搜索功能往往作为一个独立模块来帮组用户找到对应的一组信息，然后再做出判断(删除或者修改等)。

在上一节的测试过程中，无论是删除还是修改学生信息，都假定知道学生的 ID。然而在现实中，老师往往在进行这些操作时无法准确记得学生的 ID。这个时候为了更好地帮助他们，就需要为该系统添加一个搜索的菜单项 (比如命名为"5.查找学生 ID")。为此，需要修改 main()方法，并且在文件夹中对应添加一个文件(比如 searchstudent.py)来专门实现搜索的界面和功能。考虑到名字和 ID 在大部分情况下是一一对应的，所以搜索的方法主要通过姓名来实现。当然，如果有重名出现，还需要加入更多的学生信息(比如性别、年龄等)来进行组合搜索。该搜索功能可以作为读者在阅读完本章后的一个很好的练习。

通过这个简单的例子，读者就对 Python 的基础编程及面向对象等抽象概念有了一定的了解，并且对实际项目中结合文本读取(I/O 操作)、数据保存(类和数据结构)、数据操作(排序等简单算法)、数据输出(I/O 操作)等知识有了更深的理解。

# 第 18 章 开发虚拟聊天室系统

相信通过上一章的实战演练,读者对 Python 基础知识的应用已经熟悉了,接下来进一步学习 Python 网络编程相关应用。本章以开发虚拟聊天室系统为例进行讲解。通过本案例,读者将对计算机网络传输的基本原理、socket 端口、Python 网络编程加深理解。

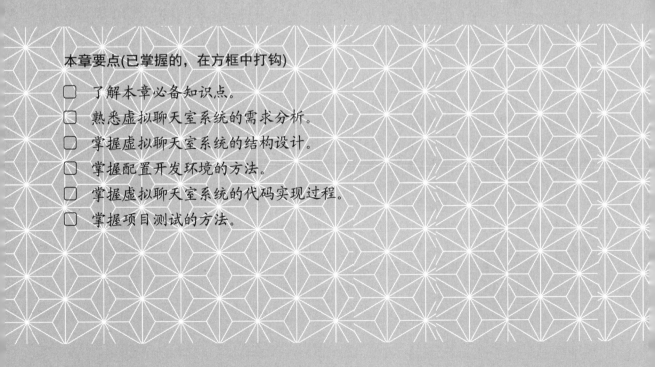

本章要点(已掌握的,在方框中打钩)

- ❑ 了解本章必备知识点。
- ❑ 熟悉虚拟聊天室系统的需求分析。
- ❑ 掌握虚拟聊天室系统的结构设计。
- ❑ 掌握配置开发环境的方法。
- ❑ 掌握虚拟聊天室系统的代码实现过程。
- ❑ 掌握项目测试的方法。

## 18.1 必备知识点

计算机网络是以传输信息为基础目的，用通信线路将多台计算机连接起来的计算机系统的集合。它使众多的计算机可以方便地互相传递信息，共享硬件、软件、数据信息等资源。简单来说，不同计算机之间传输信息需要计算机网络系统。对虚拟聊天室来说，由于用户使用不同的电脑进行聊天，所以需要计算机网络系统来传输发送文本信息。

在开发虚拟聊天室系统之前，读者需要了解计算机网络和计算机操作系统中的一些概念：端口、TCP/IP 协议、进程、线程、Socket 编程和 Python 网络编程。如果读者之前没有接触过计算机网络相关的知识，可能会对这些概念比较陌生。但是不用担心，下面将对这些知识点做简单介绍。读者只需对这些概念有大致了解，项目实施时在 Python 标准库中有写好的相关模块可以直接调用，非常方便。

### 1. 端口

常常听说"开哪个端口会比较安全"或者"我的服务应该对什么端口呀"。为什么一台主机上面有这么多不同的端口呢？这些端口有什么作用呢？

由于每种网络的服务功能都不同，因此有必要将不同的封包送给不同的服务来处理，所以，当一台主机同时开启了 FTP 与 WWW 服务的时候，那么别人送来的资料封包，就会依照 TCP 上面的端口号码来给 FTP 这个服务或者是 WWW 这个服务来处理，这样当然就不会乱了。

端口(port)就是计算机与外界通信交流的出口，通过端口计算机才能与外界进行信息的沟通。在网络技术中，端口大致有两种意思：一是物理意义上的端口，比如 ADSL Modem、集线器、交换机、路由器用于连接其他网络设备的接口，如 RJ-45 端口、SC 端口等。二是逻辑意义上的端口，一般是指 TCP/IP 协议中的端口，端口号的范围从 0 到 65535，比如用于浏览网页服务的 80 端口，用于 FTP 服务的 21 端口等(下面将要介绍的就是逻辑意义上的端口)。

逻辑意义上的端口有多种分类标准。下面介绍两种常见的分类。

(1) 知名端口(Well-Known Ports)。

知名端口即众所周知的端口号，范围从 0 到 1023，这些端口号一般固定分配给一些服务。比如 21 端口分配给 FTP 服务，25 端口分配给 SMTP(简单邮件传输协议)服务，80 端口分配给 HTTP 服务，135 端口分配给 RPC(远程过程调用)服务，等等。

(2) 动态端口(Dynamic Ports)。

动态端口的范围从 1024 到 65535，这些端口号一般不固定分配给某个服务，也就是说许多服务都可以使用这些端口。只要运行的程序向系统提出访问网络的申请，那么系统就可以从这些端口号中分配一个供该程序使用。比如 1024 端口就是分配给第一个向系统发出申请的程序。在关闭程序进程后，就会释放所占用的端口号。

### 2. TCP/IP 协议

在实际应用中，TCP/IP 是一组协议的代名词，它还包括许多别的协议，组成了 TCP/IP 协议簇。

TCP/IP 协议包括两个子协议，即 TCP 协议(Transmission Control Protocol，传输控制协议)和 IP 协议(Internet Protocol，互联网协议)。在这两个子协议中又包括许多应用型的协议和服务，使得 TCP/IP 协议的功能非常强大。新版 TCP/IP 协议几乎包括了现今所需的常见网络应用协议和服务。

TCP/IP 协议中除了包括 TCP、IP 两个分协议外，还包括许多子协议。它的核心协议包括用户数据报协议(UDP)、地址解析协议(ARP)及互联网控制消息协议(ICMP)。

TCP/IP 协议中的应用接入口协议主要包括用于开发网络应用程序的 Windows 套接字(Socket)、用于远程过程调用的远程调用(RPC)、用于建立逻辑名和网络上的会话的 NetBIOS 协议，以及用于通过网络共享，嵌入在文本信息中的网络动态数据交换(Dynamic Data Exchange，DDE)。

### 3. 进程

在每台计算机上都会有 20～30 个进程在后台运行着。进程就是程序在计算机上的一次执行活动。当用户运行一个程序时，也就启动了一个进程。显然，程序是死的(静态的)，进程是活的(动态的)。进程可以分为系统进程和用户进程。凡是用于完成操作系统的各种功能的进程就是系统进程，它们就是处于运行状态下的操作系统本身；用户进程就是所有由用户启动的进程。

进程为应用程序的运行实例，是应用程序的一次动态执行。我们可以简单地理解为，它是操作系统当前运行的执行程序。在系统当前运行的执行程序里包括系统管理计算机个体和完成各种操作所必需的程序；用户开启、执行的额外程序；当然也包括用户不知道而自动运行的非法程序(可能是病毒程序)。

### 4. 线程

进程和线程是计算机系统运行时非常重要的概念。对现代计算机来说，不管哪个操作系统都是支持多任务操作的，简单地说，就是操作系统可以同时运行多个任务。对操作系统来说，一个任务就是一个进程(process)，在一个进程内部，要同时做多件事，就需要同时运行多个"子任务"，我们把进程内的这些"子任务"称为线程(thread)。

线程有时被称为轻量级进程，是程序执行流的最小单元。一个标准的线程由线程 ID、当前指令指针(PC)、寄存器集合和堆栈组成。另外，线程是进程中的一个实体，是被系统独立调度和分派的基本单位。线程自己不拥有系统资源，只拥有一点在运行中必不可少的资源，但它可与同属一个进程的其他线程共享进程所拥有的全部资源。一个线程可以创建和撤销另一个线程，同一进程中的多个线程之间可以并发执行。由于线程之间的相互制约，致使线程在运行中呈现出间断性。线程也有就绪、阻塞和运行 3 种基本状态。就绪状态是指线程具备运行的所有条件，逻辑上可以运行，在等待处理机；运行状态是指线程占有处理机正在运行；阻塞状态是指线程在等待一个事件(如某个信号量)，逻辑上不可执行。每一个程序都至少有一个线程，若程序只有一个线程，那就是程序本身。

线程是程序中一个单一的顺序控制流程，进程内一个相对独立的、可调度的执行单元，是系统独立调度和分派 CPU 的基本单位。在单个程序中同时运行多个线程完成不同的工作，称为多线程。

对于聊天室来说，好几个客户端向服务器端发送信息，当然就是好几个线程同时工作。在 Python 中，是支持多线程的，并且有模板来使用。具体实现方法我们会在下面的内容里加以介绍。

### 5. Socket 编程

Socket 是进程间通信的一种方式，它与其他进程间通信的一个主要不同是：它能实现不同主机间的进程间通信。网络上各种各样的服务大多都是基于 Socket 来完成通信的，例如读者每天浏览网页、QQ 聊天、收发 E-mail 等。要解决网络上两台主机之间的进程通信问题，首先要唯一标识该进程，在 TCP/IP 协议中，就是通过 (IP 地址、协议、端口号) 三元组来标识进程的，解决了进程标识问题，就有了通信的基础了。因为我们实现的是聊天室，传输的文本信息是需要加密的，所以需要用到 TCP 协议。

TCP Socket 是基于一种 Client-Server 的编程模型，服务器端监听客户端的连接请求，一旦建立连接即可以进行数据传输。这意味着对 TCP Socket 编程需要在客户端和服务器端都进行实现。

这里，我们只需知道聊天室的程序包含两个 Socket 类，分别运行在客户端和服务器端。具体如何实现，相信通过接下来的内容，大家会有所感悟。

### 6. Python 网络编程

其实通过上面的介绍，相信大家已经大概了解什么是 Python 的网络编程了。用 Python 进行网络编程，就是在 Python 程序本身这个进程内，连接别的服务器进程的通信端口进行通信。我们需要实现的就是 Python 中用 TCP 协议进行 Socket 编程。

Python 为开发者提供了两种不同级别的网络服务。

(1) 低级别的网络服务模块 Socket，它提供了标准的 BSD Sockets API，可以访问底层操作系统 Socket 接口的全部方法。

(2) 高级别的网络服务模块 SocketServer，它提供了服务器中心类，可以简化网络服务器的开发。

在本章中，旨在让读者更深入地理解 Python 网络编程和 Socket 相关知识，因此在这里我们选择使用低级别的 Socket 模块来实现所需要的功能。如果读者掌握了这些基础知识，以后再使用更高级别的模块进行开发，会更加得心应手。

## 18.2 需求分析

了解完网络编程的基本概念后，下面需要开始对虚拟聊天的功能进行需求分析。本案例的目标是实现类似 QQ 群的基本功能。即每个用户都有单独的聊天窗口，可以发送信息给服务器，而信息会让其他用户都看见聊天信息(包括自己也可以看到)。此外，还包括对用户连接数量、他们的连接状态等这些基本信息的展示。

整个虚拟聊天室的基本需求如下。

(1) 服务器窗口。服务器作为主机，首先等待用户连接。当有用户请求连接时，接收请求进行处理。首先将该用户加入当前用户列表中，然后向该用户发送欢迎信息，同时通知其他用户有新用户加入。考虑到聊天室服务后，会不断有用户在不同时刻加入，所以我们需要设置一个非常长的聊天室服务器端在线的时间。此外，为了测试方便，服务器端需要实时显示所有用户所发的聊天文本信息。

(2) 客户端聊天窗口。当服务器端开启后，每个客户端可以连接到服务端。连接成功后，用户收到欢迎信息并需要输入昵称，提交后加入聊天室。进入聊天室后，用户输入聊天信息后按 Enter 键提交，即可将该信息发送到服务器，然后同步推送到其他用户的聊天窗口。如果没有连接上，会显示连接失败提示。

综上所述，一个简单聊天室由一个服务器端和若干客户端组成，服务器端和客户端之间的连接和通信都是通过 Socket 来连接的，所以我们希望完成的聊天室如图 18-1 所示。

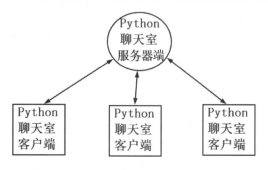

图 18-1　虚拟聊天室的功能分析

## 18.3　结 构 设 计

有了上面的需求分析，我们就可以按照每一项需求进行系统的结构设计并分析用什么样的 Python 标准模块和函数来实现。

首先实现服务器端的需求：我们在项目文件夹中创建一个 Python 文件 chatserver.py，里面要导入网络编程相关的模块：socket、select、thread。

(1) 开启服务器端 socket：此处需要用到 Python socket 模块里的函数 socket。

(2) 绑定特定的地址及端口：函数 bind 可以用来将 socket 绑定到特定的地址和端口上，它需要一个 sockaddr_in 结构作为参数。

(3) 监听连接：函数 listen 可以将 socket 置于监听模式。

(4) 建立连接：函数 append 可以将 socket 置于连接模式。

(5) 接收客户端数据：函数 accept 可以实现。

(6) 关闭服务器端 socket：函数 close 可以实现。

接下来实现客户端的需求：我们在项目文件夹中创建另外一个 Python 文件 chatclient.py。

在文件的开始部分，我们需要导入网络编程相关的模块：socket、select、threading、sys。

(1) 开启客户端 socket：此处需要使用 Python socket 模块里的函数 socket。
(2) 连接服务器：connect 函数可以实现。
(3) 获得远程主机的 IP 地址：Python 提供了一个简单的函数 socket.gethostbyname 来获得远程主机的 IP 地址。
(4) 发送数据：send 函数可以实现。
(5) 接收数据：recv 函数可以接收服务器数据。
(6) 启动接收数据和发送数据线程：thread 函数可以实现。

综上所述，虚拟聊天室系统的功能结构如图 18-2 所示。

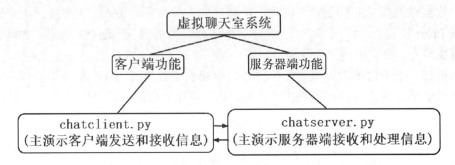

图 18-2 虚拟聊天室系统的功能结构

## 18.4 配置 Python 环境

在本书的第 1 章已经讲述了 Python 环境的配置方法，这里就不再赘述。如果遗忘的读者可以复习前面章节的内容进行巩固。唯一的不同就是我们需要把计算机连接到网络，因为实现的是聊天室功能，当然需要满足网络通信的基本要求。除此之外，读者还需要注意一下计算机的 IP 地址，还有服务器的端口号，这些东西我们在后面都要用到。为了测试方便，我们在本案例中用一台计算机同时作为服务器端和客户端来使用。当然，你也可以同时准备两台连接到互联网的计算机，一台作为服务器端，一台作为客户端来进行测试。

配置好 Python 环境和网络环境后，就可以创建虚拟聊天室项目了。因为大家用的编辑器都不尽相同，所以和上一章操作一样，这里还是先在系统里建立文件夹，再用编辑器或者 IDE 打开。

首先进入 D 盘，接着进入之前建立过的 PythonProject 文件夹，虚拟聊天室也是在这个文件夹下建立。因为是聊天室，所以用 ChatRoom 命名，非常直观。这样我们就有了以 ChatRoom 为名称的文件夹(项目)，接下来在这个 ChatRoom 目录下用编辑器或 IDE 按照需求添加 Python 文件即可，别忘了以.py 结尾。

## 18.5 具体功能实现

下面开始继续学习本章的核心内容，即虚拟聊天室系统具体功能的实现过程。

## 18.5.1 服务器端 chatserver.py

当一台服务器需要与多个客户端进行通信时，可以使用多进程或者多线程的服务器，也可以使用 select 模块，它可以实现异步通信。Python 中的 select 模块包含了 poll()和 select()两个函数，其中 select 的原型为(rlist,wlist,xlist,[timeout])，在传入的变量中 rlist 是等待读取的对象，wlist 是等待写入的对象，xlist 是等待异常的对象，最后一个是可选对象，指定为等待的时间，单位是秒。select()方法的返回值是准备好的对象的三元组，若在 timeout 的时间内，没有对象准备好，那么返回值将是空的列表。

chatserver.py 的具体代码如下：

```python
import socket, select
class ChatServer():
    """聊天室服务器类
    用以实现服务器端的功能
    包括创建服务器端socket,连接客户端,收发客户端的数据
    """
    def __init__(self, host, port, numOfClients):
        # 初始化服务器
        self.HOST = host
        self.PORT = port
        self.server_socket = socket.socket()
        # 绑定到server address 以及绑定的端口号
        self.server_socket.bind((self.HOST, self.PORT))
        # 设置最大监听数
        self.server_socket.listen(numOfClients)

        self.socket_list = []
        # 连接进入服务器的客户端的名称
        self.client_names = {}

        self.socket_list.append(self.server_socket)
        print('聊天室已经打开...')


    def connect(self):
        # 响应一个客户端的连接请求，建立一个连接,用来接收/发送数据
        client_conn, client_addr = self.server_socket.accept()
        try:
            # 向新连接的客户端发送欢迎信息
            welcome_msg = '欢迎来到聊天室，请输入昵称： '
            client_conn.send(welcome_msg.encode('utf-8'))
            #接收客户端发来的用户名,最大接收字符为4096
            client_name = client_conn.recv(4096).decode('utf-8')
            self.socket_list.append(client_conn)
            self.client_names[client_conn] = client_name
            msg = '现在有 ' + str(len(self.client_names)) + ' 名用户在聊天室：[' + ', '.join(list(self.client_names.values())) + ']'
            client_conn.send(msg.encode('utf-8'))
            # 向所有客户端发送新成员加入信息
            for sock in self.client_names.keys():
```

```python
            if (not sock == client_conn):
                msg = self.client_names[client_conn] + ' 加入聊天室.'
                sock.send(msg.encode('utf-8'))
        except Exception as e:
            print(e)

    def disconnect(self):
        self.server_socket.close()


    def run(self):
        # 响应客户端的连接和传输数据
        while True:
            # 如果只是服务器开启,36000 秒之内没有客户端连接,则会超时关闭
            readlist, writelist, errorlist = select.select(self.socket_list, [], [], 36000)
            # 当读入列表 readlist 中没有可读信息时,即没有用户接入聊天室,则退出服务器
            if not readlist:
                print('没有用户连接, 聊天室关闭...')
                self.disconnect()  # 关闭服务器端 socket
                break
            for client_socket in readlist:
                if client_socket is self.server_socket:
                    self.connect()
                else:
                    # 表示一个 client 连接上有数据到达服务器
                    disconnection = False
                    try:
                        # 接收客户端 data, 数据 buffer 大小设置为 4096
                        data = client_socket.recv(4096).decode('utf-8')
                        data = self.client_names[client_socket] + ' : ' + data
                    except socket.error as err:
                        # 客户端连接异常,则认为该用户已经离线,即离开聊天室
                        data = self.client_names[client_socket] + ' 离开聊天室。'
                        disconnection = True

                    if disconnection:
                        # 如果用户离开聊天室,则将其对应的客户端从读入列表 readlist 中移除
                        self.socket_list.remove(client_socket)
                        print(data)
                        for sock in self.socket_list:
                            if (not sock == self.server_socket) and (not sock == client_socket):
                                try:
                                    sock.send(data.encode('utf-8'))
                                except Exception as e:
                                    print(e)
                        # 同时将该客户端从保存的客户端列表中删除
                        del self.client_names[client_socket]
                    else:
                        print(data)
                        # 向其他成员(连接)发送相同的信息
                        for sock in self.socket_list:
                            if (not sock == self.server_socket) and (not
```

```
                   sock == client_socket):
                                            try:
                                                sock.send(data.encode('utf-8'))
                                            except Exception as e:
                                                print(e)
if __name__ == "__main__":
    # 为了便于测试，这里使用本机 hostname
    HOST = socket.gethostname()
    PORT = 8888
    server = ChatServer(HOST, PORT, 10)
    server.run()
```

> **注意** 代码里最后用到了一个条件语句：if__name__=="__main__"，在此进行一些解释，以方便大家理解。当在命令行运行 chatserver 模块文件时，Python 解释器把一个特殊变量__name__置为__main__，而如果该模块不是直接运行，而是在其他模块中导入使用时，if 判断将返回 False，下面的主程序将不再运行。因此，这种 if 测试可以让一个模块在命令行运行环境下执行 main 程序的代码，从而实现对该模块功能的快速测试。

## 18.5.2 客户端 chatclient.py

在客户端，需要导入 threading 模块来创建线程。Thread 是 threading 模块中最重要的类之一，对线程的开启主要通过它来完成。有两种方式来创建线程：第一种是通过继承 Thread 类，重写它的 run()方法；第二种是直接创建一个 threading.Thread 对象，并在它的初始化函数(__init__)中将可调用对象作为参数传入。本案例主要采用第二种方法来开启新的线程，具体情况参看下面 run()方程中的代码。

chatclient.py 的具体代码如下：

```
import socket, select, threading, sys

class ChatClient():
    """聊天室客户端类
    用以实现客户端的功能
    包括创建客户端 socket,连接服务器,收发服务器端和其他客户端的数据
    """
    def __init__(self, host, port):
        self.HOST = host
        self.PORT = port
        self.client_socket = socket.socket()
        self.client_socket.connect((self.HOST, self.PORT))
        self.client_readlist = [self.client_socket]

    def receivemessage(self):
        while True:
            readlist, writelist, errorlist = select.select(self.client_readlist, [], [])
            if self.client_socket in readlist:
                try:
                    # 从服务器接收数据,数据 buffer 为 4096
                    print(self.client_socket.recv(4096).decode('utf-8'))
```

```python
            except socket.error as err:
                print('连接错误...')
                exit()

    def sendmessage(self):
        # 发送数据,将客户端用户输入的信息发送出去
        while True:
            try:
                data = input()
            except Exception as e:
                print('对不起,因为连接错误暂时无法输入信息.')
                #exit()
                break
            try:
                self.client_socket.send(data.encode('utf-8'))
            except Exception as e:
                exit()


    def run(self):
        # 分别启动接收数据和发送数据线程
        thread_recievemsg = threading.Thread(target=self.receivemessage)
        thread_recievemsg.start()

        thread_sendmsg = threading.Thread(target=self.sendmessage)
        thread_sendmsg.start()

if __name__ == "__main__":
    # 为了便于测试,这里使用本机hostname
    HOST = socket.gethostname()
    PORT = 8888
    client = ChatClient(HOST, PORT)
    client.run()
```

## 18.6 项目测试过程

在编辑器中写好以上模块内容,然后保存文件。下面将继续测试虚拟聊天室系统。测试包括如下过程:首先测试客户端和服务器端间的通信是否成功,然后测试双人聊天系统,成功后再增加新的用户,测试多人聊天系统。该测试是逐步完成的,主要是为了带领大家了解不同的聊天场景下是如何实现信息通信的。测试的细节接下来会一一为大家介绍。

### 18.6.1 测试客户端和服务器端间的通信

打开【命令提示符】窗口,首先运行 chatserver.py 文件,开启聊天室的服务器,如图 18-3 所示。当聊天室开启后,再打开一个或多个客户端窗口,打开的客户端会自动根据服务器的地址向服务器发送连接请求。连接成功后,在客户端输入用户名后就可以加入群里进行聊天了。为了和现实中聊天室更接近,用户被要求输入昵称作为用户名。

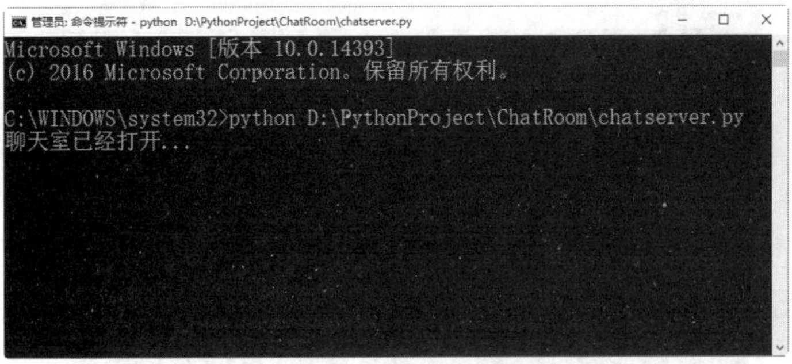

图 18-3　开启聊天室服务器

然后在新的【命令提示符】窗口中运行 chatclient.py 文件,这时客户端就会显示一条欢迎信息,用户在欢迎信息下输入昵称,这里输入"小兔子",如图 18-4 所示。

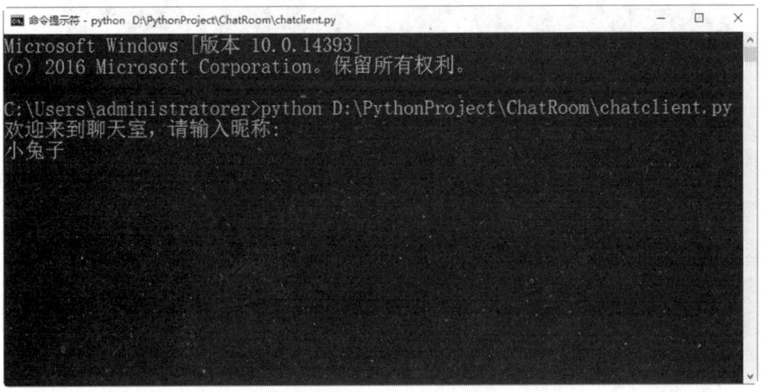

图 18-4　客户端欢迎信息

用户按 Enter 键提交,此时屏幕上会显示该用户已经在聊天室中,如图 18-5 所示。

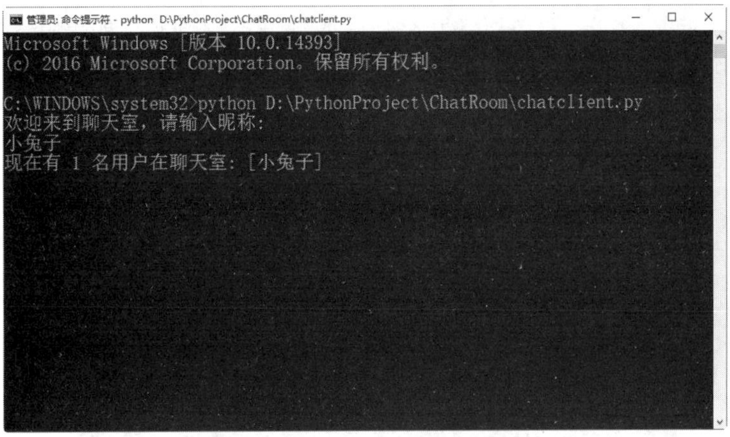

图 18-5　用户已经加入聊天室

下面开始测试聊天信息的传输是否通畅,为此输入任何一条简单的中文测试消息"服务器信息开始测试了",按 Enter 键提交,如图 18-6 所示。

图 18-6　测试聊天信息的传输情况

接下来在服务器端查看是否显示收到的消息，如图 18-7 所示。

图 18-7　查看服务器端是否收到信息

如果看到类似上面的信息，表明客户端提交的信息已经成功传到服务器端，且没有丢失。如果信息在服务器端能马上显示出来，则表明服务器端和客户端的信息传输没有明显的延迟。

需要特别说明的是，打开服务器端和客户端的顺序不能改变。如果首先打开客户端，就会出现无法连接服务器的错误，如图 18-8 所示。这是很容易理解的，因为客户端在启动时会自动地寻找服务器进行连接。如果此时服务器端的服务尚未开启，连接就会失败。

图 18-8　无法连接服务器的错误信息

如果客户端关闭，则服务器端将显示客户端离开聊天室的信息，如图 18-9 所示。

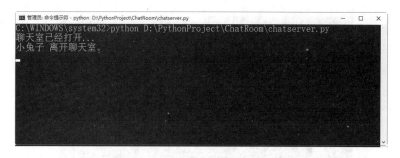

图 18-9　客户端离开聊天室的信息

需要特别说明的是，下面所有的测试是在 Windows 10 操作系统上进行的。如果是其他操作系统，由于系统的差异可能测试中会遇到一些问题。比如用户使用的是 Mac 的英文系统，当输入的聊天中文信息出错时，将无法通过退格键进行有效的删除。当完成测试后，需要在【命令行】窗口中退出聊天室。为此，需要人为在打开的客户端和服务器端窗口终止运行的 Python 程序。在不同操作系统中，终止 Python 程序的方式有所差异，这点请大家注意。

## 18.6.2　测试双人聊天

现在模拟两个用户(昵称分别为"白云"和"小兔子")在该聊天室中进行简单的对话信息。因为服务器端和第一个用户的客户端已经打开，所以这里只需在一个新的命令窗口中打开客户端即可。

在【命令提示符】窗口中运行 chatclient.py，开启新的客户端加入聊天，结果如图 18-10 所示。

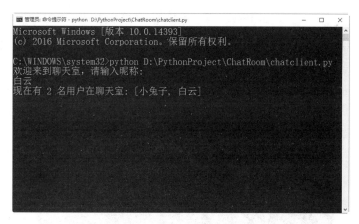

图 18-10　新客户端进入聊天室的信息

此时，可以看到在第一个用户的客户端也显示一条新的信息，表明有新用户加入，如图 18-11 所示。

接下来，分别在两个用户的客户端进行一对一的聊天。下面为大家展示哪些信息是"小兔子"输入的，哪些信息是"白云"输入的。

第一个用户(昵称为"小兔子")输入的聊天信息内容如图 18-12 所示。

图 18-11  第一个客户端的信息(1)

图 18-12  第一个客户端的信息(2)

第二个用户(昵称为"白云")输入的聊天信息内容如图 18-13 所示。

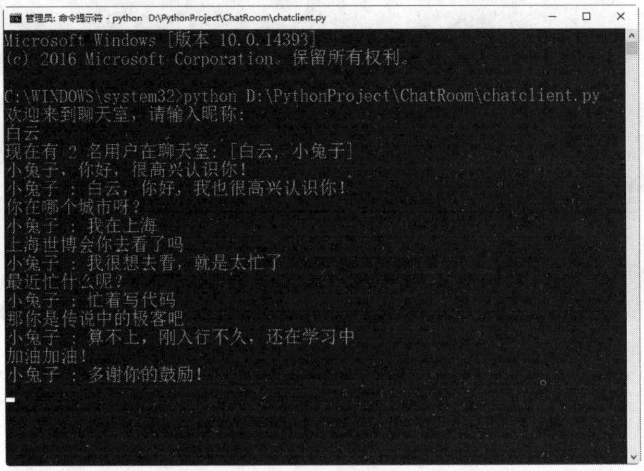

图 18-13  第二个客户端的信息

在服务器端,可以看到所有用户提交的消息,它们按照提交的时间先后顺序排列,如图 18-14 所示。

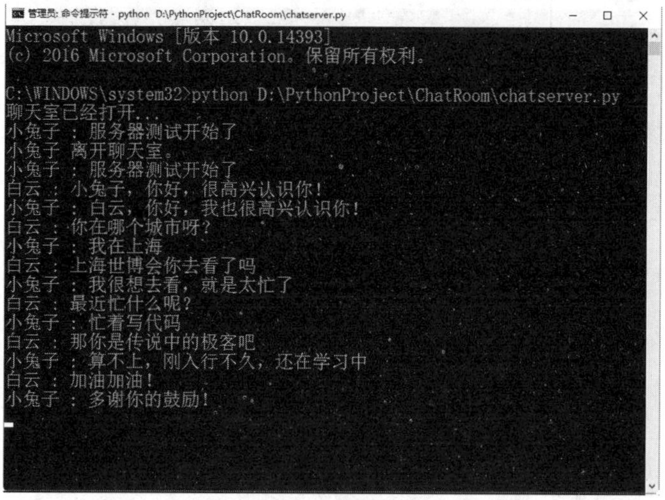

图 18-14 服务器端的信息(1)

## 18.6.3 测试多人聊天

现在模拟 3 个用户(昵称分别为"蓝天""白云"和"小兔子")在该聊天室中进行简单的对话。因为服务器端和第一、第二个用户的客户端已经打开，所以这里只需再打开一个新的【命令提示符】窗口，然后运行 chatclient.py 文件，开启新的客户端加入聊天。此时该客户端窗口显示信息如图 18-15 所示。

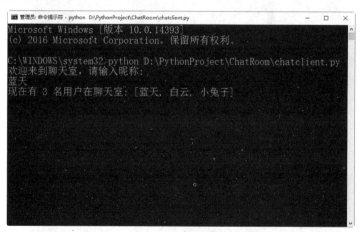

图 18-15 用户"蓝天"加入聊天

接下来，分别在 3 个用户的客户端进行一对二的聊天。读者可以分辨出哪些信息是当前用户输入的，哪些信息是其他用户输入的。

第三个用户(昵称为"蓝天")的聊天记录如图 18-16 所示。

第一个用户(昵称为"小兔子")的聊天记录如图 18-17 所示。

第二个用户(昵称为"白云")的聊天记录如图 18-18 所示。

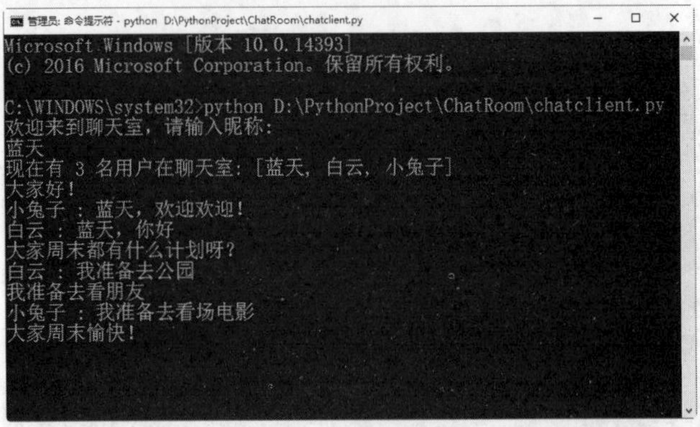

图 18-16　用户"蓝天"的窗口聊天记录

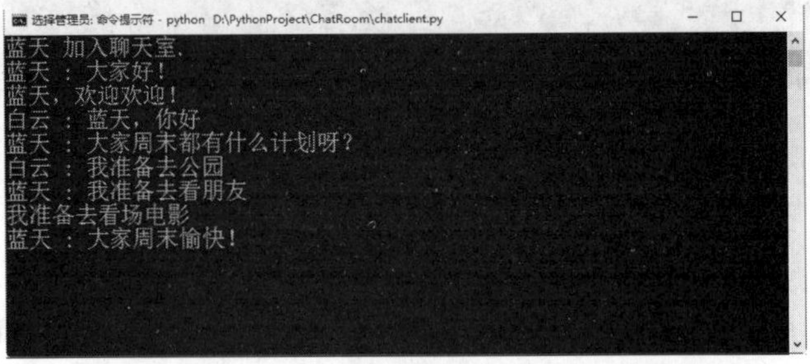

图 18-17　用户"小兔子"的窗口聊天记录

图 18-18　用户"白云"的窗口聊天记录

在服务器端,可以看到所有用户提交的消息,它们按照提交的时间先后顺序排列,如图 18-19 所示。

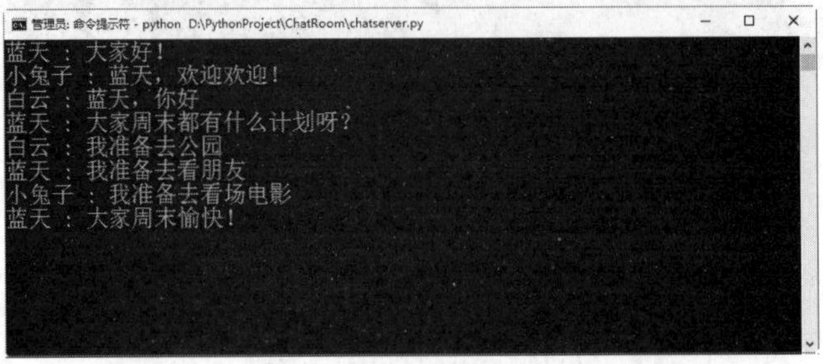

图 18-19　服务器端的信息(2)

上面是基于 3 个用户在线聊天所输出的结果。当然，虚拟聊天室系统是允许更多用户同时聊天的，所需的就是再打开另外一个命令窗口，然后运行 chatclient.py 文件，开启新的客户端，从而实现很多用户同时在线聊天。

## 18.7　项 目 总 结

本案例中，为了方便测试，使用了同一台计算机作为客户端和服务器端。如果读者想实现每个用户使用不同的计算机来连接服务器，则需要首先知道服务器的 IP 地址及端口号，输入这些信息后才能连接上，可以通过替换文中的一部分代码来实现该功能。作为学习该案例后的练习环节，大家可以自己尝试完成这部分内容。

通过聊天室的实现，相信大家对 Python 的网络编程已经有了一定的了解，并且学习了不少计算机网络相关的知识。通过本案例大家会发现，Python 标准库中有丰富的模块可以引用，十分方便。相信大家在将来的学习中会不断熟悉这些模块，体会它们的强大功能。本案例只是对网络编程进行了初步的介绍，如果大家想更深入地学习网络编程相关的内容，可以参考丰富的网上案例加以学习。

# 第 19 章
## 开发网络数据分析系统

通过前面两个实战项目开发，相信读者已经熟悉了对 Python 基础知识及网络编程的应用。本章介绍 Python 语言的最大亮点，即 Python 在数据分析、可视化以及在机器学习中的应用技术。这次实战将带领读者建立一个网络数据分析系统。在学习该案例的过程中，读者一方面可以巩固所学的核心技术；另一方面，可以领略 Python 语言的简单、优雅、明确的设计哲学。读者只需通过安装第三方库，加上少量的代码，就可以快速实现一个很棒的可视化的功能。

本章要点(已掌握的，在方框中打钩)

- ☐ 了解本章必备知识点。
- ☐ 熟悉网络数据分析系统的需求分析。
- ☐ 掌握网络数据分析系统的结构设计。
- ☐ 掌握配置开发环境的方法。
- ☐ 掌握网络数据分析系统的代码实现过程。
- ☐ 掌握项目测试的方法和修改代码的技巧。

## 19.1 必备知识点

随着 Google 的 AlphaGO 击败了顶尖的围棋选手，机器学习越来越吸引大家的目光，而 Python 在机器学习中扮演了非常重要的角色，是机器学习中最常用的几种语言之一。为了让大家对机器学习有个直观的概念和感受，该系统中加入了"社区发现"这类机器学习的经典应用，同时引入一些相关的概念和算法，让大家对这一领域有初步的了解。希望通过这次实战，大家能够真正感受到 Python 语言的精髓及神奇之处。

在开发系统之前，读者需要理解以下基本概念。

### 1. 网络数据可视化

随着信息社会的迅速发展，网络渗入人们工作生活的各个方面，网络上的应用越来越多，带来的结果是产生了大量的网络数据。理解这些海量数据所表明的含义变得非常困难。因此，需要将这些数据进行可视化，以方便人们对各种网络数据的理解和应用。

网络数据可视化主要作用是让用户一次浏览大量的数据，并很快发现异常数据或很难探测的趋势。对于网络数据可视化，目前所进行的研究主要集中在对网络测量数据的可视化、网络仿真结果的可视化，以及网络拓扑结构等的可视化。

### 2. PageRank

PageRank 通常翻译为网页排名，又称网页级别或佩奇排名，它是一种根据网页之间相互的超链接计算网页权重，并将该权重作为网页排名重要依据的技术。该技术以 Google 公司创办人拉里·佩奇(Larry Page)之姓来命名。Google 用它来体现网页的相关性和重要性，在搜索引擎优化操作中是经常被用来评估网页优化的成效因素之一。在复杂网络分析研究中，PageRank 也被广泛应用于度量每个节点的重要性。PageRank 的推导和计算涉及一些线性代数的知识，感兴趣的读者可以参考 PageRank 和随机游走(Random Walk)的相关资料。

### 3. 中心度

除了 PageRank 值以外，中心度(centrality)也常常用来度量一个节点在网络中的重要性。根据不同度量的目标，中心度存在不同的形式，常用的方法包括 degree centrality、betweenness centrality 和 closeness centrality。L.C. Freeman 在 1978 年首先提出用 degree、betweenness 和 closeness 指标衡量社交网络的中心度。关于这 3 个指标的具体意义和计算方法，这里就不再详述，感兴趣的读者可以在网上搜索相关的资料学习。

### 4. 社区发现

社区现象是复杂网络中的一种普遍现象，表达了多个个体具有的共同体特性。社区发现技术，从最初的图分割方法、w-H 算法、层次聚类法、GN 算法等基本算法，逐渐发展和改进，形成了包括改进 GN 算法、派系过滤算法、局部社区算法和 Web 社区发现方法在内的更具可操作性的方法。社区发现技术可以为个性化服务、信息推送等提供基本数据，尤其是在信息时代，社区的存在更加普遍，社区发现技术应用更加方便，其商业价值和服务价值更大。

### 5. 机器学习

机器学习(Machine Learning，ML)是一门多领域交叉学科，涉及概率论、统计学、逼近论、凸分析、算法复杂度理论等多门学科。专门研究计算机怎样模拟或实现人类的学习行为，以获取新的知识或技能，重新组织已有的知识结构，使之不断改善自身的性能。

如果读者接触过 MATLAB，可能会对以上这些概念有所了解，这也是目前网络分析中比较重要的几个概念。读者需要特别注意，本系统在开发的过程中涉及的知识点比较多。由于篇幅限制，很多概念无法详细介绍。如果学习过程中有些不太理解的地方，请积极上网查找相关资料。这里设计这样一个挑战性更强的案例，是为了大家在巩固基础知识的同时，也能够拓宽视野，更好地提升综合能力。

### 6. 节点的度

网络是由一些节点和连接这些节点的边构成。与每个节点连接的边的数量被定义为这个节点的度。节点的度在一定程度上能够反映该节点与周围节点间的亲密程度以及该节点在网络中的重要性。

## 19.2 需求分析

在开发网络数据分析系统之前，需要分析用户的需求，这是软件开发中最重要的步骤。只有把用户的需求了解到位，才能开发出满足需求功能的数据分析系统。

因为网络数据是分散的、复杂的、抽象的，所以用户要利用计算机对它进行分析管理，就需要把它转换成用户可以接受的方式，比如图、表等可视化的形式。可视化形式只是具体事实呈现的一种方式，而对于网络中的各种数据结构，在进行可视化之前，需要通过模型和算法对其进行处理。

网络数据分析系统的需求如下。

(1) 网络可视化功能：所有的网络分析输出可视化，可以是图或表。

(2) 转换(模型、算法)功能：以设计好的结构和判断标准(或者称为模型、算法)来转换，由虚拟转化为实体。

(3) 数据来源：网络结构的相关数据。

从上述分析可知，网络数据分析系统的主要功能如图 19-1 所示。

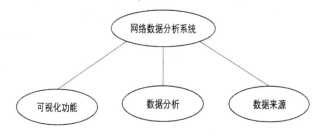

图 19-1 网络数据分析系统的主要功能

可视化是利用计算机图形学来创建视觉图像，帮助人们理解那些采取错综复杂而又往往规模庞大的数字呈现形式的科学概念或结果。对复杂网络研究来说，可视化技术非常重要，它有助于呈现或解释复杂网络数据和模型，进而从中发现各种模式、特点和关系。

## 19.3 结构设计

有了上面的需求分析，用户就可以按照每一项需求进行系统的结构设计并考虑用哪些具体技术来实现。

### 1. 网络可视化功能

Python 有很多现成的实现可视化的第三方库。使用这些第三方库，读者不需要再重新写代码来实现，直接安装调用即可。

在本项目中，将调用 NetworkX 和 Matplotlib 这两个库。NetworkX 库可以帮助用户实现常见网络分析的算法。Matplotlib 是一个 Python 的图形框架，通过调用它能轻松实现数据的可视化。基于这两个库，本项目将建立一个名为 plotdegree.py 模块，来演示网络可视化功能。

### 2. 转换(模型、算法)功能

对于转换(模型、算法)功能，现在模型和算法的理论众多，而且这个方向也是当今复杂网络研究的一大热点。对于本项目，将选用社区发现和 PageRank 这两种最具代表性的技术来展示网络数据的分析结果。因此，我们分别建立了 communitydetection.py 模块和 graphmeasures.py 模块。这两个模块需要调用 python-louvain 库。

### 3. 数据来源

此项目是一个分析系统，当然得需要有分析对象，也即数据来源。因为采用具体一个社交网站的真实信息会涉及数据采集和数据版权之类的问题，考虑到本项目只是一个学习项目，所以这里采用一个公共数据集——lesmiserables.gml 文件(雨果的《悲惨世界》中的人物关系网络)，该文件已经放置在本章源代码中，读者可以自行查看。

以上 3 个模块都需要处理数据文件(lesmiserables.gml)，那么读者是否需要在每个模块中都写一次数据处理的代码呢？答案是否定的。为此，这里可以建立一个通用模块——graphgenerator.py 模块。简单来说，graphgenerator.py 模块就是一个工具的集合，可以把常用的"工具"都放进去，比如数据的读入工具。拥有了这样一个工具包，哪个地方需要这些工具，读者可以随时调这个"工具包"里的方程(function)来实现，这样做会让开发程序更加方便和高效。

综上所述，网络数据分析系统的功能结构如图 19-2 所示。

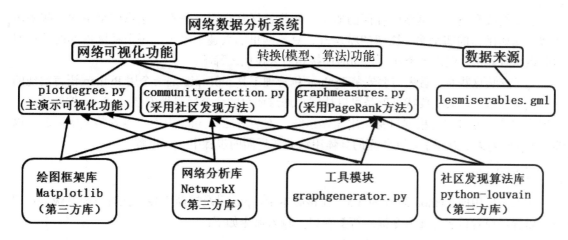

图 19-2　网络数据分析系统的功能结构

## 19.4　配置开发环境

分析了网络数据分析系统的需求和功能结构后，下面开始配置项目开发所需的运行环境，包括配置 Python 环境、安装第三方库和加载 GML 数据集。

### 19.4.1　配置 Python 环境

在前面的章节中，已经讲述了配置 Python 环境的方法，如果读者遗忘了，可以复习前面章节的内容进行巩固。

确定配置好 Python 环境和网络环境后，就可以创建网络数据分析系统项目了。为了便于管理，首先进入项目文件夹 PythonProject，然后创建网络数据分析系统文件夹，这里命名为 DataAnalysis，非常直观。接下来在 DataAnalysis 文件夹下用编辑器或 IDE 按照需求建立 Python 文件即可，别忘了以.py 结尾。

### 19.4.2　安装第三方库

和前面的项目开发不同的是，这里需要安装一些第三方库。这些库在下面的项目开发中是必需的。根据需求分析及结构设计，本项目需要依赖 3 个第三方库，它们分别是：NetworkX、Matplotlib、python-louvain。

(1) NetworkX 是一个基于 Python 语言开发的用于复杂网络建模和分析的工具。由于内置了常用的图与复杂网络分析算法，使用它可以方便地进行各种与网络相关的数据分析、仿真建模等工作。

(2) Matplotlib 是 Python 二维绘图领域使用最广泛的库。使用它可以轻松地将数据图形化，并且可以生成多种格式的输出。

(3) python-louvain 库实现了一种应用最为广泛的社区发现的算法，即 Louvain 算法，该算法由于其快速、准确的优点被广泛使用在社区发现和社交网络分析等研究中。

这里大致介绍一下网络中社区的概念。网络社区从直观上来看，是指网络中的一些密集群体，比如微信的朋友圈、微博的粉丝群、豆瓣网里的兴趣小组等。每个社区内部的节点间的联系相对紧密，但是各个社区之间的连接相对来说比较稀疏。

为了安装这些库，首先需要安装 Python 包管理工具 pip。pip 是一个用 Python 语言实现的软件包管理系统，其主要特点就是可以让用户通过简单的命令轻易地安装 Python 软件包。值得提醒的是，读者需要根据自身所用操作系统，安装对应的 pip 版本。当安装完成后就可以通过 pip 安装第三方库了。这些库的具体用法会在后面的步骤中一一讲解。

### 1. 安装 pip

本书所采用的 Python 版本为 3.5。在该版本中，pip 已经提前安装，此时只需升级 pip 即可。以管理员身份运行【命令提示符】窗口，输入命令如下：

```
python -m pip install -U pip
```

安装过程如图 19-3 所示。

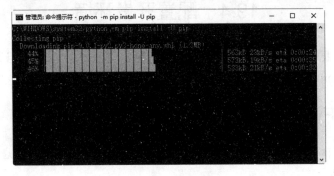

图 19-3　安装 pip

如果读者使用的 Python3 是低于 3.4 的版本，可能无法升级，需要自己安装新的 pip。如果操作系统不是 Windows，而是 Linux 或者 MacOX，安装和升级所使用的命令行也不同。关于安装 pip 的更多细节可以访问 https://pip.pypa.io/en/stable/installing/。

### 2. 安装 NetworkX 库

在【命令提示符】窗口中输入命令如下：

```
pip install networkx
```

安装过程如图 19-4 所示。

### 3. 安装 Matplotlib 库

在【命令提示符】窗口中输入命令如下：

```
python -m pip install matplotlib
```

安装过程如图 19-5 所示。

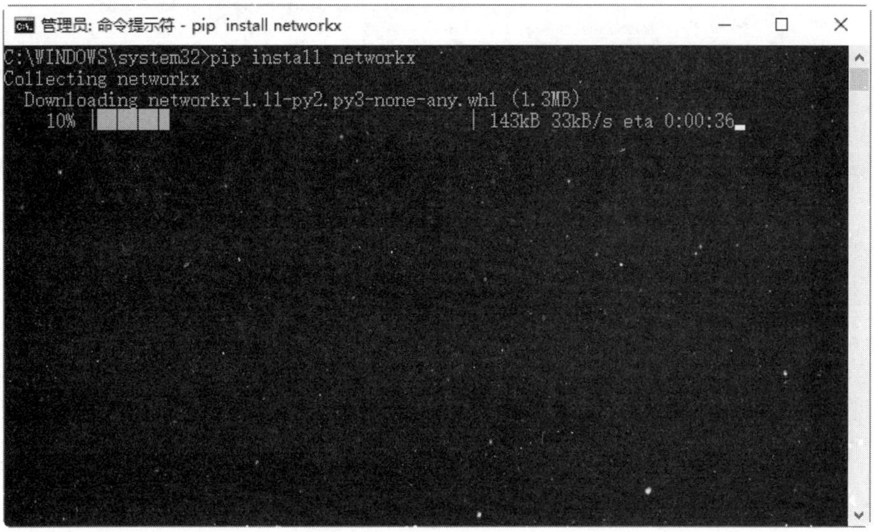

图 19-4　安装 NetworkX 库

图 19-5　安装 Matplotlib 库

### 4. 安装 python-louvain 库

python-louvain 库的安装方法与上面两个不同，因为该库不存在利用 pip 进行管理的相应软件包。读者需要打开 python-louvain 库的官方网站(https://pypi.python.org/pypi/python-louvain)，如图 19-6 所示。单击 Download 按钮即可下载 python-louvain 0.6。

将 python-louvain 库文件下载后解压，然后放置到项目的 DataAnalysis 文件夹里，如图 19-7 所示。

接着进入该库文件的目录下，在【命令提示符】窗口中输入命令如下：

```
cd D:\PythonProject\DataAnalysis\python-louvain
```

结果如图 19-8 所示。

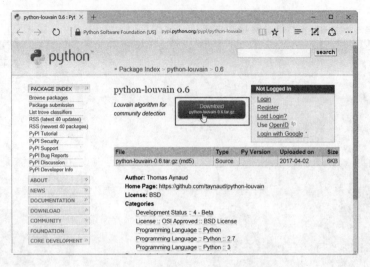

图 19-6　下载 python-louvain 库

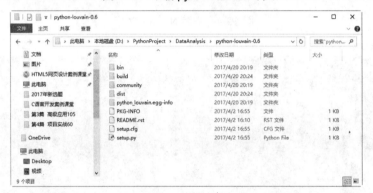

图 19-7　解压 python-louvain 库文件

图 19-8　进入库文件的目录

下面开始安装 python-louvain 库，在【命令提示符】窗口中输入命令如下：

```
python setup.py install
```

安装过程如图 19-9 所示。

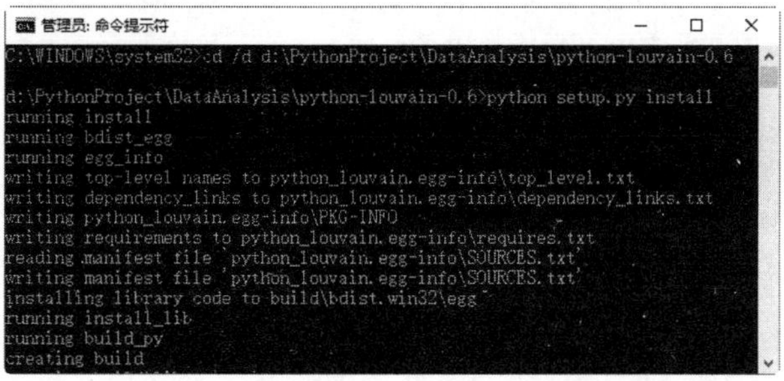

图 19-9　安装 python-louvain 库

> 如果上述库文件没有正确安装，在下面的项目调试过程中，将会提醒缺少第三方库。

### 19.4.3　加载 GML 数据集

本项目所分析的网络数据可以从网站上下载获得，该数据为 gml 格式。GML 全称为 Geography Markup Language，即地理标记语言，该语言扩展自 XML，本来用于地理空间数据管理，由于它可以记录拓扑信息，因此也广泛用于网络结构信息的存储和表示。这里已经将下载的数据 lesmiserables.gml 文件存入 DataAnalysis 文件夹中，以方便读者测试使用。

## 19.5　具体功能实现

有了上面的分析和环境配置，下面书写具体的代码来完成网络数据分析系统。这里我们主要关注应用相关的模块定义信息。

### 19.5.1　graphgenerator.py 模块

本项目中，程序运行需要将原始数据文件转换成网络结构图，再进行后续处理。下面需要创建一个 graphgenerator.py 模块。

graphgenerator.py 模块的具体代码如下：

```python
import networkx as nx
import matplotlib.pyplot as plt

#本文件演示如何构造一个图，即 networkx 中的数据结构对象
def generateGraph(func, n):
    """此函数为图生成函数，为了使该函数具有扩展性，
    用 func 作为函数参数，该函数可以决定生成何种类型的图
    """
    G = func(n)
    return G

def loadGraph(graphfile):
```

```
"""使该函数从文件读入信息,创建一个graph对象,
这里我们使用gml格式文件作为输入
"""
G = nx.read_gml(graphfile)
return G
```

此模块中包含两个函数,一个是图像生成函数,使用 func 作为函数参数,可以设置生成何种类型的图;另一个是从文件读入信息的函数,此函数将所需要分析的数据读入,以便后续操作。

这里需要特别说明的是,所生成的网络结构图,并不是常规意义上用于展示的图,它其实指的是一种描述网络节点如何进行连接的数据结构,对数据结构不熟悉的读者可以参考"数据结构和算法"的相关教材。

## 19.5.2 communitydetection.py 模块

下面创建一个 communitydetection.py 模块。此模块主要功能为发现网络中的社区(即连接密集的节点集合)。

社区发现是指在分散和无序的网络结构中发现潜在的和已定义的社区,并从网络数据中抽取这些社区的过程。为了实现该功能,全世界的科学家们提出过多种方法,而且迄今为止社区发现依然是复杂网络研究中的一个热门方向。本项目为了简单起见,直接调用 community 库里的 best_partition()方法来实现社区发现。

communitydetection.py 模块的具体代码如下:

```
import community
import networkx as nx
import matplotlib.pyplot as plt
import graphgenerator

def communityDetection(G):
    """社区发现(community detection)函数
    为了简单起见,在这里直接调用community库里的best_partition()方法
    """
    communities = community.best_partition(G)
    return communities

if __name__ == '__main__':
    G = graphgenerator.loadGraph('lesmiserables.gml')
    communities = communityDetection(G)

    #用不同的颜色绘制属于不同的社区的节点
    plt.figure(figsize=(16, 9))
    color = ['y', 'g', 'r', 'k', 'm', 'b', 'c']
    idx = 0
    pos = nx.spring_layout(G)
    for com in set(communities.values()) :
        list_nodes = [nodes for nodes in communities.keys()
                                    if communities[nodes] == com]
        nx.draw_networkx_nodes(G, pos, list_nodes, node_size = 50,
```

```
            idx += 1
    nx.draw_networkx_edges(G, pos, alpha=0.5)
    plt.show()
```

为了将社区的结构更加清晰、明了地展示出来，需要将分析结果可视化，为此需要调用 NetworkX、Matplotlib 这两个库。此外，在进行分析数据操作前需要读入数据和构建数据结构，因此需要同时调用前面写好的 graphgenerator.py 模块。

### 19.5.3　graphmeasures.py 模块

下面需要创建一个 graphmeasures.py 模块。此模块主要功能为计算网络中每个节点的 PageRank 值。

graphmeasures.py 模块的具体代码如下：

```python
#!/usr/bin/python
# -*- coding: utf-8 -*-

import networkx as nx
import matplotlib.pyplot as plt
import graphgenerator

def calcPagerank(G, alpha=0.85, max_iter=100, tol=1e-06):
    """计算图中每个节点的 PageRank 值
    这里直接调用 networkx 中的 pagerank 函数
    """
    pr = nx.pagerank(G, alpha, None, max_iter, tol)
    return pr

def calcCentrality(G, label):
    """计算不同形式的 centrality 值
    根据 label 的不同,可以计算 3 种 centrality:
    degree centrality, betweenness centrality 以及 closeness centrality
    """
    if label == 'degree':
        return nx.degree_centrality(G)
    elif label == 'betweenness':
        return nx.betweenness_centrality(G)
    elif label == 'closeness':
        return nx.closeness_centrality(G)
    else:
        print 'Not support type...'

def plotGraph(G, graphmeasure, size):
    """给定图的度量指标
    根据指标的数值大小,绘制出该图
    度量值更大的节点在可视化中会表现为更大的点
    """
    node_sizes = dict.fromkeys(G.nodes(), 0.005)
    # Make node size of giant component nodes proportional to their eigenvector
```

```
        for k, v in graphmeasure.items():
            node_sizes[k] = round(v, 6)
    #size 参数用来对度量值进行比例放缩
    node_sizes = [v*size for v in node_sizes.values()]

        nx.draw(G, font_size=10, node_size=node_sizes, vmin=0.0,
    vmax=1.0)#, with_labels=True)
        plt.show()

    if __name__ == '__main__':
        G = graphgenerator.loadGraph('lesmiserables.gml')
        pr = calcPagerank(G)
        plotGraph(G, pr, 5000)

        centrality = calcCentrality(G, 'closeness')
        plotGraph(G, centrality, 250)

        centrality = calcCentrality(G, 'degree')
        plotGraph(G, centrality, 500)
```

在本项目中直接调用 NetworkX 中的 pagerank()函数来计算每个节点的 PageRank 值，以此来衡量该节点在网络中的重要性。为此，定义一个函数 calcPagerank()。

另外，定义了中心度计算函数 calcCentrality()中，传入一个参数(参数名为 label)来设置中心度的计算方法。

有了 PageRank 值和中心度值，就可以对网络进行可视化了。在此，定义一个函数 plotGraph()，用于网络可视化操作。

定义好上述所有函数后，即可在主函数(main)中进行调用。首先读入需要分析的数据(此时需要调用 graphgenerator.py 模块)，然后调用计算 PageRank 的函数 calcPagerank()和制图函数 plotGraph()，此组合将产生一张基于 PageRank 的可视化图表。接着调用计算中心度的函数 calcCentrality()和制图函数 plotGraph()，此组合将产生一张基于节点中心值的可视化图表。

为了展示中心度计算方法对 centrality 值的影响，可以修改输入的 label 值来改变方法，产生多张可视化图表，读者可以进行对比查看不同的效果。

修改后的代码如下：

```
import networkx as nx
import matplotlib.pyplot as plt
import graphgenerator

def calcPagerank(G, alpha=0.85, max_iter=100, tol=1e-06):
    """计算图中每个节点的 PageRank 值
    这里直接调用 networkx 中的 pagerank 函数
    """
    pr = nx.pagerank(G, alpha, None, max_iter, tol)
    return pr

def calcCentrality(G, label):
    """计算不同形式的 centrality 值
    根据 label 的不同，可以计算 3 种 centrality:
    degree centrality, betweenness centrality 以及 closeness centrality
```

```python
    """
    if label == 'degree':
        return nx.degree_centrality(G)
    elif label == 'betweenness':
        return nx.betweenness_centrality(G)
    elif label == 'closeness':
        return nx.closeness_centrality(G)
    else:
        print 'Not support type...'

def plotGraph(G, graphmeasure, size):
    """给定图的度量指标
    根据指标的数值大小，绘制出该图
    度量值更大的节点在可视化中会表现为更大的点
    """
    node_sizes = dict.fromkeys(G.nodes(), 0.005)
    # Make node size of giant component nodes proportional to their eigenvector
    for k, v in graphmeasure.items():
        node_sizes[k] = round(v, 6)
    #size参数用来对度量值进行比例放缩
    node_sizes = [v*size for v in node_sizes.values()]

    nx.draw(G, font_size=10, node_size=node_sizes, vmin=0.0, vmax=1.0)#, with_labels=True)
    plt.show()


if __name__ == '__main__':
    G = graphgenerator.loadGraph('lesmiserables.gml')
    pr = calcPagerank(G)
    plotGraph(G, pr, 5000)

    centrality = calcCentrality(G, 'closeness')
    plotGraph(G, centrality, 250)

    centrality = calcCentrality(G, 'degree')
    plotGraph(G, centrality, 500)
```

## 19.5.4　plotdegree.py 模块

最后将创建一个 plotdegree.py 模块。此模块主要功能为基于节点的度(degree)进行可视化分析。

plotdegree.py 模块的具体代码如下：

```
#!/usr/bin/python
# -*- coding: utf-8 -*-

import networkx as nx
import matplotlib.pyplot as plt
import graphgenerator

def plotDegree(G):
```

```
            deg = nx.degree(G)   #取得每个节点的度
            sorted_degree = sorted(deg.values(), reverse=True)
            
            plt.figure(figsize=(10,10))
            p1 = plt.subplot(221)
            p2 = plt.subplot(222)
            
            #子图1 绘制图的度分布直方图
            p1.hist(list(deg.values()))
            p1.set_title("Degree histogram")
            p1.set_xlabel('Degree')
            p1.set_ylabel('Number of Subjects')
            
            #子图2 绘制图的度对数分布图
            p2.loglog(sorted_degree,'r-',marker='*', markersize=10)
            p2.set_title("Degree rank plot")
            p2.set_xlabel("Rank")
            p2.set_ylabel("degree")
            
            #子图3 直接绘制出当前的数据结构
            p3 = plt.subplot(212)
            p3.set_title("Network plot")
            nx.draw(G,node_size=25)
            
            plt.show()
            
    if __name__ == '__main__':
            #为了简单起见，这里使用《悲惨世界》人物关系图来进行演示
            G = graphgenerator.loadGraph('lesmiserables.gml')
            plotDegree(G)
```

这里定义一个函数 plotDegree()。在此函数中，取得每个节点的 degree 值。为了分析数据的分布情况，将所得的值进行逆序排列，结果将通过后面的对数分布图进行展示。

调用 figure 创建一个绘图对象，并且使它成为当前的绘图对象，通过 figsize 参数指定绘图对象的宽度和高度；这里要在一张图里同时显示两部分的统计分析结果作为对照，分别定义为子图1和子图2。

将子图1做成直方图，调用 hist()，同时设置直方图的标题和 x、y 轴的标注。

将子图2做成对数分布图，调用 loglog()，同时设置对数分布图的标题和 x、y 轴的标注。此外，把当前的网络可视化图也加入该绘图对象中输出(需要设定其位置和标题)。

最后一步，显示所绘图像，调用 plt.show()。

> **注意** 在各个函数定义好之后，就可以直接调用了。但是在调用之前要先读取所要分析的数据。

## 19.6 项目测试

在编辑器中写好以上模块，然后保存文件。确保所依赖的第三方库都已安装好，然后打开【命令提示符】窗口，直接单独运行 communitydetection.py、graphmeasures.py、 plotdegree.py 这 3 个文件，每个文件都会立即出现不同的运行结果。

## 19.6.1 社区发现

运行 communitydetection.py 文件，产生一张图表，结果如图 19-10 所示。

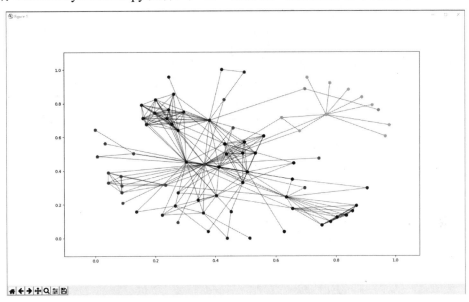

图 19-10  运行 communitydetection.py 的结果

从图 19-10 中读者会清楚地看到网络中的社区，同一种颜色的节点就属于同一社区，大概得到了 6 个社区。社区是一个子网络，同样包含顶点和边。虽然不同社区中的节点之间也会有联系，但是同一社区内节点的联系会更加紧密，而社区与社区间的连接相对比较稀疏。可以想象，关系越密切，边就会越密集。通过这张图，读者对网络中的社区发现有了初步的概念和直观的印象。

前面已经提到，该模拟数据的来源为雨果的《悲惨世界》中的人物关系网络。因此，可以假定在该书中因为各种关系连接在一起的人，他们组成了大大小小、各式各样的社区网络。

下面再次运行 communitydetection.py 文件，观察结果是否发生变化，如图 19-11 所示。

接着继续运行 communitydetection.py 文件，观察结果是否发生变化，如图 19-12 所示。

这时你会发现每次出现的图表都和上一次的不一样，这是为什么呢？

一方面，这是由 communit.best_partition 社区划分方法决定的，社区发现算法本质上属于一种无监督(unsupervised)的聚类学习算法，所以它每次产生的结果看上去会不一样。比如在第一次执行该算法时，在初始化阶段将最前面的 5 个节点标记为社区 1，但是可能在下一次执行时，初始化阶段将这 5 个节点标记为社区 2 或者其他社区，因此虽然最后通过机器学习的运算，可能会输出相似结果(即所发现的社区类似)，但是初始化阶段的随机标记依然会对输出结果产生一定影响。感兴趣的读者可以参考机器学习中关于分类和聚类问题的资料的方法。

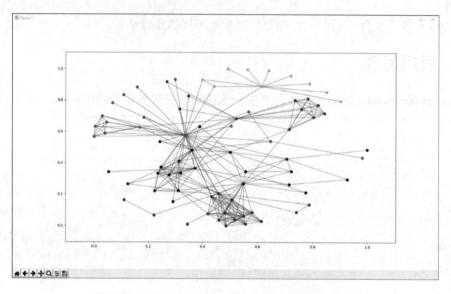

图 19-11　再次运行 communitydetection.py 的结果

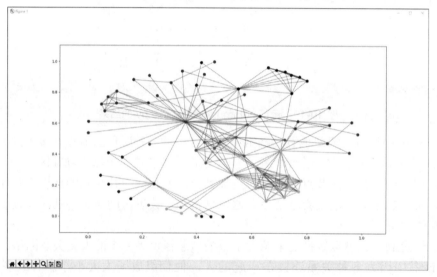

图 19-12　继续运行 communitydetection.py 的结果

另一方面，NetworkX 以及其他网络数据分析工具中，图可视化是根据特定的布局来进行的，而且即使每次使用同样的布局，也会由于可视化处理的随机性导致产生结构上不同的可视化效果。这两个因素可以解释为什么我们多次运行会产生看起来不一样的可视化效果。

这时也许有的读者会问，这里的代码是固定的、不可修改的吗？程序产生的图表符合用户的需求吗？

如果用户对显示的图表效果不满意，可以很容易修改源代码中的参数，多次运行，产生符合自己视觉要求的输出结果。

例如，这里可以调整节点(node)的大小，来看看产生的效果如何。

将 node_size 调整为 200，效果如图 19-13 所示。

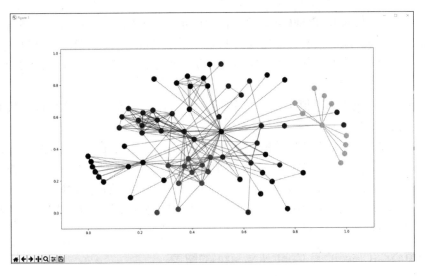

图 19-13 调整节点(node)的大小

从结果可以看出,每个节点都增大了很多,也更明显。同时也因为社区划分方法和网络布局,产生的图的结构和颜色都和上面的不一样。以上只是简单的调整,读者也可以按照自己的需要来调整,从而得到理想的效果。

## 19.6.2 分析节点的重要性

运行 graphmeasures.py 文件,依次产生 3 类图表,关闭当前图表后会继续展示下一类图表。下面将分别介绍这 3 类图表。

### 1. 基于 PageRank 值的图表

首先显示的是基于 PageRank 值的图表,如图 19-14 所示。

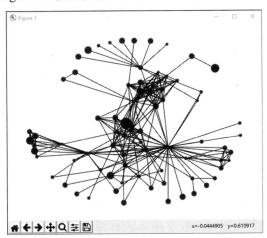

图 19-14 基于 PageRank 值 (size=5000)的图表(1)

从结果可以看出,所输出的图都是由点和线组成的。在第一类图中,每个点代表一个所研究的对象，其大小代表其 PageRank 值，PageRank 值越大，该点就越大，该对象的重要性就越高。点与点之间的线，代表对象之间的联系。根据 PageRank 值的核心思想：

(1) 如果一个网页被很多其他网页链接到，说明这个网页比较重要，也就是 PageRank 值会相对较高。

(2) 如果一个 PageRank 值很高的网页链接到一个其他的网页，那么被链接到的网页的 PageRank 值会相应地因此而提高。

虽然在这次试验中所研究的对象并不是网页，但是读者还是可以很清楚地通过基于 PageRank 值的图表，快速看出哪些对象的重要性更高，以及它们之间的相互关系。考虑到本案例的数据来源于《悲惨世界》中的人物关系，从这张图可以清楚地看出哪个人物是书中最重要的，这里所需要做的就是将中心位置最大点所对应的人物标记出来即可，这部分工作读者可以自己尝试修改代码来完成。

### 2. 基于中心度(Closeness Centrality, size)的图表

关闭 PageRank 值的图表后，将会显示基于中心度(Closeness Centrality, size)的图表，如图 19-15 所示。

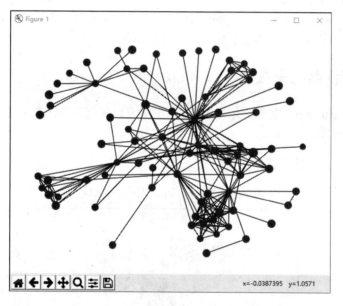

图 19-15　基于中心度(Closeness Centrality, Size=250)的图表

图 19-15 展示的是通过 Closeness 这个指标来衡量节点的中心度。从图中读者会发现，尽管节点之间的线的长度不一样，但其节点大小基本一致，这说明节点在中心度上相差不多。

nx.closeness_centrality(G)函数通过最短路径长度来表示节点在图中的重要性，节点到其他节点的最短路径越小，即中心性越高。考虑到这次实验所采用的数据为小说中人物的关系图谱，这说明书中的任何两个人物通过几个中间人都可以建立起间接联系。这其实体现了人与人之间在现实社会中连接的一个典型特点。比如在领英(linkedin)等职场社交网络中，不同行业的从业人士之间可以通过几层熟人关系联系上，尽管他们的背景可能完全不同。

### 3. 基于中心度(Degree Centrality, size)的图表

继续关闭上一个图表，即可看到基于中心度(Degree Centrality, size)的图表，如图 19-16 所示。

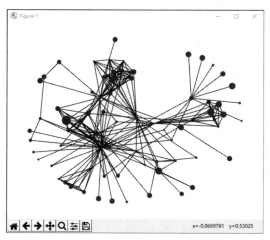

图 19-16　基于中心度(Degree Centrality，size=500)的图表

从结果可以看出，图表展示了通过 Degree 这个指标来衡量节点的中心度。从结果图中读者会发现，节点变得有大有小。

nx.degree_centrality(G)函数正是通过节点的度(和周围节点连接线的数目)表示节点在图中的重要性，在图中表现为重要性越高的节点，其大小就越大。

如果多运行几次 graphmeasures.py 文件，读者就会发现每次出现的图表都和上一次的不一样，原因和上文(基于社区发现所作的图)所解释的相同：可视化布局的随机性所致。

例如，下面再运行一次 graphmeasures.py 文件，同样是依次产生 3 类图表，关闭当前图表可出现下一类图表，3 类图表如图 19-17～图 19-19 所示，请观察每张图是否与前一次运行结果一样。

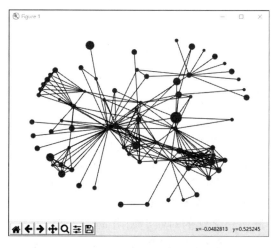

图 19-17　基于 PageRank 值 (size=5000)的图表

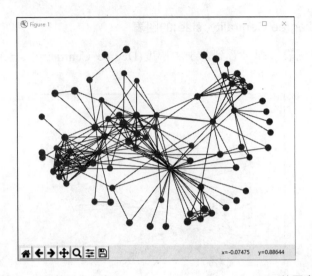

图 19-18　基于中心度(Closeness Centrality, size=250)的图表

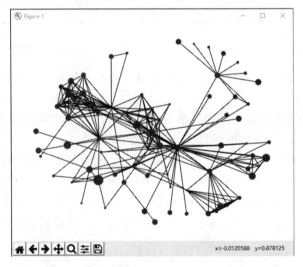

图 19-19　基于中心度(Degree Centrality, size=500)的图表

读者还可以通过调整代码中的参数，让网络节点的特征更加明显。例如，这里修改一下函数 plotGraph(G, graphmeasure, size)中 size 参数，比较一下所生成图像前后的变化。

这里需要对 size 参数加以说明：size 参数主要是用来对度量值(measure)进行比例放缩的。比如计算出的 PageRank 为 0.01，而 Centrality 的值可能为 0.2，两者之间差很多倍。为了让它们展示的节点大小差距不是特别明显，所以对它们采用了不同的 size 对数据进行预处理。比如 PageRank 的 size 设定为 10000，放大后得到的 node_size 为 100(用于定义图形中节点的大小)，而 Centrality 的 size 设定为 500，放大后得到的 node_size 也为 100。

将 plotGraph(G, pr, 5000)中 size 调整为 10000 后产生的图表如图 19-20 所示。

此时，读者会发现不同节点之间的对照更加明显，更能清楚地看到节点在重要性上的差异。以同样的方式，将基于中心度作图的函数 plotGraph(G, centrality, size) 中所使用的 size 都增加 1 倍。运行结果分别如图 19-21 和图 19-22 所示。

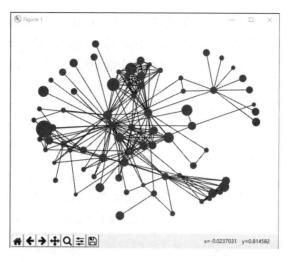

图 19-20　基于 PageRank 值(size=10000)的图表

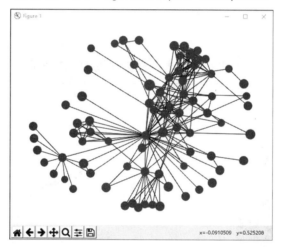

图 19-21　基于中心度(Closeness Centrality, size=500)的图表

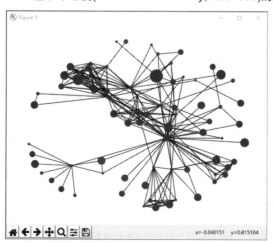

图 19-22　基于中心度(Degree Centrality, size=1000)的图表

从以上 3 张图可以看出，调整 size 的数值后，图 19-20 和图 19-22 产生了明显的变化，尤其是节点的大小对照上非常清楚。与之相对应的是图 19-21 虽然节点大小有所增加，但是依然很难区分，究其原因，还是这些节点之间的平均最短路径非常接近所致，为了区分它们，读者需要继续增加 size 的大小。

此外，读者还可以看出上述所有图表中总会有一些节点是重叠在一起的。由于作图工具的局限性，通常无法自动产生视觉上最优的展示效果。

为了解决节点在展示时重叠的问题，可以提前尝试运行多次，找到最佳的可视化效果图，并将图标数据保存下来，然后通过一些辅助图形处理工具进行人工处理，比如对于以节点大小来反映节点重要性的图，可以在这些工具中打开后，用鼠标拖动节点将它们拉开，最大限度地避免重叠。

当然，上面只是简单地调整一个基本参数的数值，程序中还有一些其他参数可以调整，读者可以自己尝试一下。

### 19.6.3 综合统计分析

运行 plotdegree.py 文件，产生一张图表，结果如图 19-23 所示。

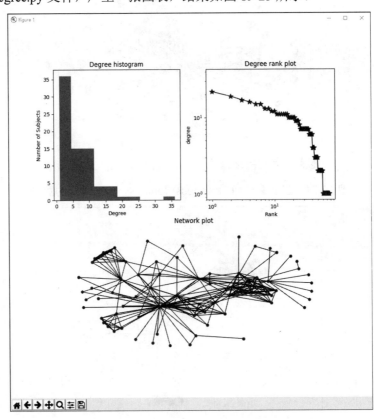

图 19-23　plotdegree.py 的运行结果

从结果可以看出，图中共有 3 张表。从结构上来看，每张表都规划好了位置，错落有致，十分美观。从细节来看，3 张表外观各不相同，分别是直方图、对数分布图和网络可视化图，其中直方图和对数分布图都是基于每个节点的度而制作的。对于直方图和对数分布图，其纵、横坐标的标题标示得很清楚，我们很自然地就清楚了数据的结果。而对于网络可视化图，本图仅仅是显示出了采样数据之间的网络联系，而没有做深入的数据分析。当然了，本章前面我们已经学习了社区发现和 PageRank 值的方法，大家也可以应用到这里，来调节节点的大小(PageRank 值)和颜色(所属社区)。

同样，如果多运行几次本文件(plotdegree.py)，会发现每次出现的度分布直方图和对数分布图都完全一样，但是网络可视化图却不一样。这是因为每次执行时，分析是同一个网络数据，该网络的属性，比如度、PageRank 等，是不会发生变化的，但是可视化部分却由于初始化时的随机性会产生不同的效果。

例如，这里再次运行 plotdegree.py，结果如图 19-24 所示。

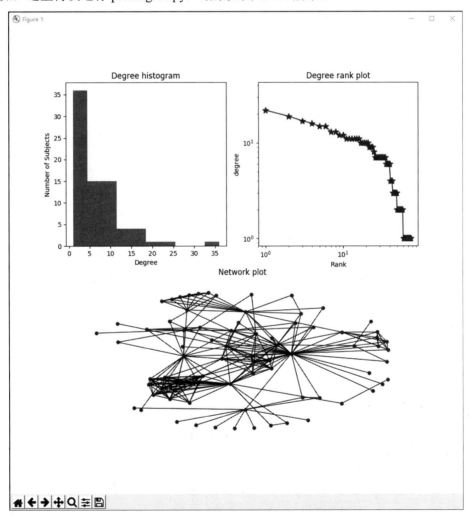

图 19-24　再次运行 plotdegree.py 的结果

同样，读者还可以通过调整参数，得到不同的结果，然后再从中选择需要的结果。例如，这里可以改变图表的相对位置。

(1) 将 p1 = plt.subplot(221)调整为 p1 = plt.subplot(222)。
(2) 将 p2 = plt.subplot(222)调整为 p2 = plt.subplot(221)。

再次运行 plotdegree.py 文件，结果如图 19-25 所示。

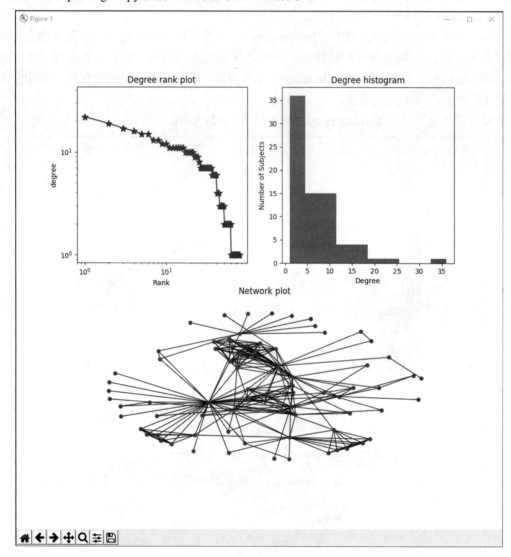

图 19-25　调整参数后的结果

读者还可以将图表中的位置做上下调整，比如：

(1) 将 p1 = plt.subplot(221)调整为 p1 = plt.subplot(223)。
(2) 将 p2 = plt.subplot(222)调整为 p2 = plt.subplot(224)。
(3) 将 p3 = plt.subplot(212)调整为 p3 = plt.subplot(211)。

运行结果如图 19-26 所示，读者可以自己判断是否达到了预期的效果。

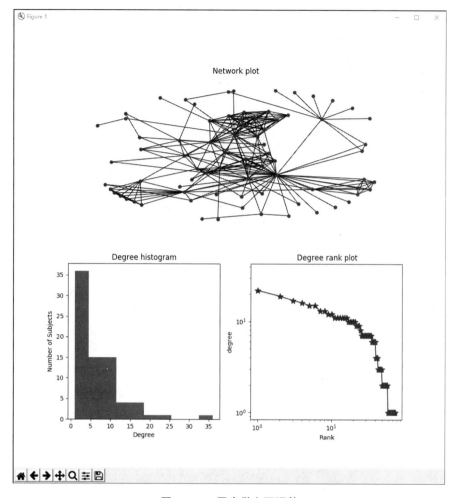

图 19-26　图表做上下调整

以上只是对参数的简单调整，当然还有其他可以调整的地方以及更多的网络分析功能，这里就不再一一介绍了。要学习好本章的内容，最重要的是多尝试，读者可以基于本章提供的代码通过修改参数，多次运行，获得最直观的体验。

上面就是此次实战的成果了。大家可以看出产生的可视化图表非常直观、漂亮，特征、关系也很明确。这么复杂的数据源，一张图表就表示清楚了，这就是 Python 语言的特色。相信此时读者已经被 Python 语言强大的功能所吸引了，也看到了 Python 第三方库丰富的功能。

关于机器学习的部分，本章中演示了如何加载一些库(比如 python-louvain)来实现网络中的快速"社区发现"的功能。通过该案例的学习，相信读者已经对如何使用机器学习模型来处理数据有了一些体会。正如本案例中所描述的那样，机器学习并不是那么神秘，在 Python 和其他语言中已经有大量写好的工具库，读者需要了解的是如何用它们来处理网络数据。因为大家的数据不尽相同，如何选择已有的机器学习模型来进行处理显得尤为重要，这也是数据科学家每天都要面对的问题。希望大家在今后的学习中通过练习深入了解 Python 在处理不同类型数据上的特点和能力，不断提高自己的 Python 水平。